# 创作与实践

# ARCHITECTURE CREATION AND PRACTICE

刘晓钟工作室作品集

刘晓钟　吴静　主编

中国建筑工业出版社
CHINA ARCHITECTURE & BUILDING PRESS

# 建筑师的自我对白
## ——本·真·新

刘晓钟

工作了三十多年，做了许多项目，特别是房地产项目，这三十多年我国房地产发展经历了几个大的周期变化，几起几落，在这一过程中，我迷惑过、思考过：什么是地产的发展？什么是好的建筑？什么样的建筑长久适用、耐看？建筑师应把握的方向是时尚还是价钱？衡量判断的标准是什么？这期间的种种声音，各有各的角度，代表不同的利益，也是基于不同专业。如果不能清醒、正确去对待这一切，建筑师就可能与时尚拉开距离，与创新无缘，甚至可能赶不上一个刚刚培养上岗的售楼小姐。建筑师的价值和混乱的市场，不知谁对谁错，不知究竟该谁来引领市场。

我们看国外几十年、几百年的发展，很羡慕人家的社区，房子留下来了，历史继承了，生活在延续、发展……但这几年我们建了许多，又拆了许多，在得到改善的同时丢掉了许多，没有很全面地考虑诸多问题，想到什么就做什么，无法持续，但口头上还大谈可持续、绿色发展。逻辑上有问题，或者说认识还不够清晰，弯路虽要走，但可以少些，学费少花些。以下几个方面是我的个人认识。

### 产品与目标

首先我们从建筑师的角度去审视房地产或房地产业，房地产是多专业组合形成产品的全过程：土地学、经济与金融、市场策划、规划设计、建筑设计、景观环境设计、装饰装修设计、施工与成本控制、市场营销推广、物业管理……建筑设计虽是主要环节，但也只是一部分，那么这么多专业，谁起决定性作用，有时大家在一起研讨时说的不亦乐乎，仿佛都有道理，如果决策者不清醒时往往发生戏剧性的变化，走了一圈又回来了，时间花了，精神头没了，一切回到了原点，其实最后大家共同关注的还是产品的本质——质量与品质，和整个过程的实际客观评价——真，和产品是否具有的时代性——新。即是产品的本、真、新。

### 市场与营销

市场决定产品的定位，营销是验证产品市场准确如何的结果。这可能是产品最初的决定方向及最后的产品市场结果，从开始到最后整个过程。这个过程中市场的真、本如何体现？客观现实存在两个方面或层次上的情况，好的个别企业依据这些年的市场经验和数据及自身的客观条件和外部所能达到的要求确定自己的产品定位，从市场的情况看，基本上能够准确定位，但有些时候也有偏差，主要是客观条件的变化、国家政策法规的调整、经济发展的变化。需要及时调整，但往往建设周期和过程影响或不允许。另外一种情况是企业依托策划公司或非专业策划人员进行的定位，企业对策划报告只是参考或了解些市场的情况和见解，而策划也不一定实际进行此案例的实际调研和市场定位，只是类似案例的重复或经验，有些瞎子摸象的感觉，碰上了就对了，碰不上是市场出了问题，与定位和产品把握无关。上述二者虽有不同，但应都属对产品与市场的需求间不能产生无缝连接，不能像我们有些电子产品那样判断、引领市场的准确，这还是要从产品的本质上去研究，坚持客观发展规律，按规律办事，产品就不会走偏。这就是产品的真。

## 产品更新与发展

经过这段时间的发展，市场中的产品分类和目标虽不完全准确，但趋同明显。产品按需求层次可分成刚需与改善型需要，按形态可分低、中、高端或豪宅等类型，虽然所在地域、市场价格等不同，但需求和生产方式是趋同的，因此整个市场差别在缩小。有限几个引领市场的一线城市在求变求新，其他城市跟着这几个城市走，之间仅仅有几年的差距——距离不是很大，去掉土地的价值，甚至有些小城市的产品更物有所值。

那如何改变、更新呢？这需要研究人们未来发展的需求、未来的生活方式、未来影响人们生活的物质与产品以及行为，研究未来市场中的主力客户群体。20世纪七八十年代人的思想方法和生活行为，甚至我们还有读不懂的90后，未来5年、10年是什么样的生活，会发生多大的改变？这些看似不远，但又似乎很难理清。在这未来的发展中，城市化进程如何，未来家庭人口的组成，城市服务设施的发展和变化，土地政策、环境保护与发展，社会经济、人口的国际化发展与变化等都将影响我们下一阶段的产品更新与发展。这需要新。

## 建筑人的价值观与心态

可以说，在我国改革开放走过的三十余年发展历程中，房地产开发和建设是一个主角。在这三十余年中，房地产为中国经济的发展、为人们生活质量的改善、为城市化进程及人们资产与财富的积累作出了相当大的贡献。那么接下来将是什么样的情况呢？

我们看到，在过去的三十余年中，开发商、建筑师等的工作得到了社会的认同，但也留下了诸多问题和遗憾。这其中，有些是客观情势造成的，有些是因为我们认识不够，更有一些是因为我们自身存在的落后、封闭的旧思想与文化劣根性。投机、占有或占便宜，一夜暴富，质次价高，不为客户着想等心态和认识，不占便宜便是吃亏，不尊重制度与法规，突破制度和规定才有本事，无论开发商、建筑师还是客户都是一样的心理。一会儿偷面积、偷层高、打擦边球，一会儿送面积、送装修……仿佛大家都占到了便宜，但其实羊毛出在羊身上，里外都一样。长此以往，社会风气、经营理念变坏，大家不习惯按照制度办事了……从最终的实际效果来看，不但不能推动发展与进步，反而阻碍了市场的正常发展。这种心态要改变，市场要冷静，建筑师要安心、精心、认真去做事。建筑师要引领产品和市场，也要引领建筑人的心态。

事业要发展，社会要进步，设计要创新，但只有认识事物的本质与核心，遵循客观发展规律，我们的创作才算找到了本质与根源。

# 关于建筑创作

## ——我的建筑逻辑观

刘晓钟

作为一名建筑师能静下心来，静静地想想自己，想想自己的作品和创作过程，总希望总结一下近三十年的建筑实践。从刚刚开始工作到今天大量实践，重新审视自己的创作思想，建筑观和思维方式仿佛又有了一个新的总结和提升。因为只有不断地认识、总结、归纳，才能更好地提高自己，提高自己对建筑的认识，提高自己在市场经济形势下对建筑服务于社会的把握，尊重市场，尊重社会，服务于人，不留遗憾或少留遗憾!

居住建筑和住区规划在当今国民经济发展中起着举足轻重的作用，影响着整个国家的经济发展，影响着百姓的生活，影响着社会的和谐和人们生活的幸福指数。建筑师如何在这种情况下充当服务于开发商、服务于社会和百姓的桥梁，显得非常重要：一方面是社会的需求，一方面是如何将需求变成适合市场的产品。建筑师应该运用掌握的知识和技术来解决问题—当然这只是一个技术层面的问题，同时还需要其他如金融、土地、建造及政策和管理等诸多方面的参与。面对今天的房地产市场，从设计层面总结下来可发现很多需要整理、认识和评价的问题，一方面要研究市场、开发商和社会，一方面要研究建筑师自身，以便适应今天发展中的不同情况和变化。

逻辑或者说建筑逻辑是我多年来体会非常深刻的一个词。在遇到问题与难题的时候，在评价一个项目的成败得失的时候，在项目创作找不到答案、无法出成果时，在开发商、市场、建筑师等多方无法达成共识的时候，理性、逻辑思考的过程能够很好地解决问题，并且能够让人少走弯路，缩短前期论证和思考时间，让建筑师在产品设计上能够有更多时间，使产品达到精细化设计。

逻辑（Logic）又称理则、推理，为推论和证明的思想过程。建筑逻辑就是一切建筑行为中的推论和证明的过程。

在整个建筑过程中，逻辑与逻辑形式贯穿始终，它使我们的思维方式、思想沿着主线走，达到市场所要求的结果。这种逻辑过程是不是我们的创作过程呢？我想在房地产市场中，作为一名理性的建筑师或者开发商，它应是一个很好的选择，至于那些纯感性的东西也不一定全部要否认，要看市场的接受程度，要让时间和历史去证明，同时也应该是百花齐放，只不过在目前阶段，用逻辑过程的方法更适合市场，更能让人们认清事物的本质！

## 1. 逻辑思维

逻辑思维是人们在认识过程中借助概念、判断、推理反映现实的过程。它与形象思维不同，是用科学的抽象概念、范畴揭示事物的本质，表达认识现实的结果。逻辑思维是确定的而不是模棱两可的是前后一贯而不是自相矛盾的，是有条理、有根据的思维。在逻辑思维中要用到概念、判断、推理等思维形式和比较、分析、综合抽象、概括等方法。掌握和运用这些思维形式和方法的程度，就是逻辑思维的能力。

城市法规 | 市场条件策划 | 经济金融条件政策

设计任务书 | **设计前期** | 土地条件

建筑规范 | 规划条件 | 项目诸多客观因素

逻辑思维是分析性的，按部就班；做逻辑思维时，每一步必须准确无误，否则无法得出正确的结论。

逻辑思维是人脑的一种理性活动，思维主体把感性认识阶段获得的对于事物认识的信息材料，抽象成概念以进行判断，并按一定逻辑关系进行推理，从而产生新的认识。逻辑思维具有规范、严密、确定的特点。

## 2. 社会实践与逻辑思维

社会实践是逻辑思维形成和发展的基础。社会需要决定人们应从哪些方面来把握事物的本质、思维的任务和方向，实践发展增加了感性经验，也使逻辑思维逐步深入。逻辑思维是人脑对间接概括的反应，它凭借科学的抽象揭示事物的本质，具有自觉性、过程性、间接性和必然性的特点。因此在设计前期的论证过程中，离不开逻辑思维，只有理性、客观、真实地认识每一个客观因素和条件，才能在思维的过程中得出正确的结论，这是下一步工作的前提。

**设计前期解读 → 逻辑 → 思维的过程**

**场地的设计条件与因素**

（1）周围道路交通、市政、绿化

（2）周围公共设施（学校、医院、商业等）

（3）周围景观、绿化资源

（4）场地地域位置的重要程度

（5）场地的自然资源。（竖向、植被水体等）

（6）场地周围边界的条件与影响。

**规划条件与因素：**

（1）建筑用地（红线范围）

（2）退线要求

自身退线

周围退线

（3）控高要求

满足自身规划

影响相邻区域高度

（4）绿化指标

城市绿带

区域内部绿化

实土绿化

一般绿化

（5）容积率→指标对产品价值的影响与分析确定

（6）市政条件→确定因素与待定因素的影响

（7）用地内控规的其他要求：服务主体以外的条件等

## 3. 设计与逻辑思维

无论设计前期场地条件还是市场因素，建筑师在设计过程中都要通过逻辑思维得出正确的判断，当然这个过程是一个反复的过程，有时候一个已知条件的改变，可能带来整个结果和结论的改变，这个过程和解数学题是一样的道理—当已知条件产生变化时，结果就会发生变化。那么在整个逻辑思维的过程中是否就不可以有改变的条件呢？不一定，条件包括客观、人为两种，客观条件不能改变，人为条件可以调整，也许通过调整某些特定因素，会得出更理想的结论—虽然改变了条件，但是在过程中的调整，是朝着有利方向的改变，因此不会产生相反的结果！这也是逻辑系统可靠性所代表的，即系统规则永远不会允许一个有着正确前提的错误推论。若一个系统是可靠的，且其定理也是正确的，则其结论也必定会是正确的，系统中不存在一个无法被证明的正确命题！

逻辑学原理中有四律：同一律、排中律、充足理由律、矛盾律。对于任何事物在一定条件下的判断都要有明确的“是”或“非”，不存在中间状态；任何事物都有其存在的充足理由；在同一时刻某个事物，不可能在同一方面既是这样又不是这样。

房地产市场虽然已发展多年，但还是有很多开发商刚刚涉猎这个行业，市场两极分化比较明显：一方面是较成熟的房地产企业，在原始经验积累的基础上快步稳定地走上了提高产品性能的道路，另一方面是刚刚起步的部分企业，还在研究和学习阶段。因此，为适合不同的市场需求和服务需要，建筑师还应该按需求者的不同采用各异的方法！

## 4. 设计与逻辑思维的三个阶段

把逻辑思维的过程与前期项目研究结合，可划分为三个阶段：初始思维阶段；具体形象思维阶段；抽象逻辑思维阶段。

1）初始思维阶段是开发商在取得土地前所进行的工作，包括判断土地价值、市场影响和发展、产品定位的销售、经济回报与投入、风险控制等基本内容。这一阶段，建筑师要为开发商提供基本的规划模型和方案数据，提供定位产品的方案模型和市场判断，通过这些原始、初步的模型和数据判断项目的前景。

这个阶段的思维较直接，简单具体，不需要概念提升。

2）具体形象思维阶段是开发商拿到土地后开始项目的实施阶段。在这个阶段，建筑师按照已有的设计条件和对项目的全面认识开始方案的创作，这个阶段是产品形成的阶段，也是所有矛盾、问题的解决阶段，需要运用前面讲到的逻辑思维，需要解决不同决策者间的思想统一，需要所有因素、介质间的对话、分析、选择、决策、确定。这个思维的过程，不是建筑师个人头脑的思维，应是整个项目决策者的共同思维，但建筑师应起到逻辑、梳理、分析的主要作用，时时指导，不能走偏方向，这需要建筑师大脑保持与前期结合逻辑思维决策结论的一致性。你不是决策者，但你是指挥者，如果前期决策中的逻辑思维条件没有改变的话，那结果或结论就不能走偏，指挥者这时的作用很大，要时时注意各种因素的改变，如果有变化是否改变了初衷，是对原始条件的提升还是改变：提升可以，改变不行。任何事物都是一步一步走过来的，这个过程要有一定的周期。在实践中曾出现过很多形象思维阶段翻车的情况。一种情况是改变了原始条件，造成已成定论的成果的改变，需重新开始这个过程。一种情况是条件没有改变，但决策者的思维改变，造成结果的改变，这很可怕，整个决策可能误入歧途！这时候建筑师的作用是什么呢？就是要马上很理性地告知前面的方向，并通过原始的共识去说服和改变，这种情况在项目中常常会发生，当然最后可能回到正确的决策中，但过程曲折，时间花掉了，浪费了资源。

在这里强调一下，不要认为时间只产生成本，时间也能够提高产品的质量；此阶段虽然要花费很多时间和精力，但不要浪费时间的资源！产品在市场中的价值是随市场经济因素而确定的，掌握好节奏，产品的价值最大化就能体现出来，掌握不好，“点”没踩上，就会失去机会，这些年的房地产经验已经证明了这“点”！

3）抽象逻辑思维阶段在形象思维阶段后，是方案目标和产品已决定后的实施和实现阶段。这个阶段是开发商根据前面的结论，有效、完整、理性地实现的阶段，这个过程是技术、方法和运筹能力的体现，是产品质量的保障阶段，理性起主导作用。

但是在这个阶段，我们要把产品还原于生活，把产品实施过程中所创作的生活用概念表达出来，因此又是一个抽象逻辑思维的过程，通过概念来表达生活和实现的产品，达到产品的最终定义和概念目标，起到提升与升华的作用。

## 5. 创新与逻辑思维

既然整个产品形成的过程都是理性的、逻辑的，那么还有创新吗？答案：有。逻辑学的原理告诉我们：

**1）逻辑思维在创新中的作用**

（1）逻辑思维在创新中的积极作用：发现问题；直接创新；筛选设想；评价成果；推广应用；总结提高。

（2）逻辑思维在创新中的局限性：常规性；严密性；稳定性。

**2）逻辑思维与创新思维的关系**

（1）逻辑思维渗透于一切创造过程中，逻辑思维的过程与创新、创造过程密切相关，一切创造活动都是以逻辑思维为基础的，运用逻辑思维可使成果条理化、系统化、理论化。

（2）逻辑思维与创新思维的一般区别。

① 思维形式的区别：逻辑思维的表现形式，是从概念出发，通过分析、比较、判断、推理等形式得出合乎逻辑的结论。创新思维则不同，它一般没有固定的程序，其思维方式大多都是直观、联想和灵感等。

② 思维方法的区别：逻辑思维的方法，主要是逻辑中的比较和分类、分析和结合、抽象和概括、归纳和演绎，而创新思维的方法主要是一种猜测、想象和概括。

③ 思维方向的区别：逻辑思维一般是单向的思维，总是从概念到判断再到推理，最后得出结论。创新思维的思维方向则是很多的，结果也是多样的。

④ 思维基础的区别：逻辑思维是建立在现成的知识和经验基础上的，离开已有的知识和经验，逻辑思维便无法进行。创新思维则是从猜测、想象出发，没有固定的思维方式，虽然也需要知识和经验作为基础，但不完全依赖知识和经验。

⑤ 思维结果的区别：逻辑思维严格按照逻辑进行，思维的结果是合理的，但可能没有创新性。创新思维活动既然不是按照常规的逻辑进行，其结果往往不合理，但其中却有新颖性的结果。

从上述区别中我们能发现逻辑思维与创新思维在创作过程中是衔接关系、互补关系、转化关系。而建筑师又是具备这种双重性的设计者，因此具有理性、逻辑的和感性、想象的双重性格，所以建筑师的地位和作用是无法替代的。在实践中，通过对产品前提条件的逻辑思维过程得出一个正确的判断，然后再运用建筑师的形象创新思维去结合前面的结论，描绘设计出一个二者融合的市场产品。在逻辑思维结论的基础上去创作设计，创新所产生的产品或作品，也许是房地产市场的最高境界和目标。

## 6. 评价

一开始判断一个项目成功或失败时，如果我们在回答开发商、政府与市场时，答案很明确，并且是肯定的，而且市场环境周期内不发生大的变化，项目就一定能成功，市场就会检验我们的逻辑、判断和决定它正确与否。这几年的实践证明这是一种很有效的房地产创作、实践的方法。

# 目录 CONTENTS

## 住宅

## 公建



## 景观与室内

刘晓钟工作室
LIU XIAOZHONG STUDIO

# 住宅

RESIDENCE

# 北京中海九号公馆

RESIDENCE NINE CHINA OVERSEAS, BEIJING

**项目经理** 刘晓钟
**工程主持人** 吴静 张立军 冯冰凌 胡育梅
**主要设计人员** 李扬 姚溪 林涛 郭辉 张宇 钟晓彤 谢晓辰 杜恺 邓伟强 褚爽然 程浩 孙维 赵楠 马晓欧 刘淼 张妮
**合作方名称** 深圳市欧普建筑设计有限公司
**建设地点** 北京市丰台区花乡六圈
**项目类型** 住宅
**总用地面积** 199465.5m$^2$
**总建筑面积** 495782.16m$^2$
**建筑层数** 18层
**建筑总高度** 60m
**主要建筑结构形式** 剪力墙
**设计及竣工年份** 2010～2014

中海·九号公馆为北京市的地王项目之一，位于丰台西四环科丰桥南。规划设计确定了以别墅、高层、平层官邸为主的产品体系及总体规划布局。

建筑群体北高南低、暗合堪舆，正向布置、姿态端正，尺度开阔、日照充足；交通流线人车分流，在规划上最大限度地呈现纯居住区域尊贵感与对人性的关爱。

户型设计开发了分层承载五重生活空间的模式。针对豪宅五重需求，制定空间策略：第一重彰显尺度的主人生活空间；第二重功能丰富的家庭生活空间；第三重豪华配置的接待会客空间；第四重堂皇华丽的宴会餐饮空间；第五重奢侈品味的私

享私藏空间。对应承载豪宅五重需求的五层平面，演化为十一项功能性空间，用大尺度别墅电梯连贯成一体，实现了空间的秩序性和专属性。

立面设计方面则与合作方深圳市欧普建筑设计有限公司一起深化了中海地产之伊丽莎白皇家建筑的风格定位，总结出伊丽莎白建筑文化的主要特征：造型对称、线脚精致、立面奢华、气势恢宏。选取的主要建筑符号

为三角山花、圆形尖塔、八角凸窗、装饰性烟囱、十字交叉坡屋面以及都铎拱。

在既定风格定位的基础上，研究建筑文化特征，抽取其

主要文化符号加以合理应用，使得立面安排疏密得当、稳重大气。选取米黄色系石材、深蓝色水泥瓦、古铜色门窗作为主色，使得建筑色调黑白相知、冷暖相宜。

北京望京金茂府
JINMAO PALACE, WANGJING, BEIJING

**项目经理** 刘晓钟
**工程主持人** 吴静 张宇 张凤 胡育梅 朱蓉
**主要设计人** 赵蕾 朱祥 李媛 孙维 霍志红 赵楠 刘乐乐 张龙
**建设地点** 北京市朝阳区来广营乡
**项目类型** 住宅
**总用地面积** 54484.5m²
**总建筑面积** 149061m²
**建筑层数** 18层
**建筑总高度** 58.2m
**主要建筑结构形式** 剪力墙
**设计及竣工年份** 2011～2013

金茂府位于朝阳区广顺桥西北500m，望京区域，紧邻北五环、华彩商业中心与望京国际商业中心，生活配套齐全，地段价值高，随着望京科技创新园的不断发展壮大，未来升值潜力大；且项目紧邻14号线地铁及北五环顾家庄桥高速入口，周边多条公交线路，交通便利。

规划设计中与中化方兴地产通力合作，确定了以高层平层官邸为主的产品体系及总体规划布局。建筑群体巧借台地处理，营造小区内部的舒适环境，尺度开阔、日照充足；交通流线人车分流，无底商无干扰的纯居住区域，在规划上最大限度地呈现尊贵感与对人性的关爱。

户型设计中亦与中化方兴地产合作确定主要面对高端改善性客户，以220～350㎡大户型为主，3.3m挑高、大尺度居住空间分割、独立电梯入户、主仆通道分离，家庭的私密性与品质感能

够得到有效的保证，满足高端客户群的居住需求。所有户型，全部精装交付。整体户型方正，南向三开间设计，采光面大，能够有效地观赏小区内的景观，视野开阔。

户型内采用的新风系统，是三大空气循环系统之一，通过新风系统管道向室外排出室内的浑浊空气形成室内外空气压力差，可以在不开窗的情况下完成室内外的空气交换。同时，该新风系统还可以通过三重过滤系统对引入室内的空气进行加温、加湿或者降温、降湿以及除尘处理，使

室内空气保持清新。项目采用12大科技体系，可以为居者提供恒温、恒湿、恒氧、低噪、适光、无尘、无污染的生活环境。

# 北京来广营金茂悦

JINMAO RESIDENCE, LAIGUANGYING, BEIJING

项目经理　刘晓钟
工程主持人　吴静 朱蓉 王鹏 程浩 张凤
主要设计人员　丁倩 赵楠 刘欣 霍志红 任琳琳 王腾 楚东旭 杜恺
许涛 孙维 李秀侠 石景琨 王吉 刘子明 尹迎
建设地点　北京市朝阳区来广营乡
项目类型　住宅区
总用地面积　70564.276$m^2$
总建筑面积　194589.14$m^2$
建筑层数　2～18层
建筑总高度　9～55.35m
主要建筑结构形式　剪力墙
设计及竣工年份　2012.9～2014.12

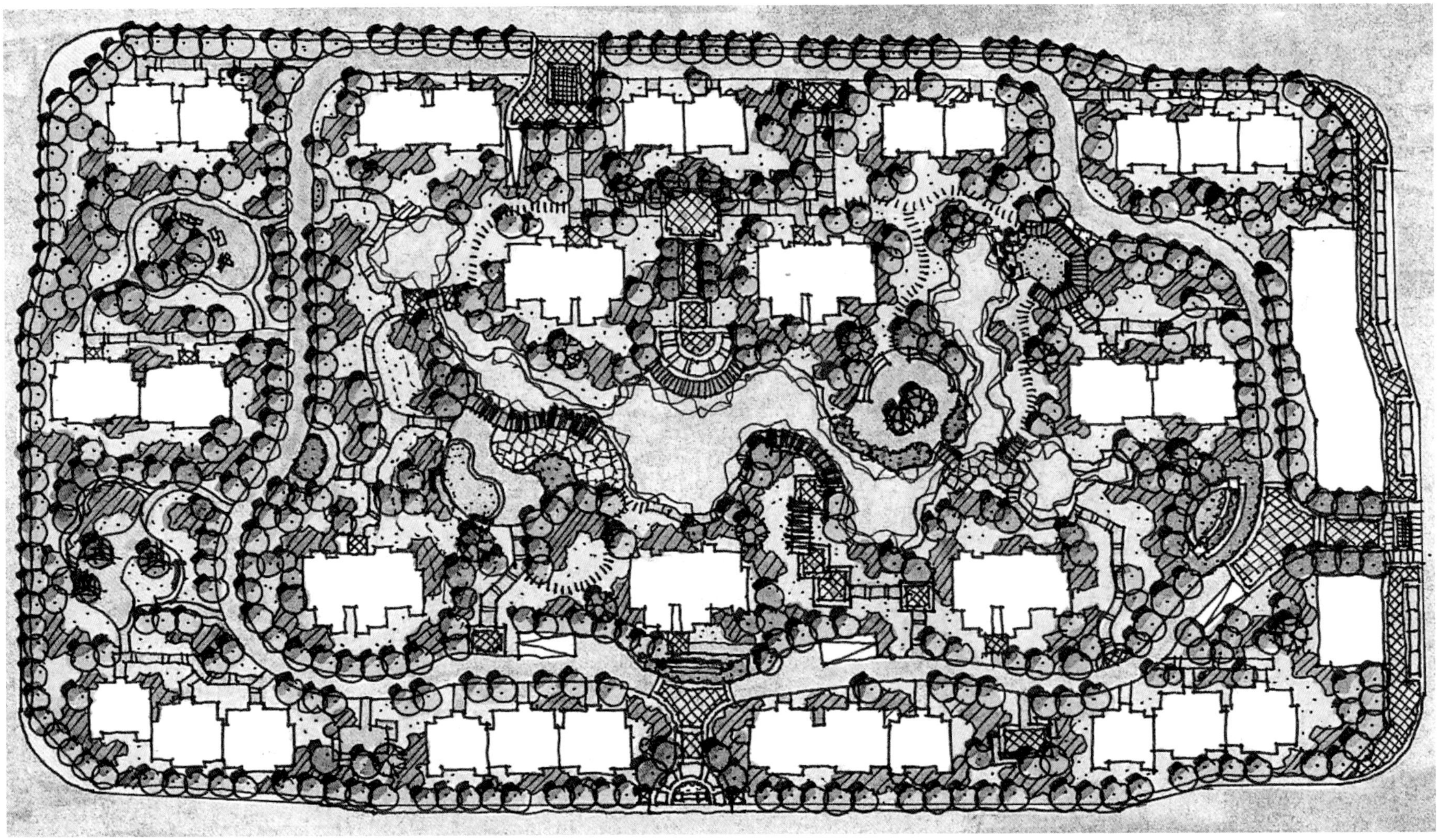

## 一、景观规划——自我营造的宜人景观设计

项目用地规模54783.532m$^2$，容积率2.5，控制高度60m，建筑密度30%，绿地率30%。

考虑到用地周边不具备相应规模景观区域，在小区内部景观规划中实现自我营造的景观设计理念；以中心南北轴线为景观设计的中心主轴，打造景观系统的高潮，两侧并置四个大尺度组团绿化，利用树木、水池、木桥、石板路、草坪等景观要素，营造出幽静、休闲的生态园林环境，形成一个整体的绿化和景观空间系统，以体现与小区环境空间的有机融合。

## 二、与周边地块的协调

用地北侧为高层为主的住宅小区，因此本区北侧布置8层住宅以避免对北侧地块的日照遮挡，东西侧布置18层高层住宅以与相邻地块取得协调。

## 三、建筑布局

沿地块东西侧相对景观资源较少，布置18层高层住宅，中间相对地势较高，布置大户型产品，享有中心景观轴的资源。其余布置级别较高的产品。从环境和功能布局的角度，形成资源较为合理的级差分布，即建筑面积越大越高级的户型占据越好的资源，如水面、绿化景观等地段。各区域间由景观绿化相隔，各功能分区明确，每户得到最大化的均好性。

## 四、提高每户居住舒适度

如何通过用地总体布局，有效提高每户的居住舒适度，是此次方案设计阶段需要解决的重要课题之一。居民除希望在住区内有大片公园绿地外，更希望自家门前屋后空间开敞，因此，除设置必要的集中公共空间——景观走廊之外，尽可能地把每户的用地面积最大化、最优化，同时减少后院宅间路或小绿地、组团绿地等不必要的土地浪费，使绿化得以集中布置，提高绿地的综合环境效益。其次，从总体规划和宅地布局方面，使不同序列住宅在东西方向上相错，因此，住户可享受到更多的阳光和空气。

# 北京远洋公馆

OCEAN RESIDENCE, BEIJING

项目经理　刘晓钟
工程主持人　刘晓钟 吴静 曹亚瑄
主要设计人员　李树靖 张妮 刘洋
建设地点　北京市朝阳区东三环北路丙二号
项目类型　住宅
总用地面积　13193m$^2$
总建筑面积　52191m$^2$
建筑层数　23层
建筑总高度　79.4m
主要建筑结构形式　框支剪力墙
设计及竣工年份　2006～2008

远洋公馆位于三元桥的东南角，地处燕莎商圈核心区，紧邻第三使馆区，为众多甲级写字楼和五星级酒店所环绕，是远洋地产在东三环最繁华区域倾力打造的高品质公寓。

远洋公馆规划总建筑面积约5.2万m²，由一栋星级酒店式公寓和一栋高级公寓组成。作为高端的公寓产品，独有的空中花园设计，将庭园切入城市肌体，真正给居住者提供了一种繁华的空中别墅的感觉，使居住者足不出户，就能享受到房前屋后别样的园林景观。中式、日式、英式、瑞士式、西班牙式等十几个不同风格的大尺度空中庭园，根据户型与空中花园位置关系的不同， 使用形态也有所不同，或通过螺旋楼梯到达，或凭一步式阳台眺望。远洋公馆成为了燕莎使馆区内独一的庭院公馆，堪称当今公馆的新典范。其中酒店式公寓除在规划设计和设备设施上按照星级酒店的标准配置外，50余米的挑高大堂和观光电梯，尤为彰显不凡的品质。高级公寓电梯厅的单独入户式设计，加上安全智能控制系统（双门禁、电子巡更系统、红外探测器、户门门磁开关等）最大限度地尊重了业主的隐私，提高了生活品质。另外在户型设计及室内精装修的风格上，酒店式公寓更注重空间的巧用，风格现代、简明，共有约150套，而仅有96套的高级公寓更注重空间功能的合理性、舒适性、精心为居住者营造一种能充分体现其尊贵身份的居住环境。

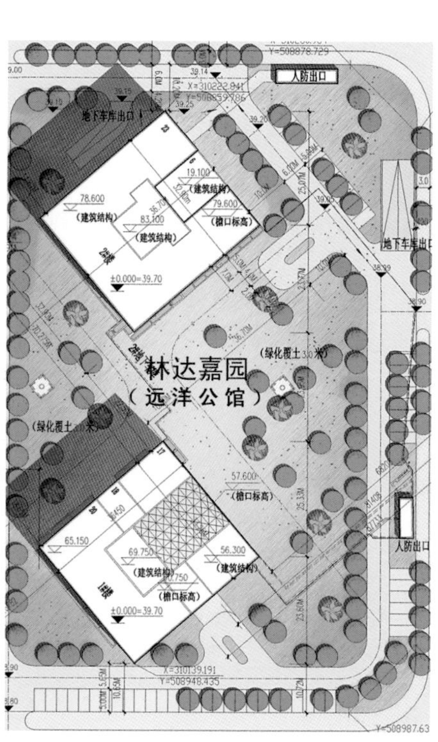

# 北京远洋波庞宫 远洋未来广场

## SINO-OCEAN BOPANG PALACE & WE-LIFE PLAZA, BEIJING

**项目经理** 刘晓钟
**工程主持人** 胡育梅 尚曦沐
**主要设计人员** 张羽 王亚峰 孙喆 金陵 张亚洲 孙翌博 刘昀
**建设地点** 北京北四环中路
**项目类型** 住宅 城市综合体
**总用地面积** 52886.5
**总建筑面积** 178316m²
**建筑层数** 15～19层
**建筑总高度** 85.15m²
**主要建筑结构形式** 框架剪力墙
**设计年份** 2007～2012

北四环东路C地块是一个城市综合体项目，地块内规划住宅两栋（C1、C2）以及高度不超过100m的办公和商业综合体（C3）。

在总体布局上，结合万和城整体区域进行考虑，既要保持自身地块内的特点，也应和已建成的区域有所对话，从而形成城市的综合性群体。鉴于此，设计充分考虑地段内建筑物与万和城A、B区的结合方式，将地块内的住宅设置在用地北侧，结合与A、B区之间的规划路形成略带西式的城市街区场所感，而将办公商业设置在南侧沿北四环展开，使之成为北四环东路沿街景观的一部分，而在地块内部与住宅之间利用景观园林的设计达到分区，进而形成既独立又相互关联的城市综合体。

HARBOR HOUSE
We-life
MAIQUER CAKE BREAD
麦趣尔西饼

由于业主方确定C1、C2住宅楼的立面风格为法式风格，相对也就限定了区域内的整体风格。C3楼与其和谐结合并在总体上形成群体关系是非常重要和谨慎的，虽然办公商业的功能与住宅不同，但建筑风格仍将是古典主义的延续，同时还须考虑其建筑尺度要求，以及沿四环路的城市设计的要求。大楼外墙设计在很大程度上呼应了北侧的设计风格。建筑造型处理简洁并与用地内北侧的住宅建筑风格呼应，以求达到相对的统一并形成地块内建筑的整体感；受日照间距的约束，建筑体型在满足建筑面积指标的同时，裙房北侧体型进行了退台设计。为保持建筑的完整性并遵循古典主义设计的一些原则，北侧退台运用了一些格构架的处理，以求在体形上更为完整。

建筑完工后，大楼表现出一种可靠性和稳定性，并与周围的建筑融合形成街道立面，进而和这座由城墙定义的历史性城市整合。

办公楼主体采用干挂石材为外饰面材料，立面处理结合其相对方正的体型，以三段式的古典手法进行设计，主体中间竖向的玻璃幕墙体系，延续至顶部以拱券结束，屋顶按照四坡顶处理，既和北侧的住宅风格相呼应，又形成顶部的视觉焦点。主体大面积以实墙开窗为主，强化与中心的虚实对比，同时在窗间墙的细节上也进行了精心的设计；商业裙房采用与主体相同的石材幕墙，结合商业建筑的特点，充分考虑广告位的设置以及LED显示屏的位置。在广告位的设置方面，结合首层橱窗以及三四层的玻璃幕墙考虑，以立面上适当的凸凹变化为以后的灯光设置预留条件。首层利用出挑形成底部的灰空间，使建筑物更贴近人的尺度，为商业氛围营造提供便利条件。建筑利用顶层一层的空间来做坡屋面，与主体的手法相协调，也符合建筑的整体尺度。

# 北京远洋万和城

# OCEAN GREAT HARMONY, BEIJING

**工程主持人** 刘晓钟 吴静 朱蓉
**主要设计人员** 周皓 马晓欧 王晨 钟晓彤 徐超 丁倩
郭辉 李端端 张妮 刘淼 孙喆
**建设地点** 北京市北四环东路
**项目类型** 住宅
**总用地面积** 86391m²
**总建筑面积** 238346.66m²
**建筑层数** 18层
**建筑总高度** 59.6m
**主要建筑结构形式** 剪力墙
**设计及竣工年份** 2007～2010

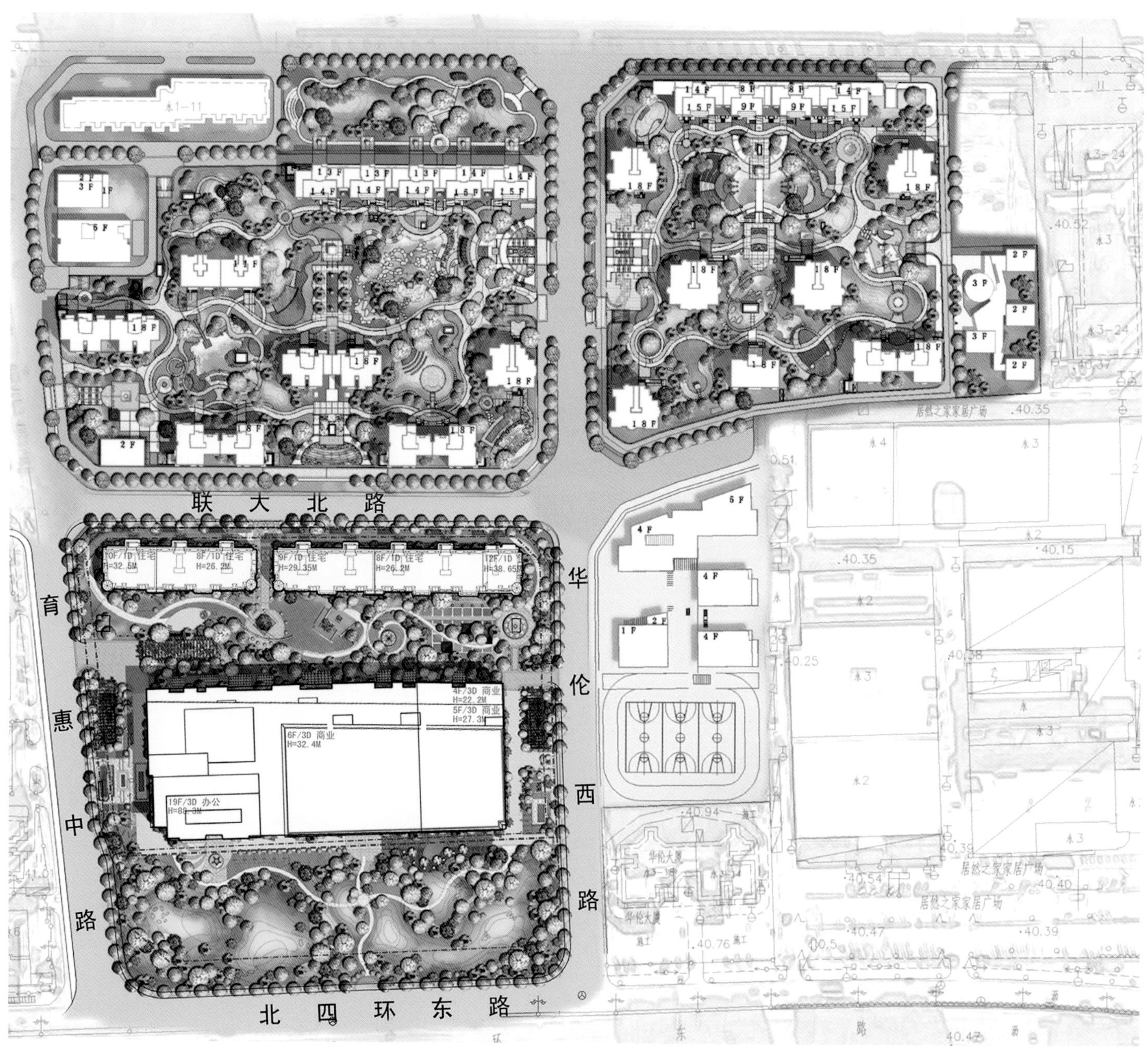

## 一、与周边环境的对话

项目借鉴了南方楼盘底层架空、抬高的做法，发展出平台理念，将小区整体抬高，从根本上解决了人车分流的问题，在小区内部实现人车分层、步行优先的交通体系。同时增强了自身与周边楼盘的差异化，增强了楼盘的整体特色和整体品质。

## 二、与房产新政的对话

项目的规划设计将诠释“差异化产品社区”的全新理念。通过产品差异化，充分挖掘居住地块容积率和地块功能多样化的优势，规划设计实现中小户型之间、大户型之间、中小户型与大户型之间、地块之间的差异化，塑造全新楼盘特色。

### 三、与限定条件的对话

在高容积率下，点式布置更具有解决面积压力的优势，同时点式高层的布局使小区获得大片绿化，实土绿化、覆土绿化结合车库、小区入口、住宅入口、架空空间进行整体设计，形成各具特色的台地景观。散点布局使各住宅楼能获得更好的日照、通风、景观条件，做到空间疏朗不压抑。

## 四、与创造宜居住区的对话

规划突破性地提出“将城市公园引入小区”的概念，留出2hm$^2$的绿地，引入台地花园的概念并结合住宅的点式布局，构建多层次、丰富的社区景观。规划设计充分挖掘地块的景观价值，以景观资源最大化作为规划布局的基本原则，并努力实现景观均好性，使100％的住户能享受大绿地的景观，极大提升小区档次，为后期开发商的成功销售奠定绝佳的前提条件。

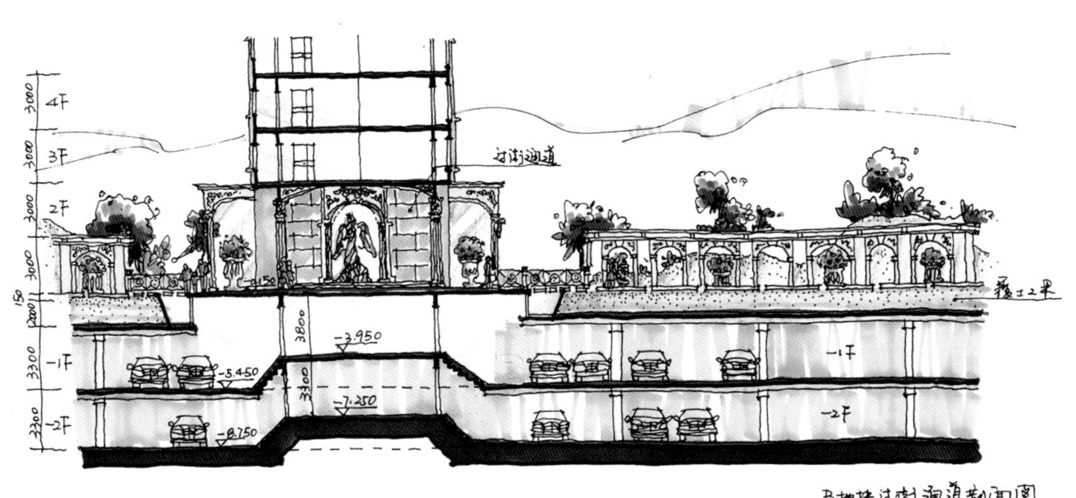

B地块过街通道剖面图

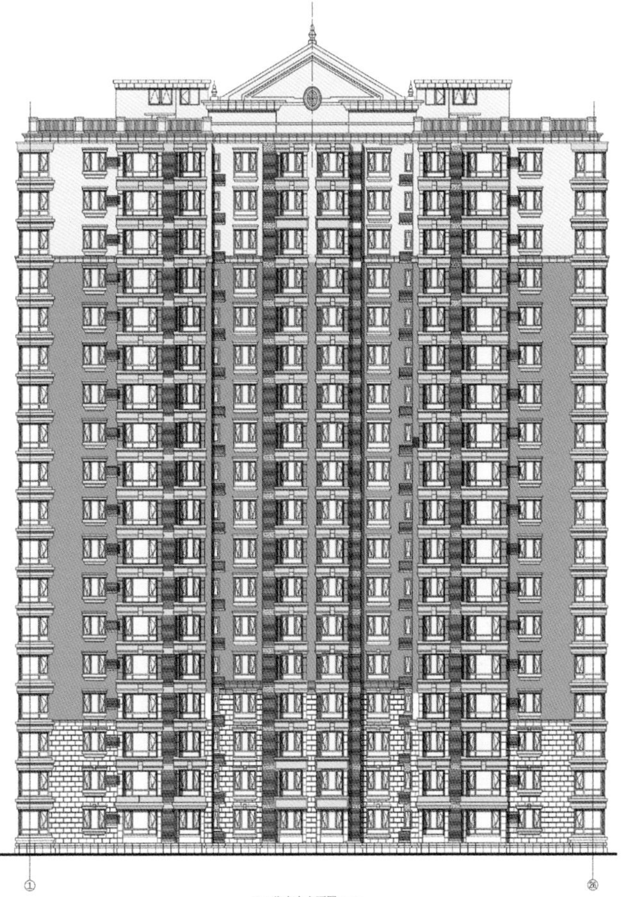
B6# 住宅南立面图 1:100

规划设计为挖掘地段的最大潜力，将主题定为高舒适度居住区，其特色体现在生活环境、生活方式和生活品质等多方面：重视邻里关系；加强社区内部的联系，创造可识别的社区中心；重视对公共开放空间的处理；重视住宅设计和整体规划的自然生态性；重视居住、休闲、娱乐、商业等功能的混合，建立以公共交通为导向、以行人为尺度的道路交通体系，使这里真正成为人们心目中的理想家园。

# 北京远洋山水（西区）三期

SINO-OCEAN SHANSHUI (WEST DISTRICT) 3RD PHASE, BEIJING

远洋山水

**工程主持人** 刘晓钟 吴静 王鹏 高羚耀 朱蓉 曹亚瑄 程浩
**主要设计人员** 王晨 周皓 赵楠 戚军 刘淼 赵文
**建设地点** 北京市石景山区鲁谷东街
**项目类型** 住宅
**总用地面积** 34.37hm$^2$
**总建筑面积** 134.66万m$^2$
**建设用地** 981hm$^2$
**建筑面积** 4534万m$^2$
**建筑层数** 地上最高27层，地下2层
**主要建筑结构形式** 框架 剪力墙
**设计与竣工时间** 2006～2007

远洋山水(西区)是在北京市住宅市场上建筑规模超百万平方米、较著名的住宅“大盘”项目之一，由一期(2003年设计)至三期(2007年设计)的设计、施工和竣工共历时近5年时间。在此期间，中国的房地产市场和北京市的商品住宅市场都迎来了高速发展的机遇。工作室在远洋山水(西区)三期工程的设计中借鉴和延续一、二期的成功经验，并在三期住宅小区的总图规划，建筑平、立面设计，室内外综合管线和公共装修设计等方面坚持采取完善和创新举措，有力地提升了三期住宅品质，并带动了该区域周边住宅市场的发展。

## 一、借鉴和延续

远洋山水(西区)三期住宅小区，在总图规划上延续“板式”高层住宅的布局模式：共安排6栋高层连塔式住宅(80m限高)，塔楼单元采用每单元2户或4户、端单元5户至6户住宅的平面形式。此举在满足本地日照标准和规划容积率的前提下，最大限度地降低了建筑密度，提高了小区的绿地率。三期住宅小区的建筑外延及细部设计，充分借鉴一、二期的建筑色彩和材质，并适当更新和创新。三期住宅小区的景观环境设计，积极延续远洋山水(西区)项目“追求自然、注重原生”的特色。积极营造建筑底层近人尺度空间环境，设计重点包括树木、微地形草坡、廊架和花池等。

在建筑保温节能方面，三期住宅继续采用外墙外保温设计(65％三步节能)，并在住宅外部关键构造节点，如架空隔热屋面、节能外门窗、空调机位板、飘窗板等构造细节方面采取更加成熟的处理手段，保障住宅内的舒适环境。

## 二、提升与创新

1．住宅套内管线综合设计

远洋山水(西区)三期住宅西区通过建筑专业将设备和电气专业的管线和设备协调，使得住宅室内空间设计尺度得体并符合美学设计原则。此举有效提高了住宅产品的使用舒适性，可减少住户二次装修拆改墙、地面及设备、电气管线等的建材浪费。

2．远洋山水(西区)三期住宅立面设计品质提升

住宅立面是其平面功能的外部延展，立面设计可以完善和辅助优化平面功能。远洋山水西区地产的开发在延续产品定位的同时也作出了调整，使得远洋三期住宅立面与前几期相比有了很大的改观，这种改观既是开发策略的需要，也是居住产品外在形象和品质提升的需要。给建筑外表“涂脂抹粉”的年代已经过去了，能够吸引人的建筑外观是由里及表、内涵真实的反映。设计遵循回归的审美取向，把传统中的“灰”色作为设计的延续主导色，大面积的灰色中掺杂亮色，使

整个楼盘不显沉闷；考虑到灰色和亮色冷暖之间的过渡和联系，使用了乳白色的建筑构件进行点缀，它成为立面上最活跃的元素。一、二期住宅主体大面积墙面使用涂料，三期在中间楼体大量使用面砖而且颜色加深。深灰色和深红色的面砖穿插组合在一起增加了建筑的稳重感，同时也通过色彩之间的对比使建筑更显挺拔。大量使用于前两期的白色塑钢门窗在三期换成了香槟色的断桥铝合金窗，这不仅使得窗的物理性能有了很大改善，而且窗与深色面砖的结合也加强了两种材料质感的对比。

# 北京塔营远洋新悦
## THE PLACE, TAYING, BEIJING

**项目经理** 刘晓钟
**工程主持人** 吴静 高羚耀 程浩
**主要设计人员** 孟欣 张建荣 李端端 张亚洲 惠勇 贾骏 王腾
**建设地点** 北京市朝阳区管庄乡
**项目类型** 住宅
**合作设计方名称** 北京中联置地房地产开发有限公司
**总用地面积** 29820.359m$^2$
**总建筑面积** 102202.8m$^2$
**建筑层数** 18层
**建筑总高度** 51.9m
**主要建筑结构形式** 框架 剪力墙
**设计及竣工年份** 2009～2010

规划方案尊重基地的自然肌理，对原有的交通路网、较好的绿化景观进行研究、利用，既便于开发实施，又经济有效。结合隔声降噪措施进行设计，削弱地块南侧京秦铁路对基地的噪声影响，强调宜居化的设计。注重整体特色、城市节点空间形态的研究。

为适应市场需求，总图设计以尺度适宜的短板为主要构成因素，以使住区的品质、住宅的内部环境质量得以有效提升。

小区交通设计方便使用，做到人车分流，兼顾住宅、公建、景观的人流、车流的组织，为日后两个居住地块的管理、使用创造便利的条件。机动车的停车方式分为地面停车、结合人防的地下停车。其中，为适应市场的需求，主要机动车停车考虑在地下车库解决。

带状集中绿化带沿南侧小寺村南街道路展开，以期最大限度绿化隔离铁路，减少对住宅的声污染，提升居住小区特质。用地内部通过半开敞式庭院围合空间的处理，形成外扰内静的小区环境，体现出较高的价值取向。

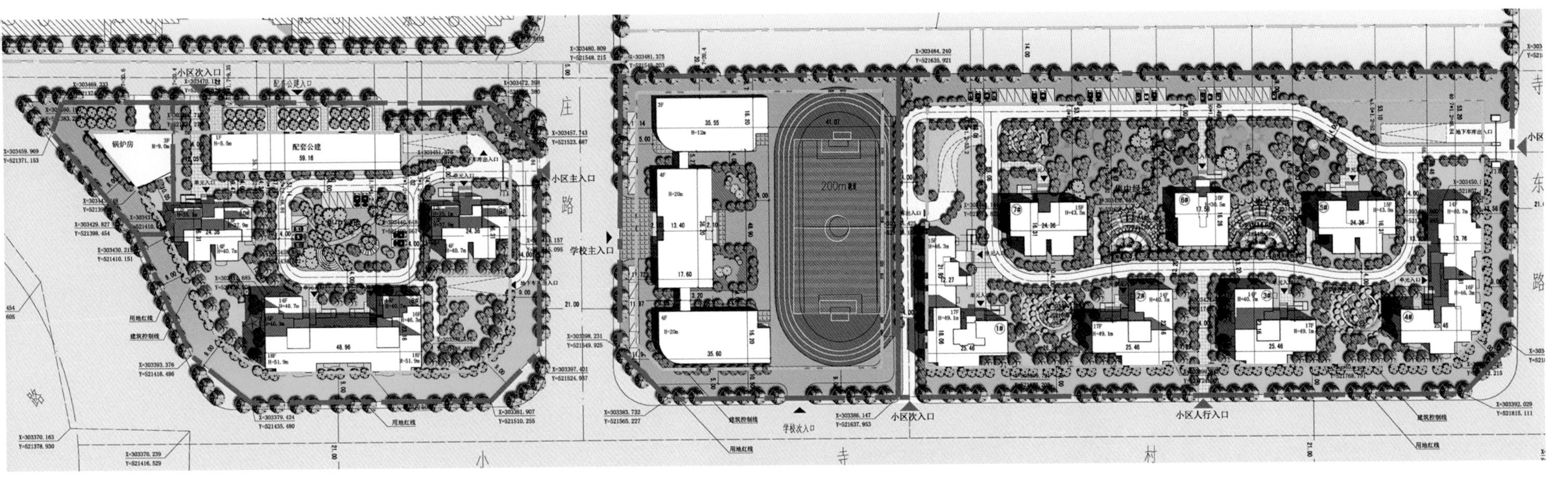

小区次入口
配套公建
锅炉房
小区主入口
学校主入口
学校次入口
小区人行入口
用地红线
建筑控制线
200m跑道

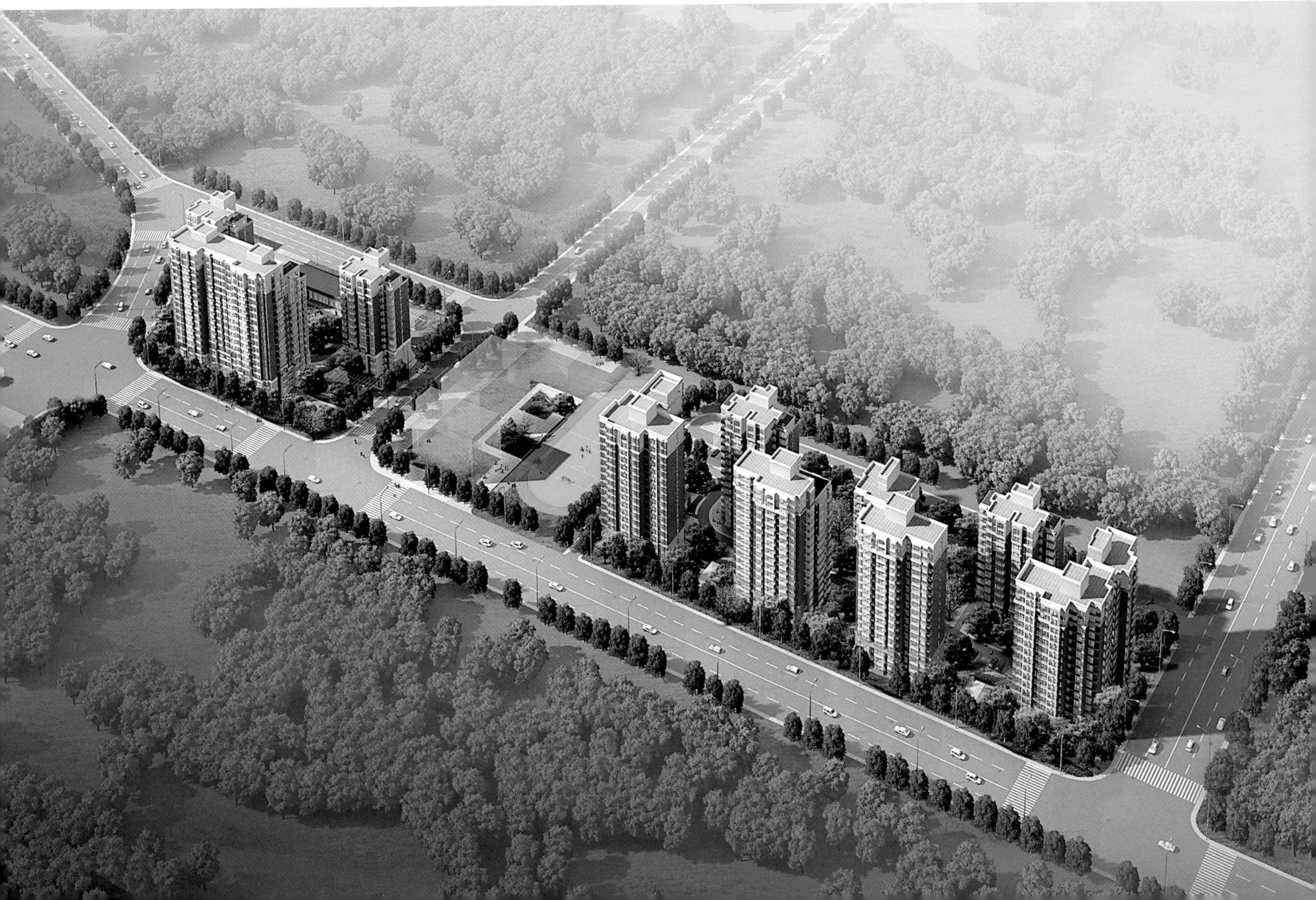

S OG 6219

户型配比集中在70～90m²的一居、二居，户型设计紧凑，得房率高，功能分区合理，居住舒适。户型力争户户朝阳、动静分离，追求人性化设计，无论户型大小，均有效地保证了私密性和功能的完备，特别针对一居室的设计，不仅有独立的起居室和卧室，同时还充分保证居住者的舒适程度。

# 北京东城区永外望坛棚户区改造

SHANTYTOWNS RECONSTRUCTION PROJECT, DONGCHENG, BEIJING

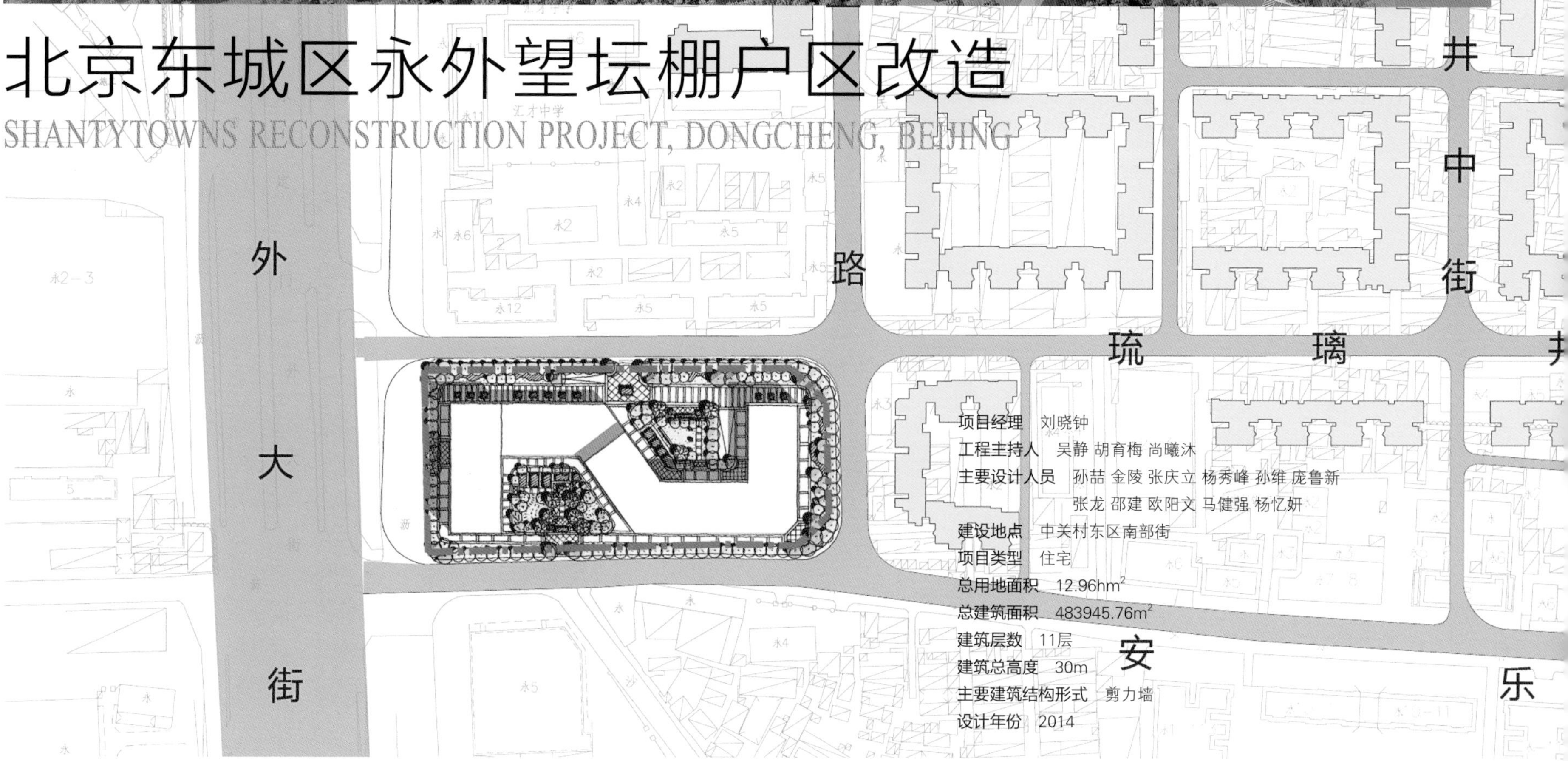

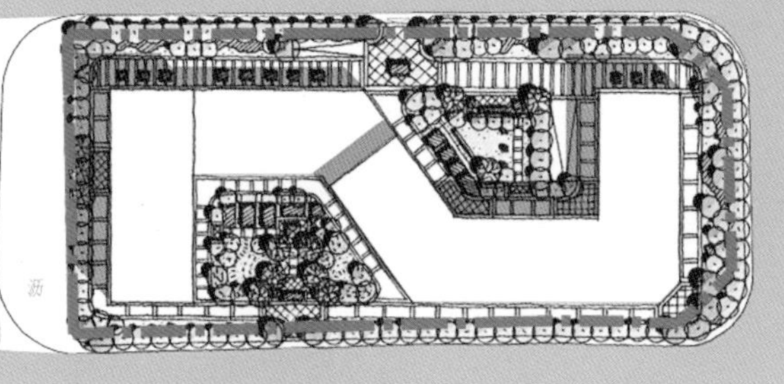

外大街 路 琉璃 井中街 安乐

项目经理 刘晓钟

工程主持人 吴静 胡育梅 尚曦沐

主要设计人员 孙喆 金陵 张庆立 杨秀峰 孙维 庞鲁新 张龙 邵建 欧阳文 马健强 杨忆妍

建设地点 中关村东区南部街

项目类型 住宅

总用地面积 12.96hm$^2$

总建筑面积 483945.76m$^2$

建筑层数 11层

建筑总高度 30m

主要建筑结构形式 剪力墙

设计年份 2014

项目位于东城区永外望坛乡，是包含回迁房、商品房以及城市综合体的综合型开发项目。

设计灵感来源于北京传统的四合院和谐的邻里氛围，力图在高密度的城市中，营造分区明确、品质良好的社区，并保持天坛以南的城市肌理，形成过去与未来对话的设计，创造外延开放的而不自我封闭的空间，以提升区域品质。

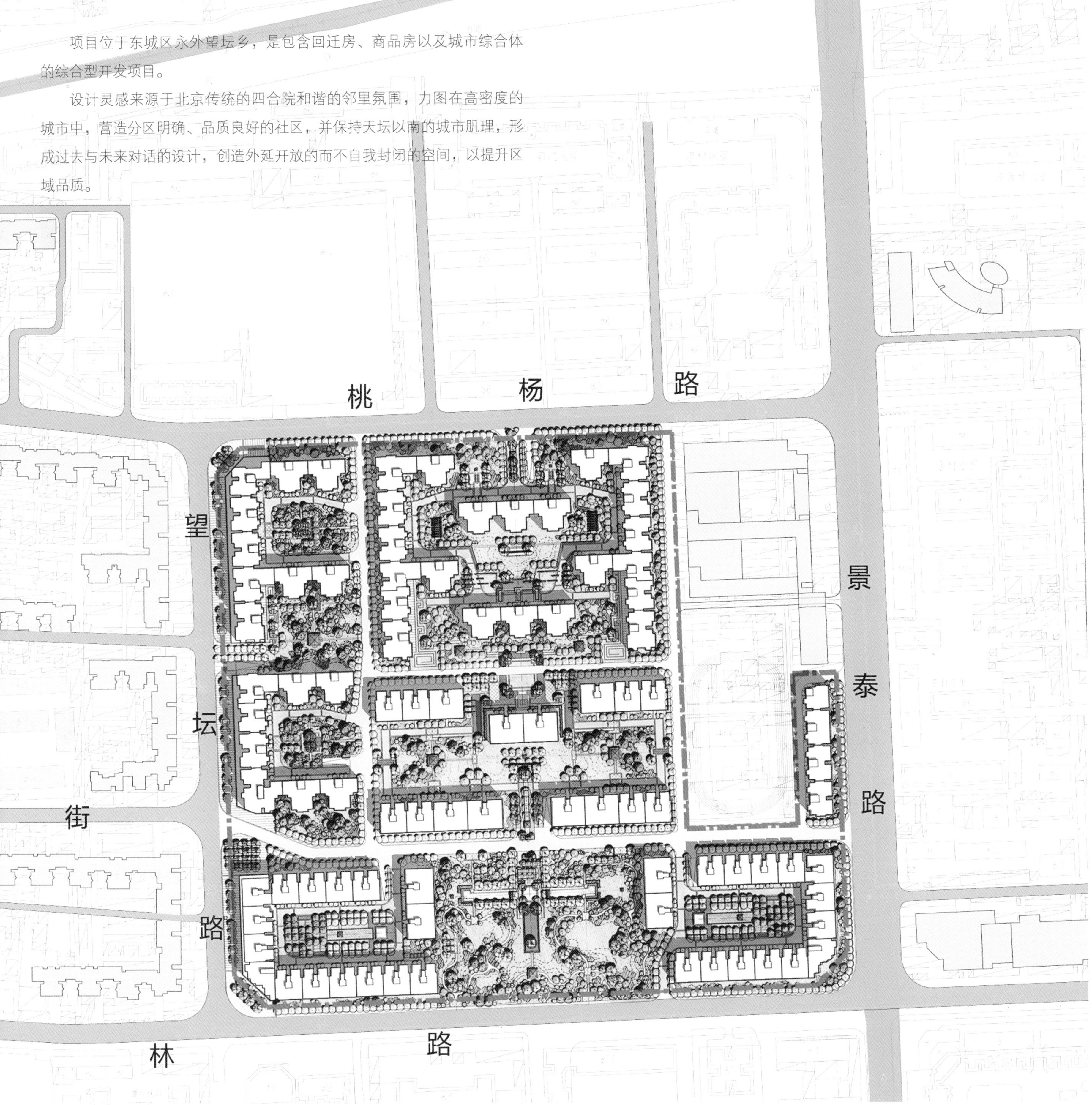

**设计理念：院、墙**

北京传统的四合院和谐的邻里空间氛围

在高密度的城市中，营造分区明确，品质良好的社区

保持天坛以南的城市肌理，形成过去与未来对话的设计

合与和的关系——北京传统合院式的布局，营造风格典雅，空间宜居的和谐社区。

由于项目紧邻北京中轴线，景观空间的最大化作为布局的基本原则，试图构筑“风格典雅，引景到户，构筑邻里空间”的成长型合院式居住社区。

小室与大院——小户型、小组团组合形成住区，并营造出“大院”情结的心理认同

传统与现代——提炼传统民居的特点，结合现代材料与尺度，形成个性化的现代住区

规划布局上采用北京传统合院式的布局，利用小户型、小组团组合形成住区，营造出“大院”情结的心理认同。将回迁房区域与商品房区域各自独立，并形成各自独立的空间，从而达到有效的物业管理。

南北景观主轴的串连，形成了叶脉状的肌理。在主轴上设置户型最大楼座。商品房的三个组团形成品字状环绕安乐林公园，暗合了明清北京城的“凸”字形城廓的重要形态。在提炼传统民居的特点的同时，结合现代材料与尺度，形成个性化的现代住区。

古城门立面

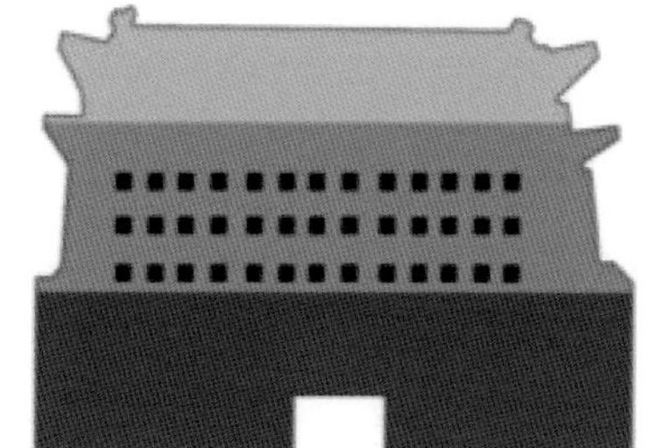

构成分析

公建立面

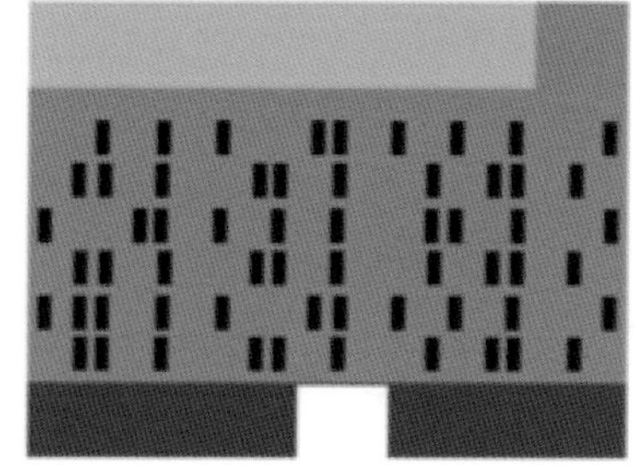

构成分析

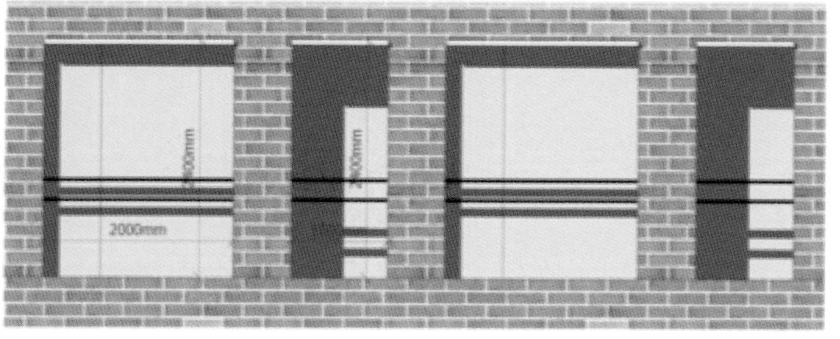


公建开窗

参照永定门外立面比例和色调进行方案设计，将立面分为上中下三个部分， 使用不同设计手法，使立面形象与永定门形成和谐统一的效果。

在最下基座部分开设人行洞口，既能满足功能上的需求，又能在与永定门相呼应。中间部分保留点窗的开窗形式，并以小型阳台的引入为立面建立雕塑感。顶部使用抽象化的“古建密檐”的形式，使用现代手法与永定门的立面形象进行呼应。

开窗意向

底层柱廊

# 北京常青藤

# IVY TOWN, BEIJING

**工程主持人** 刘晓钟 吴静 王琦 周皓

**主要设计人员** 王鹏 张立军 朱蓉 金陵 陈晓悦 王健 姚溪 褚爽然 徐超 刘淼 李丹 范峥 曲惠萍 赵楠

**合作设计方名称** 加拿大BDCL国际建筑设计有限公司

**建设地点** 北京市朝阳区东坝乡

**项目类型** 住宅

**总用地面积** 50.29hm²

**总建筑面积** 590298m²

**建筑层数** 5层 6层 9层

**建筑总高度** 16.1m 17.9m 27.4m

**主要建筑结构形式** 剪力墙

**设计及竣工年份** 2007年～2013年

项目位于北京市朝阳区东北部东坝乡单店，东五环东侧、东坝路南侧、坝河与亮马河交汇处的正南方，距东五环约700m，距东三环路12000m。用地北部有坝河，周边有绿化隔离带。范围内由东坝中街、东坝南一街、东坝南二街及单店西路等四条规划道路划分为5个地块，总建设用地50.29hm$^2$。用地西南角有现状住宅康静里居住区，东侧有近几年开发的住宅小区奥林匹克花园、东坝家园等。

一、设计理念

规划设计诠释了"可支付宜居社区"和"绿色生态小镇"的全新理念。住宅工程单体以低容积率、高使用率的5层花园洋房、6层院景洋房、9层小高层为主。小区中设计了一条利用低洼地形而成的中央水系景观轴，南北向贯穿整个小区，成为小区的视线景观走廊；小区分为约10个组团，并赋予"绿岛"的形象，辅以景色各异的景观节点，通过中央水系景观联络，成为点线结合、一轴带多点的小区景观结构；中央水系景观轴充分利用低洼地形及景观设计形成"峡"的特点，各个住宅组团又依托各自高低不同的平台和丘地景观特点，有"谷"的意向，使整个小区地貌深浅相宜，峡谷相生。

二、技术创新

该设计在确保居住建筑健康、安全及保护生态环境的前提下，改良荒地、废地，使之成为适宜居住的住宅用地。将原场地内废土清除、外运，将无害无污染的素土用于施工过程的土方回填、平整场地，以塑造地形的高差变化，既减少工程土方量，又减少由于土壤外运而对城市造成的二次

污染及交通负担，从而实现节约土地、空间和社会资源的目标。实际规划用地设计中将部分公建和地下车库布置在清除废土后的开挖区域，尽可能减少土方量；将开挖深度最大的区域设置为绿化坡地和景观峡谷，顺应地形，更趋自然；住宅等建筑物的地基设在开挖较浅的区域，保证基础的稳定性，避免出现潜在的荷载问题。

### 三、节能措施

项目坚持开发与节约并重、优先节约，合理增加前提投入和建设成本，降低住户的维护运行成本，运用可再生能源循环利用、建筑节能等技术，开发建设绿色生态产品，实现节地、节能、生态环保的发展理念；选用价格适中的经济型材料，控制建造成本；运用合理的规划设计以及施工技术，降低维护成本；综合利用各种节能系统，最大限度地减少业主使用成本。

SUNNY COURT

# 北京利锦府

LEGEND MANSION, BEIJING

**项目经理** 刘晓钟
**工程主持人** 刘晓钟 吴静 亢滨 王鹏
**主要设计人员** 王晨 姜琳 石景琨 孙博远 李俊志 赵泽宏 王超 王腾 李端端 张龙
**合作方名称** 上海越界建筑设计咨询有限公司
**建设地点** 朝阳东坝中街与东坝中路交汇处
**项目类型** 住宅
**总用地面积** 45383.23m$^2$
**总建筑面积** 169920m$^2$
**建筑层数** 2～19层
**建筑总高度** 57.6m
**主要建筑结构形式** 剪力墙 框架
**设计及竣工年** 2013～2016

利锦府项目位于北京市朝阳区东坝，东五环（七棵树）出口向东1500m，位处东坝组团。

东坝组团是政府规划的高品质大型低密度绿色生态居住区和未来北京最大的高端商务区。项目紧邻东五环，良好的交通网络将东坝居住组团与CBD、东二环（国家支柱产业带）、燕莎、望京丽都及首都机场临空经济带五大商圈有机地连接，使之处于五大商圈的中心区位，是东部产业带重要居住功能区的核心区域之一， 项目北侧为政府规划的“东坝北区”高端商务休闲区。

项目周边拥有丰富的自然景观，邻近有北京最大的城市公园朝阳公园以及红领巾公园、朝阳体育中心、庄园高尔夫球场、七棵树高尔夫球场、骐骥马术俱乐部以及五环绿化带，在项目周围形成天然氧吧，为社区带来绿色、环保的生活环境。随着北京城市中心的东移和CBD的不断东扩，东坝区域低密度的高品质居住规划将成为北京东部最具含金量和开发潜力的区域，未来具有强大的发展空间和潜力。

利锦府项目西侧紧邻东坝中路，南面是东坝中街，东侧是规划中的东坝东一路。东坝中街和东坝中路是未来东坝区域主要的两条道路，而利锦府项目恰好处在这两条路交叉的金十字区域，通达性极强，是未来东坝的核心发展区域。

项目总占地约45400㎡，建筑面积169920㎡。规划总户数569户。主要由住宅、商业、酒店三部分组成。一期即将向外推出的产品主要包括100～120㎡的两居、120～130㎡三居。

利锦府项目是由长安太和项目的设计师李玮珉先生量身定制，李玮珉先生希望通过设计重新找回“真实的居住性”，通过建筑布局的重新整理，外立面形式和材质的自然表达、公共空间的多样性，来完成对整个社区的人文定位。在达到尊贵居住感的同时，给社区生活注入更多生活的温馨与热情。

利锦府项目在园林设计上，借助现代景观手法营造具有中国传统韵味的居住空间，在现代奢华的格调中融入中国园林建筑的传统元素，并对之进行现代诠释，试图在喧嚣的城市背景中带来宁静。

设计师将其整体设计理念归结于“源”、“园”、“院”、“圆”四个同音的汉字。“源”是景观设计的依据，遵循建筑布置和自然环境去构建景观整体的骨架，强调建筑与自然的和谐共

处。“园”是园林，代表花园社区，是为业主定制专属私密的绿色空间。“院”指中国最具代表性的传统居住空间，也是设计者力图在项目中实现的景观氛围和空间体验。“圆”则是圆融，和谐—建筑与景观的融合，人与环境的互动，人与人的和谐。

利锦府项目非常注重细节设计，在小区每栋楼的入口处都有无障碍设计，更加体现人性关怀。考虑到整个小区的安全性和私密性，开发商不惜成本，在项目的 北部预留了快递停留区。为保证小区的空气质量，每天早晚，都会有专人在园区内进行空气喷雾的喷洒，降低园区内PM2.5的浓度。通过这些细节的处理，展现对业主服务的专注和用心。

整个项目配套3万$m^2$，包括社区会所、地下商业、社区底商为本项目提供运动健康、餐饮购物、娱乐休闲配套设施。地铁3号线直达项目地下商业。

# 北京望京K7住宅项目

# K7 AREA, RESIDENTIAL, WANGJING, BEIJING

**项目经理** 刘晓钟
**工程主持人** 刘晓钟 吴静 高羚耀
**主要设计人员** 姜琳 孙博远 赵泽宏 杨秀锋 王超 孟祥昊
**建设地点** 北京市朝阳区望京南湖北一街
**项目类型** 居住
**总用地面积** 24449.54m$^2$
**总建筑面积** 74916.72m$^2$
**建筑层数** 14（13）18 19（14）
**建筑总高度** 58m
**主要建筑结构形式** 框架 剪力墙
**设计及竣工年份** 2010～2016

望京K7地块C区位于北京朝阳区望京地区南湖北一街以南，总建设用地24449.54㎡，用地西侧C1、C2楼及附属用房已经建成，东侧为新建区。项目设计范围为C区新建部分，用地内无有保留价值的古木、古建筑。项目建设内容为住宅、配套公建。

## 总平面设计说明

1．整体构思

项目用地为K7区最后一个待建地块，由于时隔多年，周边建筑现状条件已经发生很大变化，日照条件更加苛刻，规划条件有所调整，同时产品定位也要求提升，大大增加了设计难度。新调整方案在尊重原审批方案的基础上，综合考虑日照、指标、品质等多方面的因素，采用塔+板+塔的布局形态，既满足原规划的形态，又有利于日照计算。配套公建布置在东北沿街位置，便于对周边居民进行服务。

2．交通组织

车库有两个出入口。平时C06号楼西侧为车库入口，东南面为车库出口。自行车库入口在C03号楼西侧。小区主要出入口设在北面。

3．消防设计

工程住宅为13~19层，按《高层民用建筑设计防火规范》进行消防设计，其中C05号楼西单元为19层，因此按一类建筑耐火等级一级考虑。C03号、C04号楼为13~18层，按二类建筑耐火等级二级考虑。C06号楼为总高度22.7m的配套公建，按《建筑设计防火规范》进行消防设计。

消防环路宽为4~5m，并与市政道路相连。

4. 绿化设计

C03号、C04号楼围合出集中绿地，在有限的用地内尽可能提供更多的景观绿化资源。C区新建区和已建区作为整体进行绿化率的计算，并满足实土绿化50％的要求。

## 建筑设计说明

1. 功能布局

C区新建部分地上由C03~C06号楼组成。用地西南侧分别为C03号、C04号、C05号住宅，东北侧为“L”形C06号配套公建。其中C03号楼18层，高度54.0m；C04号楼西单元主体14层，高度44.2m，东北角局部为13层，采用坡顶形式，檐口高度40.9m，东单元主体13层，高度41.2m，东北角局部为12层，采用坡顶形式，檐口高度37.9m；C05号楼西单元19层，高度58.0m；东单元主体14层，高度43.0m，北侧局部为13层，采用坡顶形式，檐口高度40.0m。C06号楼主体4层，高度18.0m，局部5层，高度22.7m。

大厦地下共有三层。地下一层为自行车库、地下仓储、汽车库、变配电室、热交换站、生活泵房、消防水池、消防泵房、电话交接间。地下二层为地下仓储、汽车库。地下三层为人防、汽车库。

2. 建筑体量与立面设计

外立面采用简洁的新古典风格，浅米色调，更能符合高品质的定位，与周边区域相协调。周边三段式划分削弱了建筑的体量感，精致的石材线脚和适宜的开窗比例增强了尺度感。临北侧道路的建筑以4层商业为主，形成了良好的街道尺度。

厨房
14.85
保姆间
7.00
餐厅
22.59
工人卫
6.21
公卫
9.58
玄关
12.32
主卧书房
7.02
衣帽间
6.86
走廊
9.37
主卧玄关
5.62
化妆间
4.53
主卫
6.76
次卫
4.17
次卫
4.62
起居
48.20
主卧起居
14.51
主卧
14.29
次卧
13.52
次卧
13.91

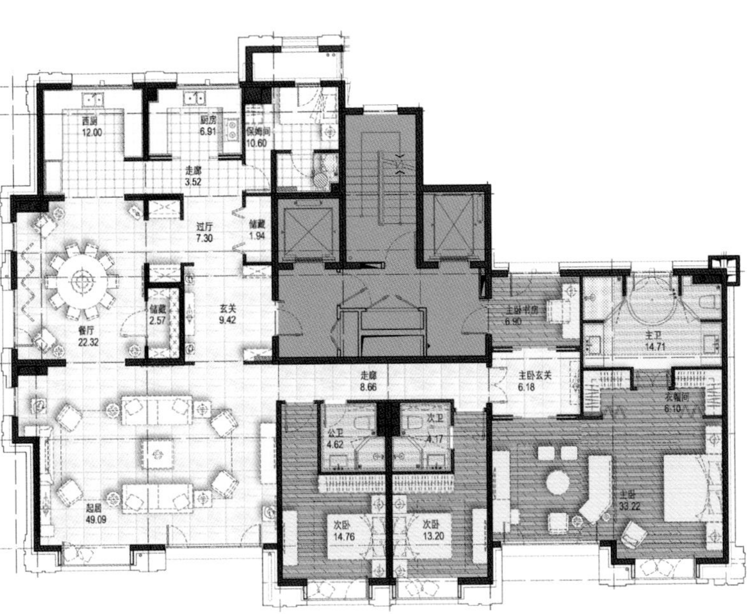
西厨
12.00
厨房
6.91
保姆间
10.60
走廊
3.52
过厅
7.30
储藏
1.94
储藏
2.57
玄关
9.42
餐厅
22.32
主卧书房
6.90
主卫
14.71
走廊
8.66
主卧玄关
6.18
衣帽间
6.10
公卫
4.62
次卫
4.17
主卧
33.22
起居
49.09
次卧
14.76
次卧
13.20

# 北京电影洗印录像技术厂住宅项目建筑·景观设计

FILM AND VIDEO LABORATORY RESIDENTIAL PROJECT, ARCHITECTURE & LANDSCAPE DESIGN, BEIJING

项目经理　刘晓钟
工程主持人　刘晓钟 曹亚瑄 张凤 徐浩 亢滨 胡育梅 尚曦沐
主要设计人　石景琨 郭辉 陈晓悦 丁倩 杜恺 王吉 王腾 吴建鑫 乔腾飞 赵蕾 于露 孙喆
景观设计人　王路路 卜映升 尹迎 杨忆妍
项目类型　住宅
总用地面积　45796m²
总建筑面积　202003m²
建筑层数　6～20层
建筑高度　20～62m
主要建筑结构形式　剪力墙
景观面积　34454m²
设计年份　2012

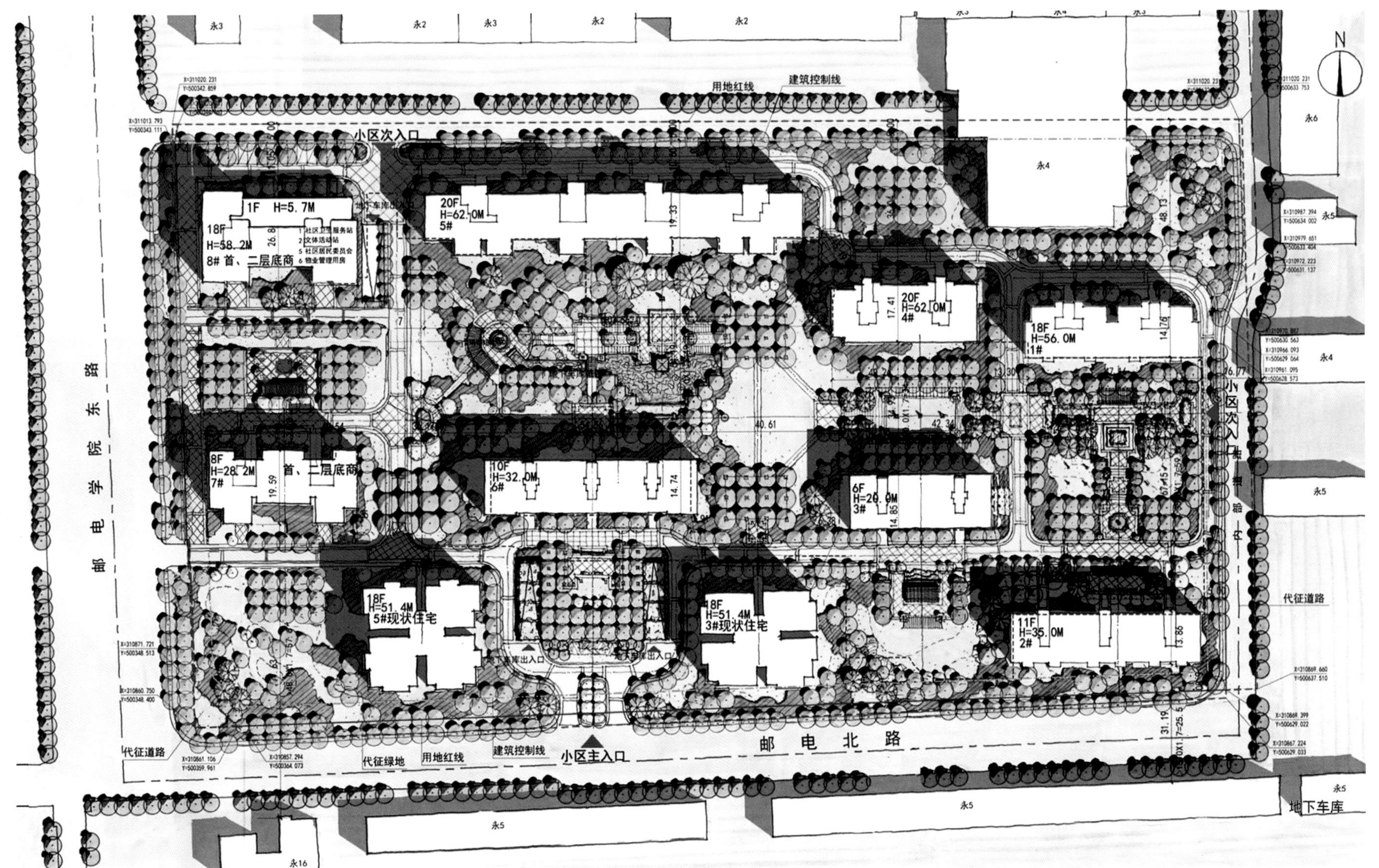


北京电影洗印录像技术厂位于海淀区北三环中路40号，紧邻北三环中路，北临中央新闻纪录电影制片厂，南邻北师大家属小区。北洗厂距蓟门桥约700m，距北太平庄桥约600m，用地位置显著，交通十分便利，优良的城市区位成为地段不可替代的资源，厂区地块周边具有较好的城市环境，北侧为中影集团，西侧为北京邮电大学，南侧北京师范大学，东侧为新街口外大街。附近有一些住宅小区，而地块周边的公共及商业服务设施相对缺乏和陈旧。厂区占地面积约6.52hm$^2$。厂区内的主要建筑有主厂房、办公楼、锅炉房以及相关配套用房；厂区内绿化环境较好，有银杏树、松树等若干植物。厂区南侧为两栋18层高住宅楼，高度为48.6m。

项目规划设计秉承稳重、均衡原则，尽可能提高土地利用率，住宅类型分多层、中高层和高层，在规划布局上由南至北、从低到高布置建筑，考虑日照及沿街建筑对城市的影响，形成高低错落的天际线和空间序列，其中高层住宅布置在用地北侧，多层及中高层住宅布置在南侧，充分考虑建筑与景观的融合，保证中心花园的品质及各组团景观的均好性。在各组团的组织上，纵横、点线手法相互交错，营造一种亲切宜人、尺度合理的围合感。

项目平面布局紧凑，体型系数较小，户型设计中强调采光和通风的重要性，主卧室开间均达3.3m以上，在有限的开间范围内保证南北通透及良好日照，同时强调舒适性和经济性，户型内部合理划分功能分区，动静分区，洁污分区，提高户型使用系数。住宅建筑层高3.0m。

项目立面设计吸收欧式古典建筑的设计风格，融入鲜明的时代精神，强调典雅、尊贵与稳重。整体造型通过简洁有力的竖向线条表现出挺拔有力的建筑内涵，细部处理丰富且精致，褐色、浅黄色、深灰色为主的色彩基调，建筑外墙采用仿石涂料饰面，以构架和色彩及虚实对比的手法塑造建筑挺拔向上感，以简约时尚而尊贵的形象激发社区居民的自豪感和归属感。

# 北京顺义马坡中铁花溪渡

FLOWERS COUNTY, CREC, BEIJING

项目经理　刘晓钟
工程主持人　刘晓钟 吴静 徐浩
主要设计人员　钟晓彤 王晨 王健 褚爽然 林涛 王腾 蔡兴玥
建设地点　北京市顺义区马坡
项目类型　住宅
合作设计方名称　CDG设计公司
总用地面积　125864.6m$^2$
总建筑面积　231632.93m$^2$
建筑层数　18层
建筑总高度　58m
主要建筑结构形式　钢筋混凝土剪力墙
设计及竣工年份　2011～2014

北京市顺义区马坡东侧（地块一）居住项目是刘晓钟工作室与CDG设计公司合作设计，由工作室设计团队最终实现的中高档居住项目。项目位于北京市顺义区马坡地区，周边有多个不同的住宅项目。项目建设用地为125864m²，总建筑面积231632m²，容积率1.6，控制高度58m。项目内包括洋房、小高层和高层三种不同类型的住宅产品，以及会所和配套商业设置。

规划设计理念充分体现了建筑的合理性、舒适性、宜居性，并且兼顾对周边项目、环境乃至城市的影响。极大限度地保留原有用地上的茂密植被，作为中心景观带，结合设置小区中心的会所，这是整个规划的亮点。规划布局重点考虑克服高层建筑对城市道路压迫感的问题，对南面及北面的沿街建筑进行了退让甚至降低层数，打破“平板”式，形成高低起伏、内外退让的建筑形式，丰富了沿街建筑的天际线，增加了小区的亲和力，达到小区域与大区域的共融。

整个小区建筑以美式休闲风格为主线，运用不同的色彩、不同的材质营造温馨、浪漫的宜居氛围。建筑体型关系丰富，立面上不同的凹凸构件以及深远的屋顶出檐，使得整个建筑沉稳、高贵，成为顺义区域标志性的高端住区。

# 北京胜古誉园建筑·景观设计

## FAME PLAZA, ARCHITECTURE & LANDSCAPE DESIGN, BEIJING

**项目经理** 刘晓钟

**建筑工程主持人** 吴静 曹亚瑄

**建筑主要设计人员** 石景琨 孟欣 钟晓彤 李端端 曲惠萍 吴乔斌 张妮

**景观工程主持人** 刘子明

**景观主要设计人** 刘欣 李文静 赵丽颖

**建设地点** 北京市国典中路南侧东临胜古庄西路南接胜苑路

**项目类型** 住宅

**总用地面积** 24500$m^2$

**总建筑面积** 99997$m^2$

**建筑层数** 4～15层

**建筑总高度** 43.1m

**主要建筑结构形式** 剪力墙

**景观面积** 24000$m^2$

**设计及竣工年份** 2008～2012

## 一、规划布局

项目位于北京市国典中路南侧，东临胜古庄西路，南接胜苑路。总规划用地面积2.45万㎡，目标定位为纯板式住宅区。

根据项目开发的性质，用地分为南北两部分。南段将保留的两座办公楼改造成公寓，北段则为新建的住宅小区及小区配套综合体。

项目用地内采用明确的动静分区的规划设计。商业综合体居北侧，生活区居南侧，形成生活与娱乐既紧密相连又互不干扰的有利格局。同时辅以必要配套设施、地下车库和市政用房。总建筑面积97839.0㎡，其中地上总建筑面积64805.0万㎡。

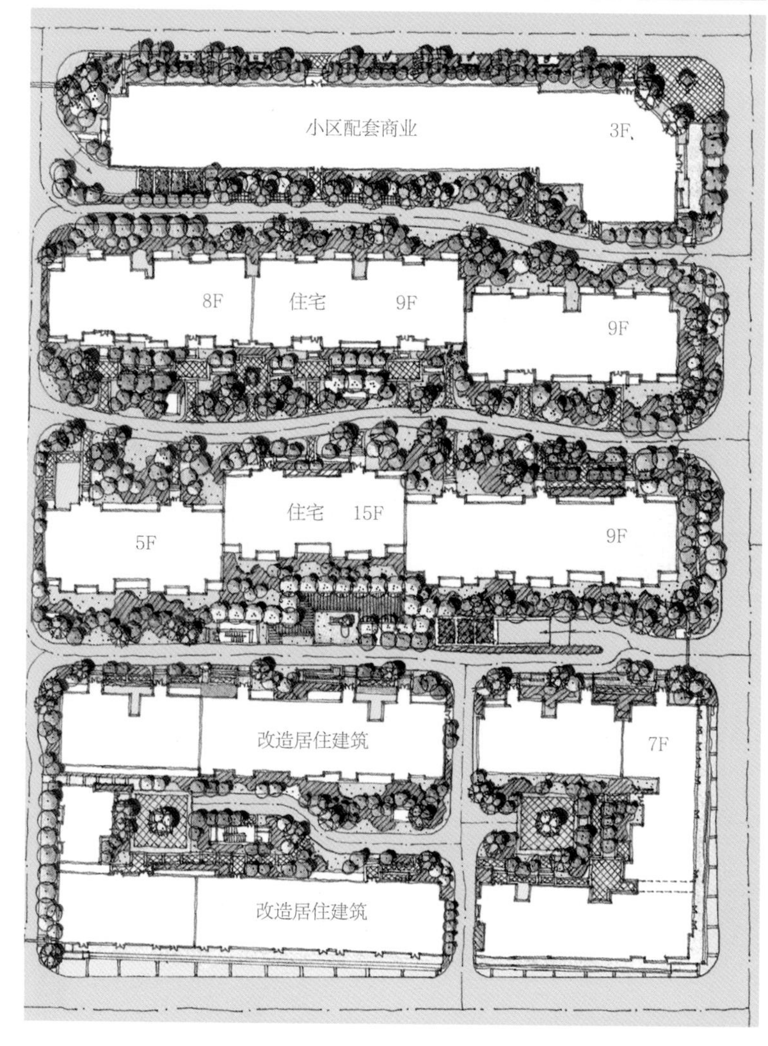


在有限的土地上合理提高密度，尽可能多地解决住宅需求；既满足政策上的节地要求，同时又创造出具有特色、舒适怡人的城市居住环境，让居民意识到这是他们理想的住所，从而产生一种归属感和自豪感—这就是规划设计所追求的境界。

小区采用多层住宅，留出条形绿化，以绿化平台组织各住宅单体，围合成半封闭的多层住宅组团，相向布置，构成内向庭园，形成组团特有的界定空间，创造多层次的空间环境和城市景观，形成丰富的城市轮廓线，空间立体发展，多层次利用。

考虑到小区周边区域的规划要求，规划参考日照影响，板楼为台阶式，高低错落，从建筑群体空间上取得层次感，使小区周边的街景变化丰富。

## 二、绿化环境设计

现代住宅增加了邻里之间的隔膜，因此在规划设计中充分考虑居民的交往需要，给他们创造一定的交往场所。在组团绿化空间中，按照儿童、老人的不同需求安排儿童游乐设施及休息交往场所，针对不同年龄段的使用者界定出不同的空间变化，居民就近使用，既照看儿童，促进邻里交往，又不至于干扰邻里。这个环境是尺度亲切，考虑周到，组团居民所共同拥有的半公共空间。

# 北京未来科技城北区土沟村定向安置房

FUTURE SCIENCE & TECHNOLOGY PARK TEMPORARY DWELLINGS, BEIJING

**项目经理** 刘晓钟
**工程主持人** 王鹏
**主要设计人员** 戚军 冯千卉 陈晓悦 丁倩 郭辉 张妮 孙维 邓伟强
**建设地点** 北京市昌平区汤山镇
**项目类型** 定向安置房及住宅公共服务设施
**总用地面积** 26010.3m$^2$
**总建筑面积** 33482.1m$^2$
**建筑层数** 5～6层
**建筑总高度** 18m
**主要建筑结构形式** 剪力墙
**设计年份** 2009

均衡和谐的整体构思及布局：项目设计为多层住宅的社区及公共配套服务设施。小区被中部城市路穿越，形成南北两区。全区住宅主要建筑层数为5～6层，地下1层。考虑在局部楼座下做出地下二层，并结合车库，来安排人防工程。北区设18班小学和12班幼儿园各一座。南区设配套公建。公建有各自停车区域和出入口。

讲求"便捷性"的环形道路系统：小区主要出入口设在东侧路，沿西侧路和中部道路各开一个小区次要出口。南北区内部交通为环路，组团路设在住宅北侧。组团路北侧设计地面停车，设绿化停车带。南北两区各沿地块东侧设地下车库，均在小区入口附近设有地下车库出入口，减少对小区内部干扰。

“疏密有致”的景观绿化：小区在南北中心区设计大面主题绿化区，各楼间形成小型绿化组团，沿主要道路植行道树，形成点、线、面充分组合且相互渗透的绿化系统。小溪、跌水、喷泉、山丘、台地等不同地形地貌，高低起伏，形成丰富细腻、富于创意的景观空间。

应对“农民搬迁要求”的单体设计：结合村民搬迁实际情况和项目开发的特点，合理制定户型面积。住宅采用一梯两户、一梯三户板式布局。户型设计中强调采光和通风的重要性，每户主要房间都能得到南向的采光。起居厅和餐厅形成连贯空间，有利于通风。户型设计中同时强调舒适性和经济性。户型以二居室为主力，同时包含三居室、一居室等户型。单体平面考虑用户二次装修使用的灵活性要求，采用剪力墙大开间布局。

“现代简约”的立面风格：建筑风格定位现代主义的建筑风格，并有一定的创新意识。建筑设计通过色彩、材料、细部等精细设计，创造一种温和、典雅的居住气氛，同时又不失现代简洁明快的风格。在立面设计中统一考虑空调机位。多层住宅顶部处理采用斜坡屋顶。

# 北京未来科技城南区定向安置房建筑·景观设计

FUTURE TECHNOLOGY SOUTH AREA TEMPORARY DWELLINGS, ARCHITECTURE & LANDSCAPE DESIGN, BEIJING

**工程主持人** 刘晓钟 吴静 曹亚瑄 张凤
**主要设计人员** 杜恺 郭辉 丁倩 陈晓悦 许涛 孙维
王吉 邓伟强 刘欣 赵森 曲慧萍
**景观工程主持人** 刘子明
**景观主要设计人** 尹迎 李文静 郭姝 赵丽颖 莫定波
**建设地点** 北京市区平区岭上村北七家村等
**项目类型** 定向安置房及住宅公共服务设施
**总用地面积** 289272m$^2$
**总建筑面积** 453838m$^2$
**建筑层数** 7～12层
**建筑总高度** 35m
**主要建筑结构形式** 剪力墙结构
**景观面积** 岭上村 13700m$^2$ 北七家村 31000m$^2$
鲁疃村 104830m$^2$
**设计及竣工年份** 2011～2014

项目以建设宜居性、生态型、智能化的居住环境为目标，设计体现低碳、节能、和谐、生态、绿色的规划核心理念。住区与周围环境相协调，住宅楼风格统一而又高低错落，形成丰富的立面形态。利用现有成熟科技手段使小区在智能化管理方面达到较高标准。现有户型设计为7~12层，小高层产品，属中低密度，具有较高品质。

## 一、设计原则

1. 定位中高端，外形整体大气。

2. 通过采用高雅的暖色调，提升立面的高贵品质。

3. 注重重点部位的层次设计，通过丰富的层次深度，凸显高贵的品质。

4. 依靠建筑自身体型变化营造形象；通过对顶部、中段和底部丰富的形体内容，表达建筑内涵。

## 二、低碳与生态

从未来科技城建设的总体定位出发，规划以体现低碳、生态的核心理念为目标。通过合理利用住区内绿地系统与城市空间有机结合、相互渗透的生态绿地系统，统筹考虑水资源保护、节水、雨水、中水的合理利用，建设先进的节水型园区；采用先进的建筑节能体系、现代综合管廊、废弃物负压抽吸等先进技术；空间形态采用紧凑混合的组团结构，合理控制密度的同时，满足日照、通风、间距和室内采光要求，所有建筑设计均满足《居住建筑节能设计标准》及《绿色建筑评价标准》一星。

**鲁疃村**

鲁疃村搬迁安置用地位于北京市昌平区北七家镇未来科技城南区核心园区西侧，现鲁疃村宅基地的西侧，分为南北两个地块。北地块北侧临未来城南区二路，西临城市公共绿地，南邻未来城南区三路，东邻鲁疃中路；南地块西临未来科技城路，南临蓬莱苑南路。

交通组织：用地周边道路东侧鲁疃东路，道路红线宽30m；南侧蓬莱苑南路，道路红线宽25m；西侧未来科技城路，道路红线宽30m；规划为城市支路，小区内交通本着高效、人车分流的原则，对交通组织根据不同功能区和不同交通方式进行了精心

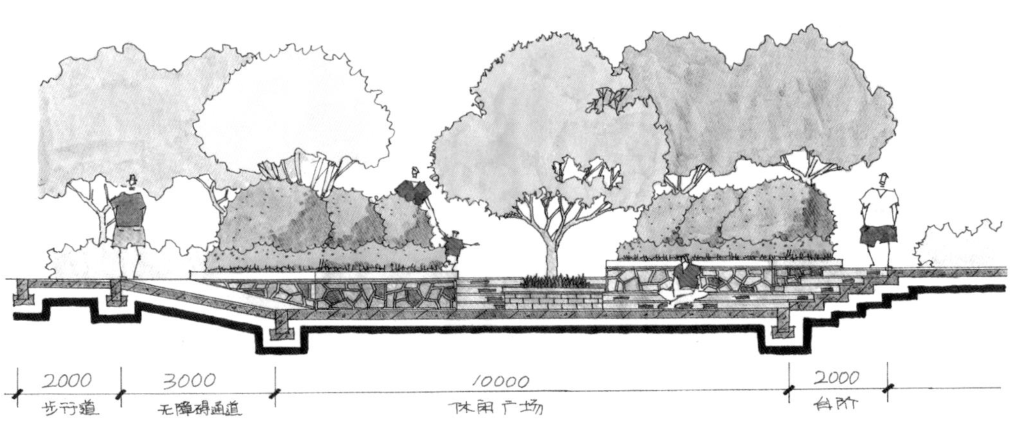


设计。小区南北地块在西侧及南、北侧各设有一个机动车出入口，南北地块在东侧各设一人行出入口。

道路系统：结合市政道路，地块内沿建筑周围设机动车环形通道，路面宽大于4m，兼作消防通道。

## 北七家村

北七家庄村搬迁安置用地位于北京市昌平区北七家镇未来科技城南区核心园区西侧，现北七家庄村宅基地的西北侧。北侧邻城市公共绿化带，西邻蓬莱苑西路，南邻七北南路，东邻北七家村西路，总体布局考虑小区周边规划要求，东侧沿北七家西路为小区居住配套公共服务设施。

交通组织：用地周边道路东侧北七家村西路，道路红线宽25m；南侧七北南路，道路红线宽25m；西侧蓬莱苑西路，道路红线宽25m；规划为城市支路，小区内交通本着高效、人车分流的原则，对交通组织根据不同功能区和不同交通方式进行了精心设计。小区在东侧及西侧各设有一个机动车出入口。

道路系统：结合市政道路，地块内沿建筑周围设外环机动车环形通道，路面宽大于4m，兼作消防通道。

项目特点：基于绿色生态的基本原则，在项目用地中心区依据建筑设计的架空车库的特点，设计了景观坡地，增加绿化面积的同时弱化硬质挡土墙的单调景观效果，使建筑的功能性与景观的装饰性有机结合在一起，形成了独特的居住区台地景观新模式。为方便老年人和婴幼儿的居住休闲出行，小区内的休闲广场几乎都设置有无障碍通道，体现了对小区居民的人性关怀。

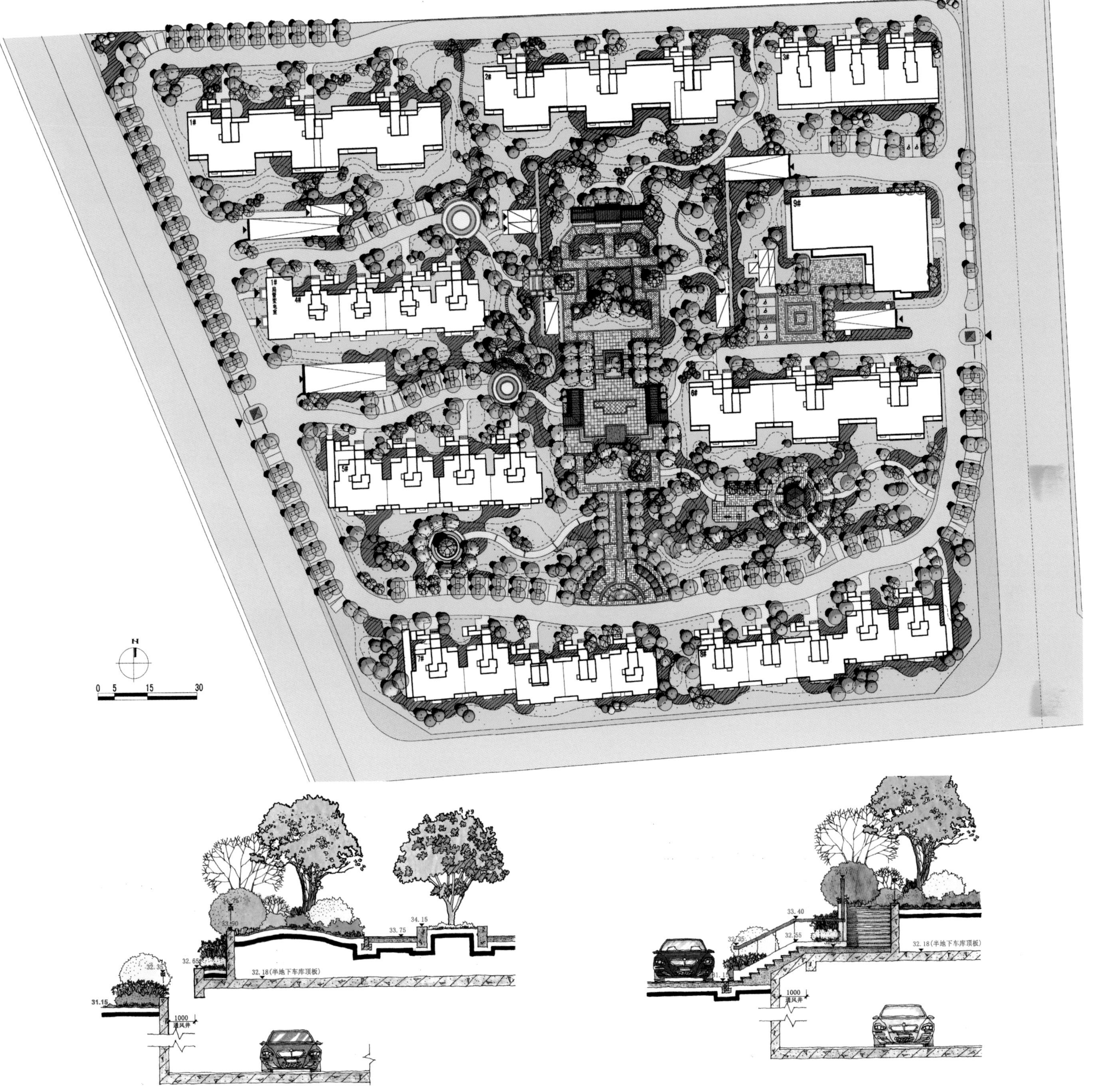

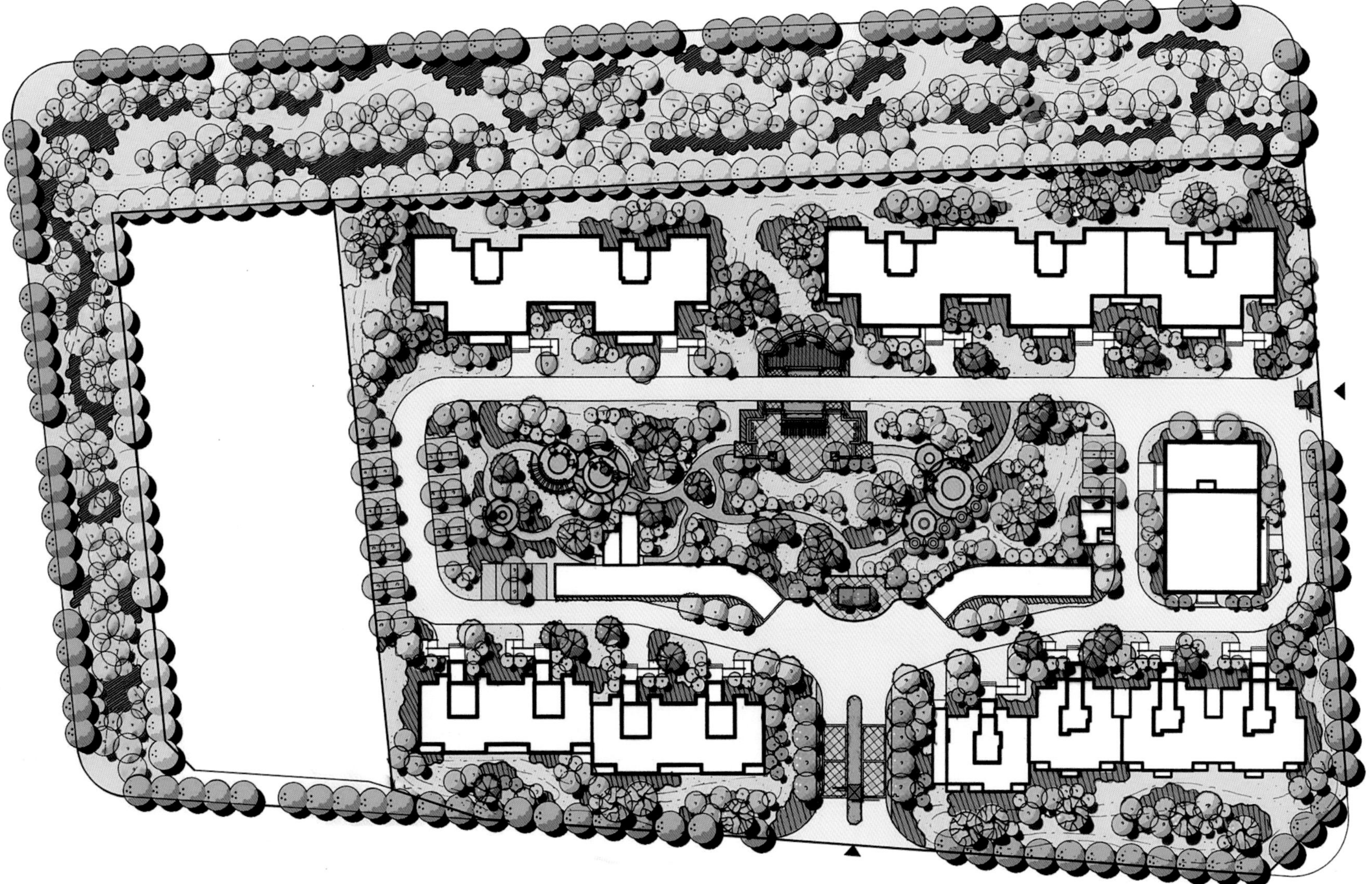

岭上村

岭上村搬迁安置用地位于昌平区未来科技城西侧，小区东起岭上中路，西至北七家村东路，南起岭上南路，北至岭上北路。地块内建筑层数为9~11层，地下局部2层；地下车库1层。小区以组团绿化结合各单体住宅，围合成半封闭的高层住宅组团，向心布置，构成内向庭院。总体布局考虑小区周边规划要求，东侧沿北七家西路为小区居住配套公共服务设施。

交通组织：用地周边道路东侧岭上中路，道路红线宽20m；南侧岭上南路，道路红线宽25m；规划为城市支路，小区内交通本着高效、人车分流的原则，对交通组织根据不同功能区和不同交通方式进行了精心设计。小区在南侧设有一个主出入口，东侧设一个人行出入口。机动车通过南侧出入口进入地下车库。

道路系统：结合市政道路，地块内沿建筑周围设机动车环形通道，路面宽大于4m，兼作消防通道。

# 北京百万庄危旧房改造工程

BAIWANZHUANG OLD BUILDING RECONSTRUCTION PROJCET, BEIJING

**项目经理** 刘晓钟
**工程主持人** 刘晓钟 吴静 徐浩 冯冰凌 张凤
**主要设计人员** 李扬 钟晓彤 赵蕾 任琳琳 马楠 李媛 褚爽然 霍志红 朱峰延 杨迪 张崇 周硕 刘子明
**建设地点** 北京市西城区百万庄大街
**项目类型** 住宅 幼儿园
**总用地面积** 416510$m^2$
**总建筑面积** 620247$m^2$
**建筑层数** 28层
**建筑总高度** 80m
**主要建筑结构形式** 框架 剪力墙
**设计年份** 2013.11

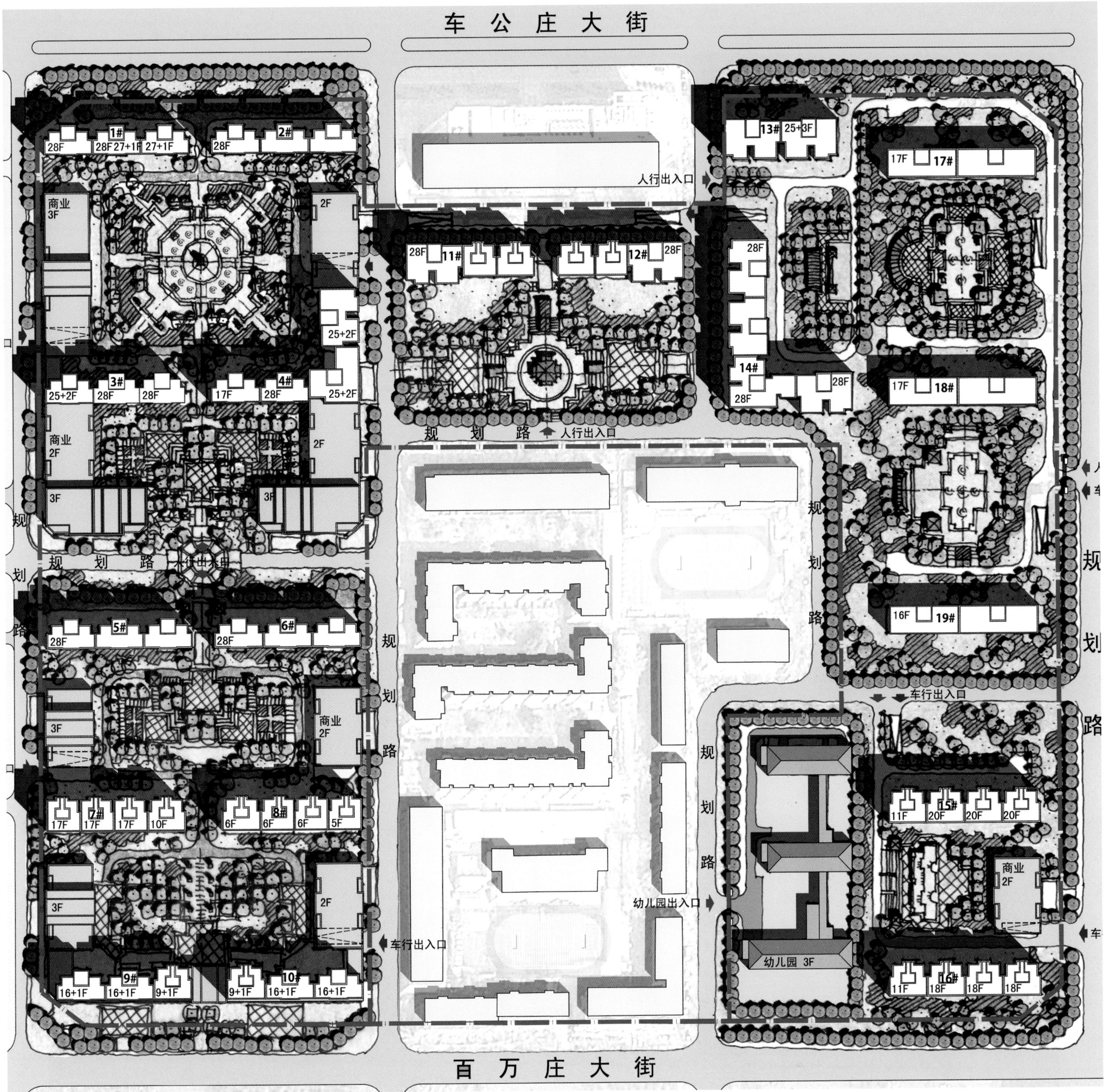
车公庄大街
百万庄大街
人行出入口
车行出入口
幼儿园出入口
规划路
幼儿园 3F
1#
2#
3#
4#
5#
6#
7#
8#
9#
10#
11#
12#
13#
14#
15#
16#
17#
18#
19#
商业 3F
商业 2F
25+2F
25+3F
27+1F
16+1F
9+1F

项目坐落于北京市西城区百万庄地区，原小区为历史风貌保护区，被称为“新首都第一住宅区”，是现代住宅建筑的样板。原小区规划形态特色鲜明，形态完整。

新的规划设计力图在保证户型品质的前提下，进行合理、灵活、经济、可实施性强的规划设计，高效利用土地资源，解决居民就地回迁问题，并增加增量房数量，合理布置部长楼位置；打造风格典雅、配套完善、空间环境宜居的高品质文化型住区；改变陈旧现状，尊重区域文脉，重塑城市肌理。

项目采用以高层为主的住区规划模式，共布置19栋住宅楼，层数从6～28，最大建筑高度80m。沿街局部设有1～3层商业。项目内设有一座24班幼儿园以及其他小区相关配套设施，同时辅以地下车库及市政用房。

项目保留原有规划的“回”字形态、合院空间以及十二地支的理念，户型尽最大可能地规划南北通透的布局。在设计中最大限度地保留原有住区中丰富的绿化树木，将其合理运用到新的规划形态中。整个规划在日照条件极其苛刻、解题要求复杂的多重困难下，通过多方案的比选和优化完美，解决了多项复杂的综合任务。

# 北京中关村东部南区改造建设项目

OLD BUILDING RECONSTRUCTION PROJECT, ZHONGGUANCUN SOUTH DISTRICT, BEIJING

**项目经理** 刘晓钟
**工程主持人** 刘晓钟 吴静 徐浩 冯冰凌 张凤
**主要设计人员** 李扬 任琳琳 钟晓彤 褚爽然 霍志红 李媛 朱峰延 杨迪 张崇 刘子明
**建设地点** 中关村东区南部
**项目类型** 住宅 办公 学校
**总用地面积** 222639m$^2$
**总建筑面积** 934407m$^2$
**建筑层数** 34层
**建筑总高度** 100m
**主要建筑结构形式** 框架 剪力墙
**设计年份** 2013.10

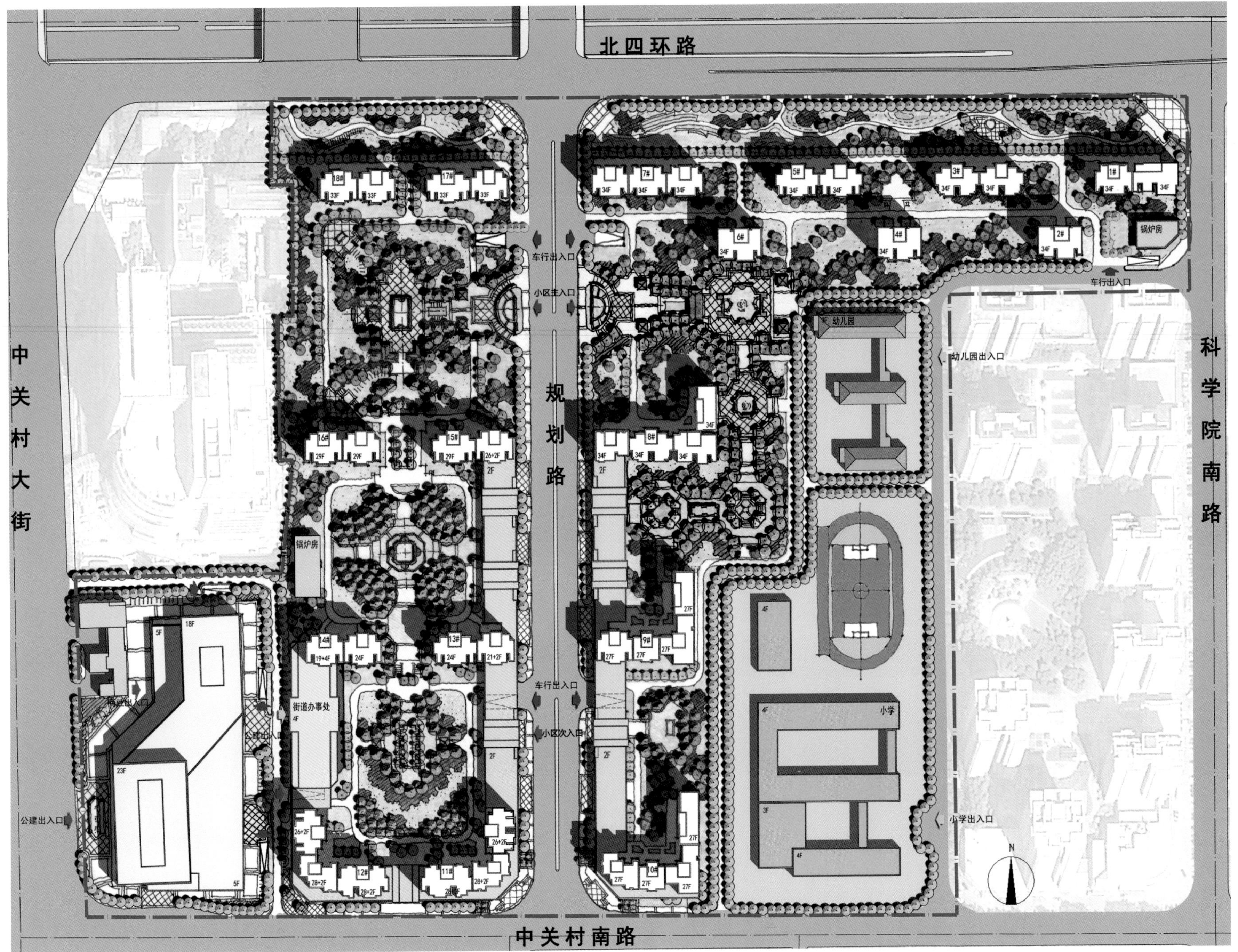


项目位于北京市中关村东区南部，地块北临北四环，东起科学院南路，西至中关村大街，南到中关村南路。总规划用地面积222639m²，总建筑面积935316m²。其中地上建筑面积667917m²，地下建筑面积267399m²，综合容积率3.0。项目解决回迁安置户数3910户，地上总面积333720m²；配建公租房1435户，地上总面积129272m²。大型公建地上总面积135800m²。项目整体规划力图通过合理的规划设计，高效利用土地资源，有序解决回迁，预留更多引进人才的公寓。打造风格典雅、配套完善、空间环境宜居、富有学府气质的生态型住区。

项目为投标性方案设计。在北京市的核心高科技中心中关村地区，规划设计根据高效利用土地资源的设计原则，在规划强度和密度极大的条件下，最大限度设计优质户型，采用纯高层住区规划模式，并且充分考虑项目的可实施性，一、二、三期用地整体规划，可分期实施。通过布置四排南北向短板高层住宅，形成内部开阔疏朗的空间形态，利用一百多米的超大楼间距，营造贯穿地块东西与南北两个方向的大尺度中央景观绿地，打造统领全区的两条主要景观轴线。三期用地采用“大平台”的设计手法，通过抬高地下车库顶板，形成1.5m高的景观平台。既减低开发产本，又营造了多层次的景观空间。丰富入口空间层次，增大社区环境与城市干扰源的距离，增强私密性，进一步提升住区品质。平台上每两排住宅间围合出各具特

色的主题景观，中央两栋楼底部三层架空设计，使环境得以融合、渗透，形成连贯的步行空间，强化出“学院派”风格的轴线气势。规划设计中合理布置中小学位置，解决使用中的交通问题，使得住区、学校得到极优的解决方案。沿街布置公建，尊重城市空间格局，运用现代设计语言、绿色的建筑材料以及丰富的体型关系，在中关村大街上矗立起一座标志性的办公建筑。

建筑风格突显人文、学院风格，住宅运用三段式处理手法，使得100m高的建筑体型优美、丰富，并且减弱对城市空间的压迫感，形成层次丰富的城市沿街景观。

# 北京清华东路大学生公寓

TSINGHUA EAST ROAD COLLEGE STUDENTS APARTMENT

**工程主持人** 刘晓钟 吴静 郭建青
**主要设计人员** 冯智 张凤 程浩 张宇
**建设地点** 北京市海淀区清华东路南侧
**项目类型** 公寓
**总用地面积** 12490$m^2$
**总建筑面积** 62650$m^2$
**建筑层数** A楼18层 B楼14层
**建筑总高度** A楼52m B楼41.7m
**主要建筑结构形式** 剪力墙
**设计及竣工年份** 2002.3～2004.7

清华东路大学生公寓工程用户为中国矿业大学北京分校，是一栋高层清水混凝土建筑。

工程用地为规则长方形，南北短，东西长。建筑主体布局紧凑，由3栋18层塔楼和2栋14层板楼间隔并联组成。地上部分为学生公寓，底层为办公商务区，主楼地下室为人防和设备用房。另设有地下汽车库，上方设有种植覆土，以争取更多的地面绿化。用地南侧为组团绿化，北侧为各主要出入口。地面交通流畅快捷，人车分流。

工程为高层公寓建筑，外墙设计为全现浇装饰清水混凝土剪力墙。清水混凝土极具装饰效果，显得十分质朴自然，厚重内敛，清雅脱俗。工程在满足建筑使用功能的前提下，将暴露在外墙上的门窗、阳台、空调百叶、栏杆等建筑构件进行了简约而又有韵律的设计，使建筑外观线条硬朗挺拔，简洁明快；通过对北侧落地飘窗大面玻璃和铝合金空调百叶，以及每层间铝合金金属装饰带和女儿墙金属百叶的细部设计，对比衬托出三种材料本身所具有的美感。

利用场地自然条件，合理考虑建筑朝向，最大限度地利用自然通风及采光，减少使用空调和人工照明，降低能耗。主要房间都具有均好性。90%的居住空间，开窗能有良好的视野。

# 北京房山高教园区公共租赁住房

PUBLIC RENTAL HOUSING PROJECT, FANGSHAN, BEIJING

项目经理　刘晓钟

工程主持人　王鹏 程岩 吴静

主要设计人员　冯千卉 丁倩 孙维 石景琨 王吉
陈晓悦 张庆力 李端端 邵健

建设地点　北京市房山区良乡大学城范围内中央设施区西区南

项目类型　公共租赁住房

总用地面积　72246.32m²

总建筑面积　181399.77m²

建筑层数　12～21层

建筑总高度　60m

主要建筑结构形式　剪力墙

设计年份　2009

项目建设地点位于北京市房山区良乡大学城范围内中央设施区西区南，四至范围为：东至规划高教园16号路，南至规划高教园7号路，西至阳光大街，北至商业金融地块；本项目拟建设成为以居住为主，带有一座9班幼儿园及配套公建的公共租赁房住宅小区。

项目总用地规模7.22$hm^2$，其中建设用地5.55$hm^2$；代征城市公共用地规模1.68$hm^2$（代征道路用地1.44$hm^2$；代征绿化用地0.24$hm^2$）。容积率：2.5；建筑密度：0.25。

规划指导思想：以建设宜居性、生态型的居住环境为目标，以提高居住者生活质量、营造舒适人居环境为出发点，合理运用先进的规划设计理念和设计手法，构建平面布局合理，配套设施完备，生活环境优美的居住生活社区。

## 一、规划设计

项目设计为高层住宅的社区及公共配套服务设施。小区被中部城市路穿越，形成东西两区。全区住宅地上主要建筑层数为12、14、18、19、20、21层，地下为1~2层，地下室为非燃品库房或自行车库。东区东南角设9班幼儿园一座。东西两区各有小规模的配套公建。

整个小区大致被城市路分成东西两大地块。东块地主要出入口设在东侧良乡高教园十六号路，次入口分别设在南侧高教园七号路和西侧的良乡高教园十二号路；西地块主入口设在南侧高教园7号路，次入口在东侧良乡高教园十二号路。东西两个地块内都设置了环形的主路，路宽7米（局部4米），双向行车并可设单排停车；组团路环绕中心绿地，路宽4米。组团路西侧设计地面停车，设绿化植草砖停车带。东西两区中心绿地下设地下车库，均在小区入口附近设有地下车库出入口，便于进入小区机动车直接进入地下，减少对小区内部干扰。

小区在东西中心区设计大面主题绿化区，各楼间形成集中的绿化组团，沿主要道路植行道树。形成点、线、面充分组合且相互渗透的绿化系统。结合景观布置文体活动场地。

高层住宅沿四周设置消防车道，主扑救面消防道路距建筑距离大于5米，满足地面扑救要求。消防车通过的道路路宽大于4m，转弯半径及回车场地均符合规范要求。小区内每栋建筑都有良好的消防扑救条件。

竖向设计结合地形，合理计算土方量，满足管线布置要求。地段内均采取有组织排水：路面排水纵坡0.3%~8%，横坡不小于2%，场地排水坡度不小于0.3%。

室外空间与景观：不同性格的主题景观，构成多元化的社区形象。小溪、跌水、喷泉、山丘、台地等不同地形地貌，高低起伏，形成丰富细腻、富于创意的景观空间。

住宅层高为2.7m。地下车库层高3.6m，其上覆土约2.0m。

## 二、单体设计

结合公共租赁房实际情况和项目开发的特点，合理制定户型面积。户型建筑面积分别为单居套型（厅室合一）30m$^2$左右，小套型40m$^2$左右，中套型50m$^2$左右，大套型60m$^2$以下。

住宅采用一梯四户可拼接单元和一梯五户转角单元的短板式布局，以及一梯十户塔式布局。户型设计中强调采光和通风的重要性，每户主要房间（起居厅、主卧室等）采光符合国家和北京市日照标准。起居厅和餐厅形成连贯空间，有利于通风。平面设计成熟，便于开展施工和产业化生产。

户型设计中同时强调舒适性和经济性。在保障舒适度的前提下压缩走道交通面积，合理划分动静分区、洁污分区，巧妙安排储藏空间，提高房型使用系数和得房率。细部设计推敲深入细致。户型以一居室和二居室为主力，同时包含极少的零居室等户型。单体平面考虑用户二次装修使用的灵活性要求，采用剪力墙大开间布局。

每单元首层均设公共门厅并设置无障碍坡道与之相连，入口方向设计配合总图分为南北两个方向。

建筑风格定位现代主义的建筑风格，并有一定的创新意识。建筑设计通过色彩、材料、细部等精细设计，创造一种温和、典雅的居住气氛，同时又不失现代简洁明快的风格。在立面设计中统一考虑空调机位、太阳能利用等。

# 北京石景山京汉东方名苑

KINGHAND ORIENTAL COURTYARD, BEIJING

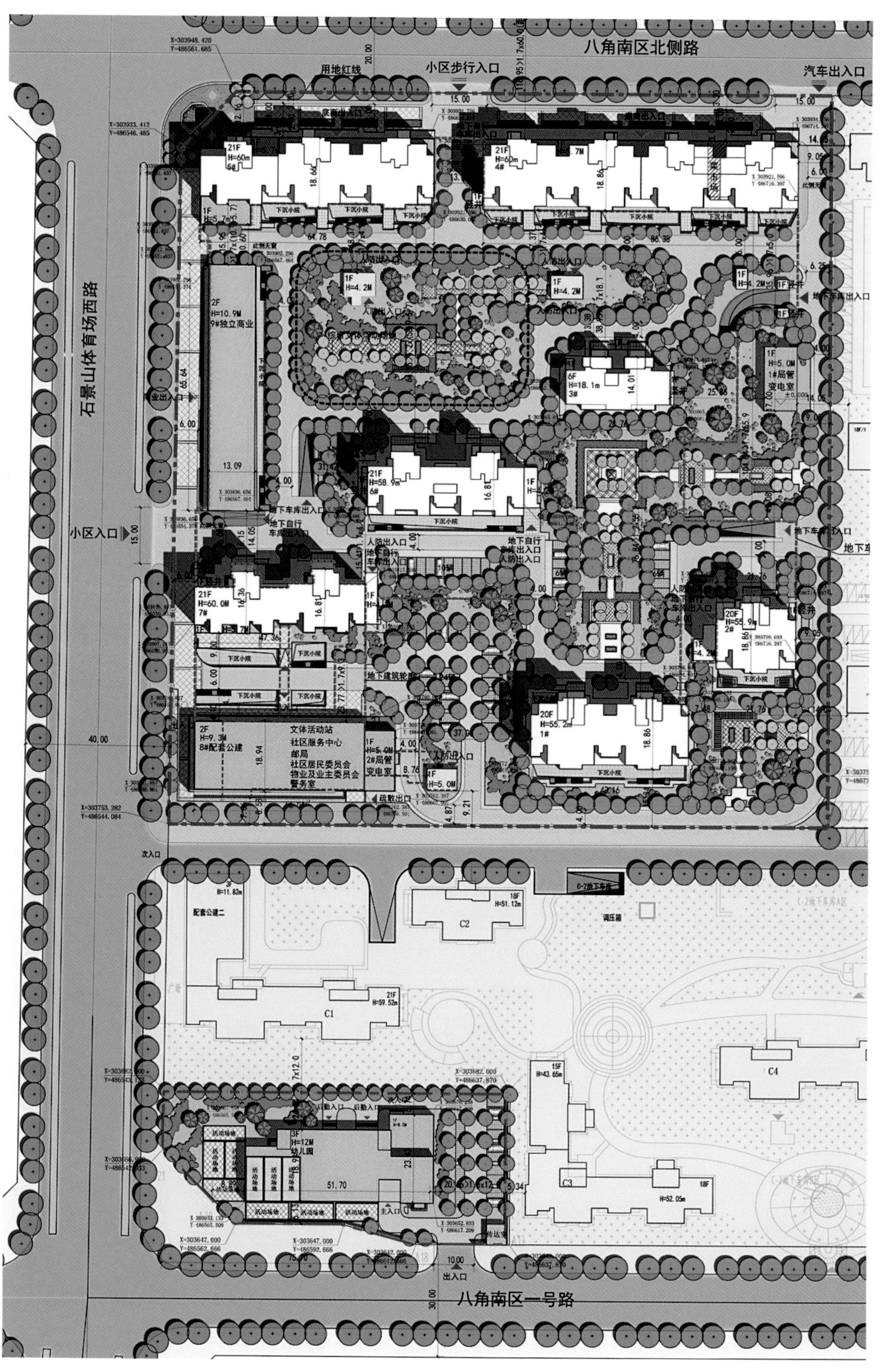


项目经理 刘晓钟

工程主持人 刘晓钟 吴静 徐浩 亢滨

主要设计人 石景琨 李秀侠 乔腾飞 龚梦雅 周硕 吴建鑫 尹迎 卜映升

建设地点 位于石景山体育场西路

项目类型 住宅 幼儿园

总用地面积 38318m²

总建筑面积 147467m²

建筑层数 21层

建筑高度 60m

主要建筑结构形式 剪力墙

设计年份 2014.10

北京市石景山区八角第二水泥管厂1612-034、1612-042地块二类居住、托幼用地项目位于石景山体育场西路，用地位置显著，交通十分便利。本规划在周边复杂的现状环境下，合理布局，尽最大努力保证住区内自住房和两限房做到全部南北向布局，成为北京市品质最高的保障性住区。小区内共布置7栋住宅楼、2栋配套商业楼及一个小区幼儿园。规划在西侧和北侧设置3个出入口，交通组织根据不同功能区和不同交通方式进行了精心设计，力求做到人车分流，交通便捷。

小区在规划设计中尽可能提高土地利用率，建筑类型分多层和高层，规划采用户型全南向布局，中心景观完整开阔，建筑空间布局高低错落，与相邻小区互相呼应形成整体。考虑日照及沿街建筑对城市的影响，形成高低错落的天际线和空间序列，西侧沿街多层公建与高层住宅高低错落布置，主要高层住宅布置在用地北侧沿八角南区中街，多层住宅布置在景观较好的中心绿化处，很好地利用了景观。小区采用错列式布置方式，每栋住宅或前或后都有绿化景观可看，做到居住环境的共享，强调住宅分布的均好性。

整个方案系统的套型平面布局紧凑，体型系数较小。套型设计中强调采光和通风的重要性，主卧室开间均达3m以上，套型全南北向的设计，在有限的开间范围内保证南北通透及良好日照，同时强调舒适性和经济性，套型内部合理划分功能分区，动静分区，洁污分区，提高户型使用系数。

# 廊坊京汉君庭住宅小区建筑·景观设计

KINGHAND COURT RESIDENTIAL ARCHITECTURE & LANDSCAPE DESIGN, LANGFANG

**项目经理** 刘晓钟
**建筑工程主持人** 刘晓钟 吴静 徐浩 王亚峰
**建筑主要设计人员** 石景琨 钟晓彤 郭辉 任琳琳 姚溪张崇 朱峰延 杨迪 李媛 褚爽然 蔡兴玥 王腾 李秀侠 周硕
**景观工程主持人** 刘子明
**景观主要设计人** 尹迎 郭姝 李文静 赵丽颖 莫定波 卜映升 王钊
**建设地点** 河北廊坊市安次区
**项目类型** 住宅 酒店 幼儿园 商业
**总用地面积** 101332m$^2$
**总建筑面积** 290529m$^2$
**建筑层数** 27层
**建筑总高度** 80m
**主要建筑结构形式** 框架 剪力墙
**景观面积** 83950m$^2$
**设计年份** 2014

## 一、项目位置

项目位于河北省廊坊市安次区，用地北面为规划纵一路，东面为城市主干道建设南路，南临规划主干道二号路，西面为规划纵九路，东南与富士康园区隔街相望。

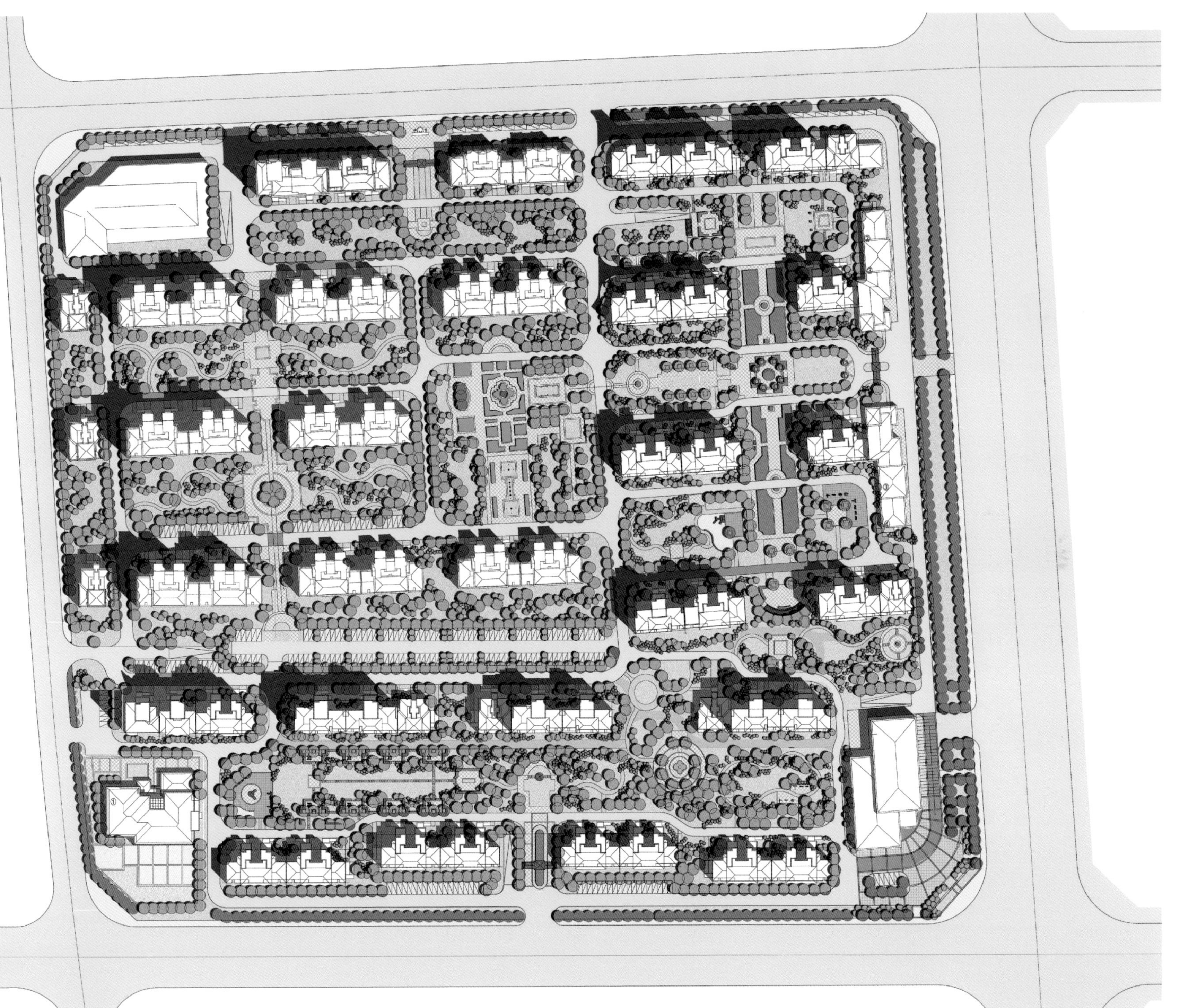

## 二、建筑设计

规划方案总体布局，从城市设计的角度，充分考量对城市的退让、沿街城市界面的完整性及沿街立面层次的丰富性。具体布局为沿二号路布置多层住宅；沿建设南路布置2层配套商业、11层小高层住宅；沿用地东北角纵一路及建设南路布置多层住宅及2层配套商业；沿用地西南角，二号路与纵九路交汇处布置幼儿园；用地东南角布置公建（酒店），其形体处理充分考量转角处退让及外部空间的营造。规划设计充分尊重当地城市的地域要求，最大限度满足政府与业主的多方要求，为廊坊市营造一个宜居、绿色、舒适的高端住区。

### 三、景观设计

通过合理的规划，空间布局形成南北走向及东西走向两条主要景观轴线，沿主景观轴线设置主要景观节点，同时与各楼间景观带在空间上相互渗透，形成多层次、尺度宜人的开放空间。内部交通组织上，本着高效与合理的设计概念，环行车道环绕住区四周，车行路与地面停车、地下车库入口紧密结合；步行系统通过人行入口进入内部人行系统，实现完全人车分流。景观设计与建筑风格统一，

1:100
4000(3000入户路)
2500
2000
19000
2000
1800
4000 (2000人行)
建筑
宅前绿地
4M隐形消防车
绿化
人行铺装
开敞中心草坪
2M人行铺装
矮墙座椅
4M隐形消防车道
绿化
建筑

汲取美式休闲景观风格的精髓，注重材料本身所传递的回归自然的理念。景观设计力求满足业主对室外空间功能的综合性需求，并营造舒适惬意的环境氛围，通过有针对性的功能、流线、视线等可行性探讨，对空间进行规划和细致设计。通过设置不同形式的开场草坪，形成富有层次的景观空间，以植物分隔不同功能、不同层级的空间，使活动场地亲近自然融入绿色，将生活扩展到自然中去，打造真正的宜居社区、实现健康生活品质的典范楼盘。清洁、阳光、运动作为从景观环境中所延伸出来的三大主题，分别代表内心世界的和平，快乐、充满活力的生活态度、健康自然的生活方式。

1. 洁净=内心世界的平和

小环境空气的洁净是设计中所追求的，打造“公园美宅 城市绿肺”居住区，绿化种植率高，植物组团丰富。为减少粉尘污染，选择枝叶茂密、吸尘能力强的树木，让住户在室外如同漫步在公园，绿树环绕、空气清新。

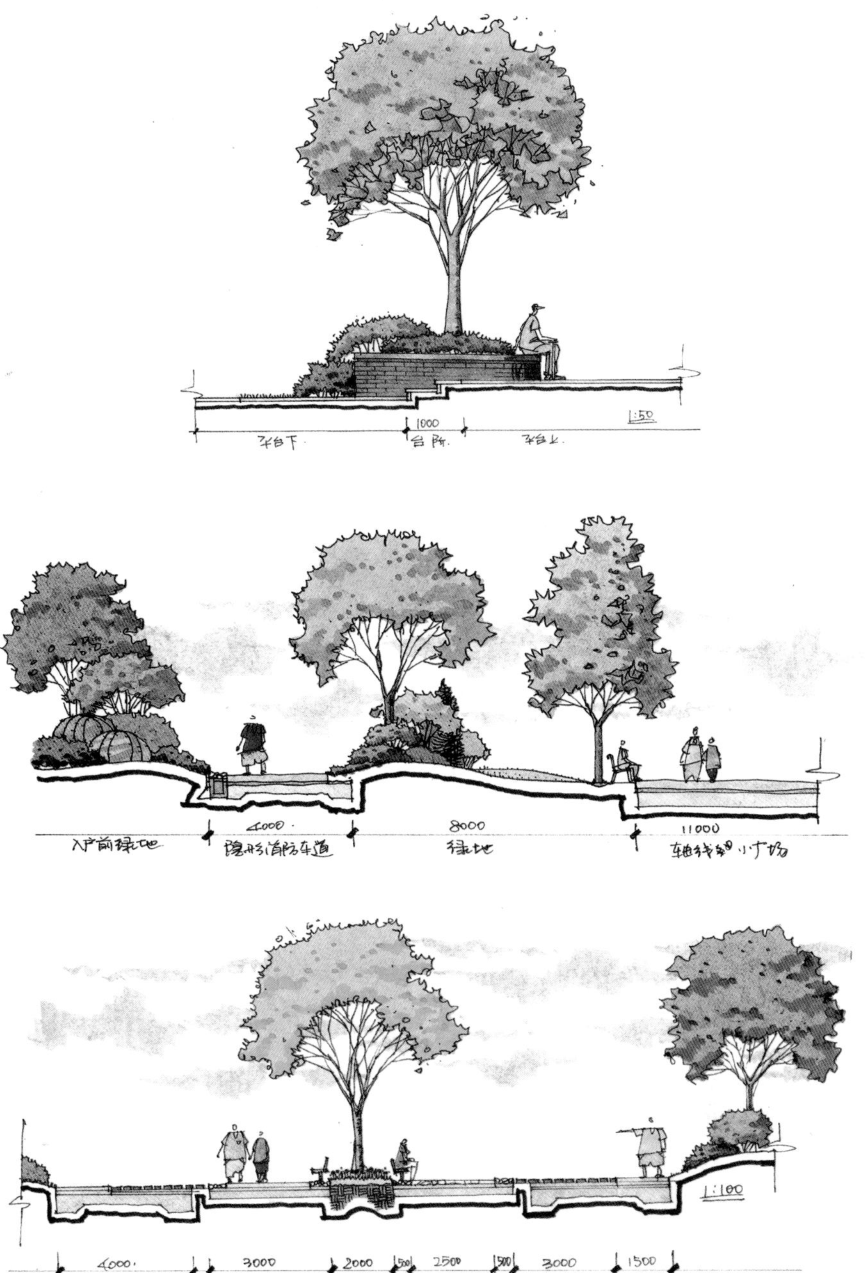

2. 阳光=快乐、充满活力的生活态度

设计中加强对活动空间的关注，优质的户外环境、开放的沟通氛围。景观设计结合整个场地的日照分析，将景观的两条轴线，分别布置于日照最充足的区域，使人们在活动的同时能够更好地享受到阳光。

3. 运动=健康、自然的生活方式

在满足住宅功能使用要求的基础上，营造运动气息十足的景观效果。从更加接近于大部分业主对运动种类的参与角度出发，设置了漫步道、慢跑道、健身场地。

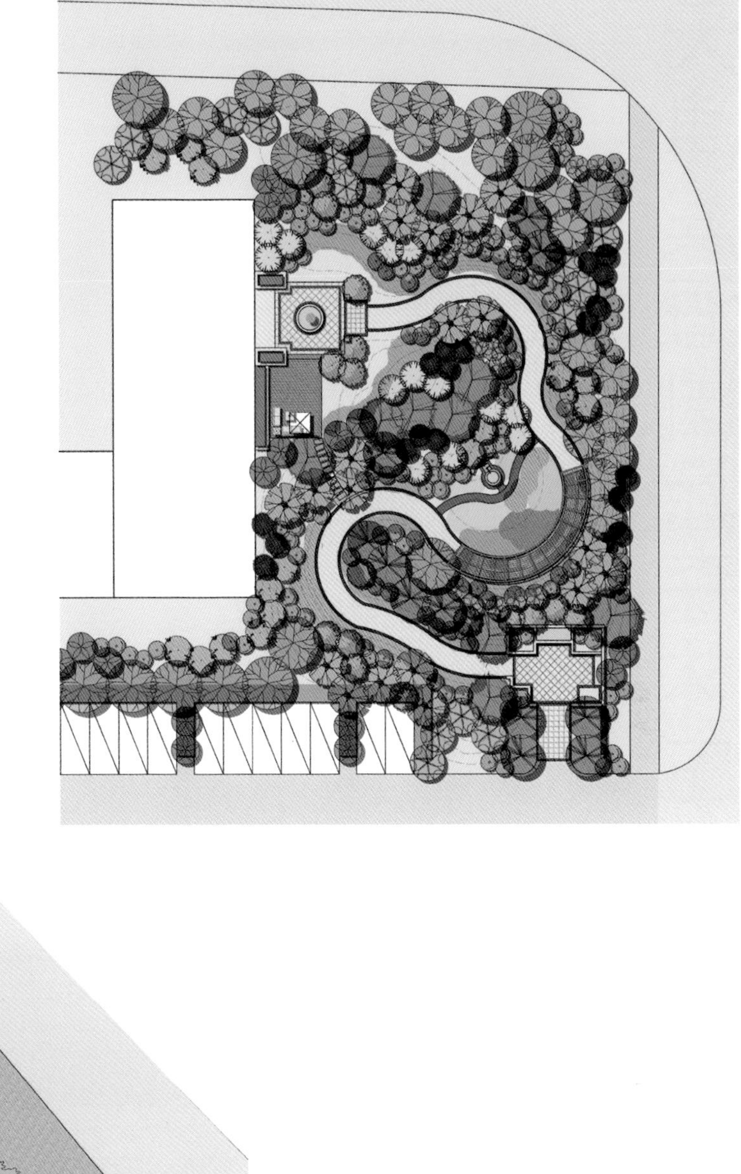

# 天津滨海国际森林庄园

## INTERNATIONAL MANOR, BINHAI DISTRICT, TIANJIN

**工程主持人** 刘晓钟 冯冰凌 朱蓉
**主要设计人员** 金陵 张帆 马楠 聂俊琪 刘昀 李媛 欧阳文 王健 许涛
王吉 姜琳 马晓欧 范峥 张羽 赵楠 张亚洲 刘子明 尹迎
**建设地点** 天津塘沽区塘汉路
**项目类型** 休闲度假
**合作设计方名称** RTKL
**总用地面积** 117hm$^2$
**总建筑面积** 238766m$^2$
**建筑层数** 3层
**建筑总高度** 15m
**主要建筑结构形式** 剪力墙
**设计年份** 2006

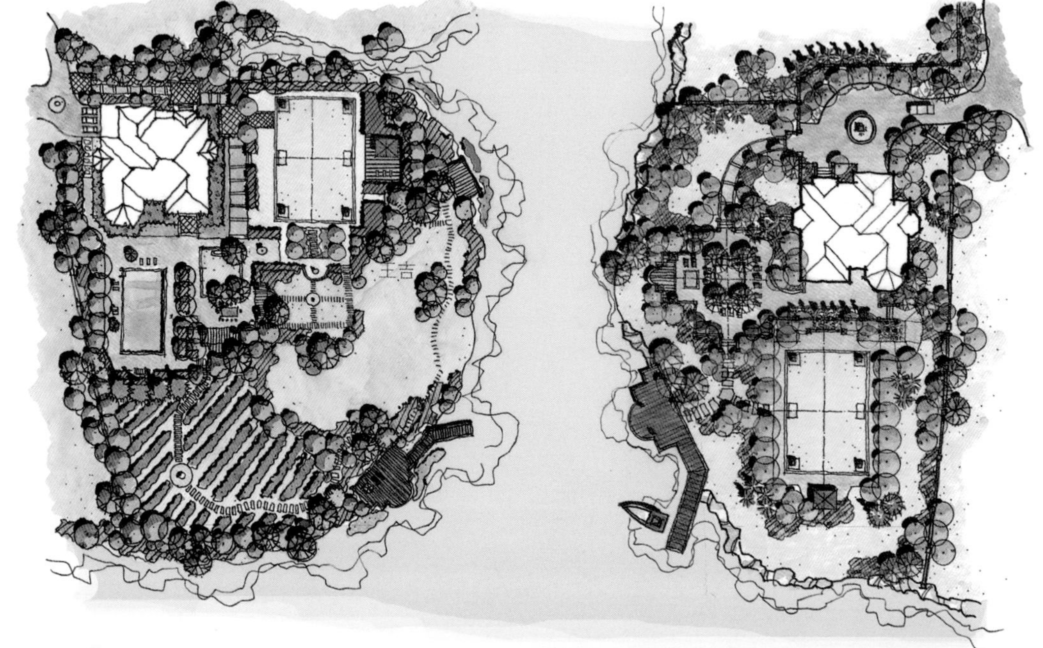

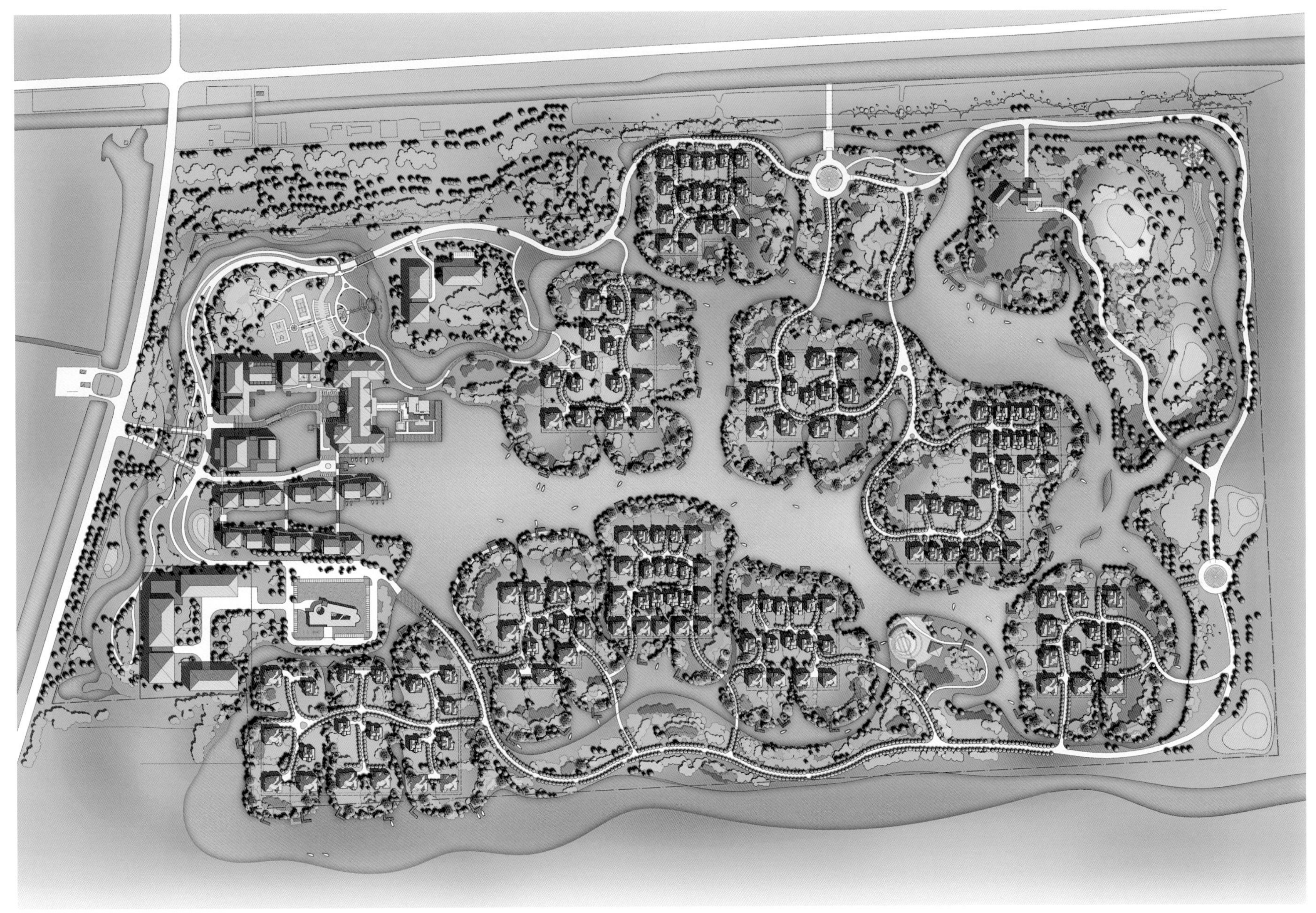

基于项目发展的背景与客观条件，规划方案试图借助相关生态技术创造一个全新的生态、文化、休闲空间，打造高端生态旅游休闲品牌，达到多赢的目的。

## 一、规划布局

一带三区，一轴多点；疏密有致，动静相宜。

## 二、总体结构

一带：中心湿地景观带，分隔串接整个区域不同功能区的中心景观廊道。

三区：公共服务区，包括酒店及商业服务区，集合各类商业服务于一体的混合区域及艺术中心；商务会馆区，主要是高级商务会馆及相关服务用房。

一轴：以主入口会所形成的轴线贯穿地块中心，并用轴线上的几个庄园加强轴线空间，使整个园区散而不乱。

多点：利用轴网布局，将各个地块有机地分布在园区中，使其布置合理，步移景异。

疏与密：一方面，作为一个以生态为根本出发点的规划，讲求为绿化提供最大的空间。建筑物的“疏”，保留了大量的绿地空间，也可以使建筑像珍珠般镶嵌在绿野中，为人工与自然的相互融合提供良好的条件，创造高品质的休闲度假氛围；而建筑物的“密”，可以更集约地使用土地，将多种功能集中在较小的范围内，同样为保留出足够绿化空间提供了保障。另一方面，作为一个以生态自然的景观体验为生存条件的度假区域建设，利用树木种植而达到的景观的疏密变化，更是为整个地段带来了开合自如、变幻莫测、丰富的空间体验效果。

动与静：地段内三个不同的功能布局使得整体结构实现动与静的区分、开放与较私密区域分割。酒店和商务会馆开放性强，集中休闲娱乐、会议办公、美容美体等功能，商业区各类商业和艺术中心等功能，反映出不同类型的

"动"。地块主入口面对酒店，设集中停车场，有如一道自然屏风，使外部的喧嚣滞留在酒店外。而商务会馆区散布于树木中、坡地上、流水边，宁静而舒适。

### 三、交通系统

入口设置：地块设四个出入口，西侧为主出入口，由塘汉公路进入酒店区域；北侧设辅助入口，通往杨北公路；在东侧设有通向高尔夫球场的辅助入口和步行入口，南侧设有通往600$hm^2$森林公园的辅助入口和步行入口，方便游人观赏活动。

道路分级：规划道路包括环状的主干路、通达各个地段的次要道路、专供休闲游憩者漫步的步行道以及独具特色的水上交通系统。漫步园中，一路异国风光，异彩纷呈，别具情调；泛舟水上，沿途景观清新明媚，富有诗意，人与水亲密接触，感受天人合一的愉悦。

停车场设置：由于休闲游览者预计多是自驾车而来，因此，不同的地段都根据需要提供了充足的停车场所。为区分动与静的空间，集中停车场主要设在五星级酒店边，以减少机动车交通对庄园区域的干扰。对于水上交通，小舟将停靠在各个码头。

# 天津华庭佳园
# HUATING HOMELAND, TIANJIN

**工程主持人** 刘晓钟 吴静 王鹏 朱蓉
**主要设计人员** 高羚耀 赵楠 王晨 刘淼 钟晓彤 孙石村
**建设地点** 天津市武清区中北镇
**项目类型** 住宅
**总用地面积** 225580m$^2$
**总建筑面积** 328831m$^2$
**建筑层数** 18层
**建筑总高度** 51m
**主要建筑结构形式** 剪力墙
**设计及竣工年份** 2004～2008

华亭国际小区由上海的开发商天津上投房地产公司开发。这个项目经历了多次市场变化与政策调整，其设计理念与规划方案也相应经历了多次调整。这是一个漫长且有趣的过程，让人期盼看到上海成熟的南方居住理念与方式嫁接移植到古老的北方城市天津后，会生长出怎样的“果实”。

## 一、规划设计上的“南北兼容”

1．流畅的规划布局，以中心圆形环路和住宅组团形成规划核心，暗喻“阴阳和谐”的主题。

2．整个小区分为6个周边组团和2个中心组团，每个组团都有良好的宅间绿化和活动场地，布置不同主题的园林绿化。

3. 总体规划空间高度布局西北高，东南低。将板式小高层主要沿用地东侧、西侧和北侧布置，以隔绝交通噪声、阻挡冬季北风；多层住宅居于用地东南组团，向南敞开，既作为天津当地的夏季主导风向通道，又可作为景观通廊。

4. 小区集中绿地保留原址内几十棵原生树木，配以起伏的山丘、草地、溪水，形成贯穿各个组团的“绿肺”，也成为整个小区的公共起居厅。

## 二、建筑单体设计上的“南北兼容”

1. 住宅主要采用一梯两户板式布局。户型设计强调采光和通风的重要性，每户主要房间（起居厅、主卧室等）都能得到南向的采光。起居厅和北向餐厅形成连贯空间，有利于通风。在三居室和大两居室户住宅套型增加门厅、双卫（至少有一个明间）、采光阳台等。

2. 在建筑立面的设计上强调借鉴海派风格的细腻手法。细部设计推敲深入细致，结合立面开窗形式考虑空调机位的设置。

# 天津尚清湾花园

SHANGQING HONORABLE GULF, TIANJIN

**工程主持人** 刘晓钟 吴静 王鹏
**主要设计人员** 周皓 刘洋 王晨 李扬 李端端 尹宏德 姜琳 王昊 杜恺 姚溪 刘欣
**建设地点** 泉旺路西侧广源道南侧地块北临七支渠
**项目类型** 住宅
**总建筑面积** 255500m$^2$
**建筑层数** 3层 5层
**建筑总高度** 7.2m 16.5m
**主要建筑结构形式** 剪力墙
**设计及竣工年份** 2009～2013

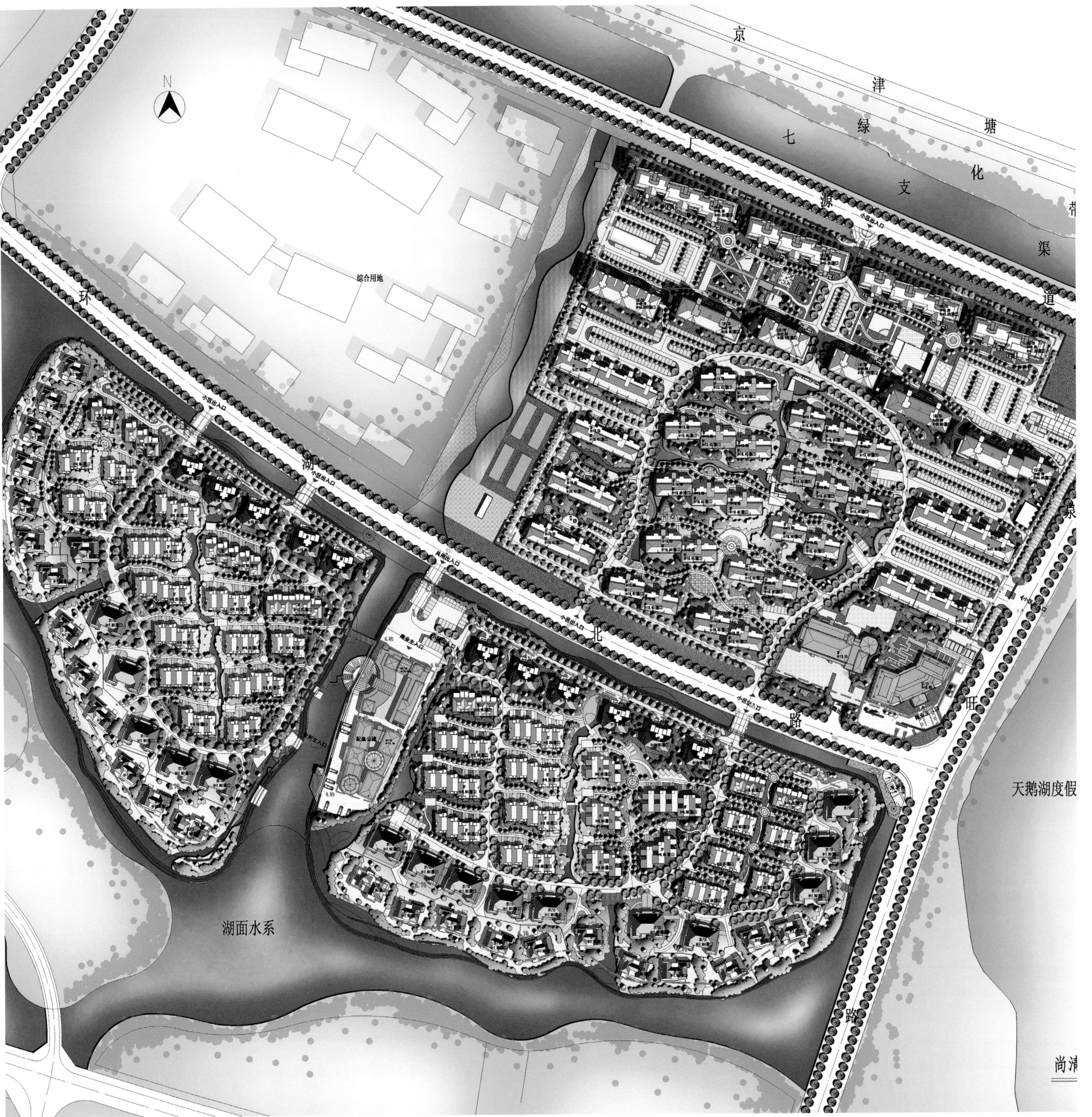

N
京 津 塘
七 绿 化 支 渠
源
带
道
综合用地
环 湖 北 路
小区出入口
共用出入口
配套公建
泉 旺 路
天鹅湖度假
湖面水系
尚清

武清区历来为北京至天津的水运、陆路、铁路等交通要道上的重镇，历史上因运河而兴，沉积了丰富的运河码头文化。尚清湾用地位于天津市武清开发区创意软件园内，是服务于软件园区的配套项目，由三宗地块组成。

## 一、项目定位

项目定位为中高档低层、多层和高层住宅区。A地块由多层住宅、11~16层高层住宅、一所幼儿园和一座配套商业公建组成。B地块由多层住宅、低层住宅、一座会所和一座配套商业公建组成。C地块由多层住宅、低层住宅组成。同时辅以小区市政配套设施和地下车库。

## 二、建设规模

总规划用地面积26.91hm²，其中建设用地面积22.45hm²。总建筑面积27.66万m²，其中地上总建筑面积23.12万m²，住宅1635套。

## 三、总体规划布局

规划设计根据软件园整体控规和城市设计，积极利用现状水系和周边水景资源，充分考虑水景的因素，引水入区。

主体结构："龙游"——取北高南低之水势，通过一个回绕的"龙形"水脉联系三个地块，一气呵成，"势如水龙，游走蜿蜒"。

南部意象："蝶舞"——蝶形半岛的自然形态宛若天成，巧妙地以泉水连通南北，营造"蝶舞泉边"的优美意境。

按照地块划分为三个特征明显的大组团。此外，各栋住宅楼主要为南北向，采光通风条件良好，建筑间距符合天津市生活居住建筑间距规定和消防要求。日照计算符合要求。

## 四、公共配套设施

按照总体规划要求，结合用地现状，合理均衡安排公共配套设施的位置，满足市政要求。

1. 靠近A地块东南部，设置一所八班幼儿园和一座配套商业公建。

2. 根据控规，在B地块西侧沿南北向中央水景绿化带设置一座配套商业公建和一座主会所，就近服务小区居民，同时满足内外服务要求。

3. 市政设施站房结合地下车库或高层住宅和配套公建的地下室安排。

## 五、交通和停车

A、B、C三个地块均有独立的出入口，与周边城市道路联系良好。另外三个地块内部的小区主路对位关系明确，有较好的连贯性。

地下车库位于A地块北部地下，其上覆土约1.5~2.0m。

# 天津湾

TANJIN ONE,TIANJIN

天津湾（原名天津市海河水上运动世界B3地块住宅小区）位于天津市河西区挂甲寺地区，毗邻市商业中心区，基地北临规划中的国泰桥和小围堤道，南接大沽南路，东临公建区和住宅区之间的规划路，西至南北大街。总建筑面积159000m²，其中地上总建筑面积143600m²。

## 一、道路组织

规划对交通流线系统进行了综合设计，以改善地段总体交通可达性状况，同时创造宜人的步行环境。在方案中。规划了一条红线宽14m的内部路，既自然地划分了住宅区和公建区，也成为该地区主要的机动车通道。

在B、C地块住宅部分采用人车分流的交通组织方式，车行主入口设在古海道和规划次干路上，人行主入口设在古海道上，住宅小区组团主路宽6m。

该地区内机动车主要采用地下停车方式，并结合地面空间布置少量草坪式绿化停车场。

**工程主持人** 刘晓钟 吴静 王鹏
**主要设计人员** 赵楠 王晨 钟晓彤 刘淼 孙翌博
**建设地点** 天津市河西区南北大街1号
**项目类型** 住宅
**总用地面积** 10.38hm²
**总建筑面积** 159000m²
**建筑总高度** 99.9m
**主要建筑结构形式** 剪力墙
**设计及竣工年份** 2007～2010

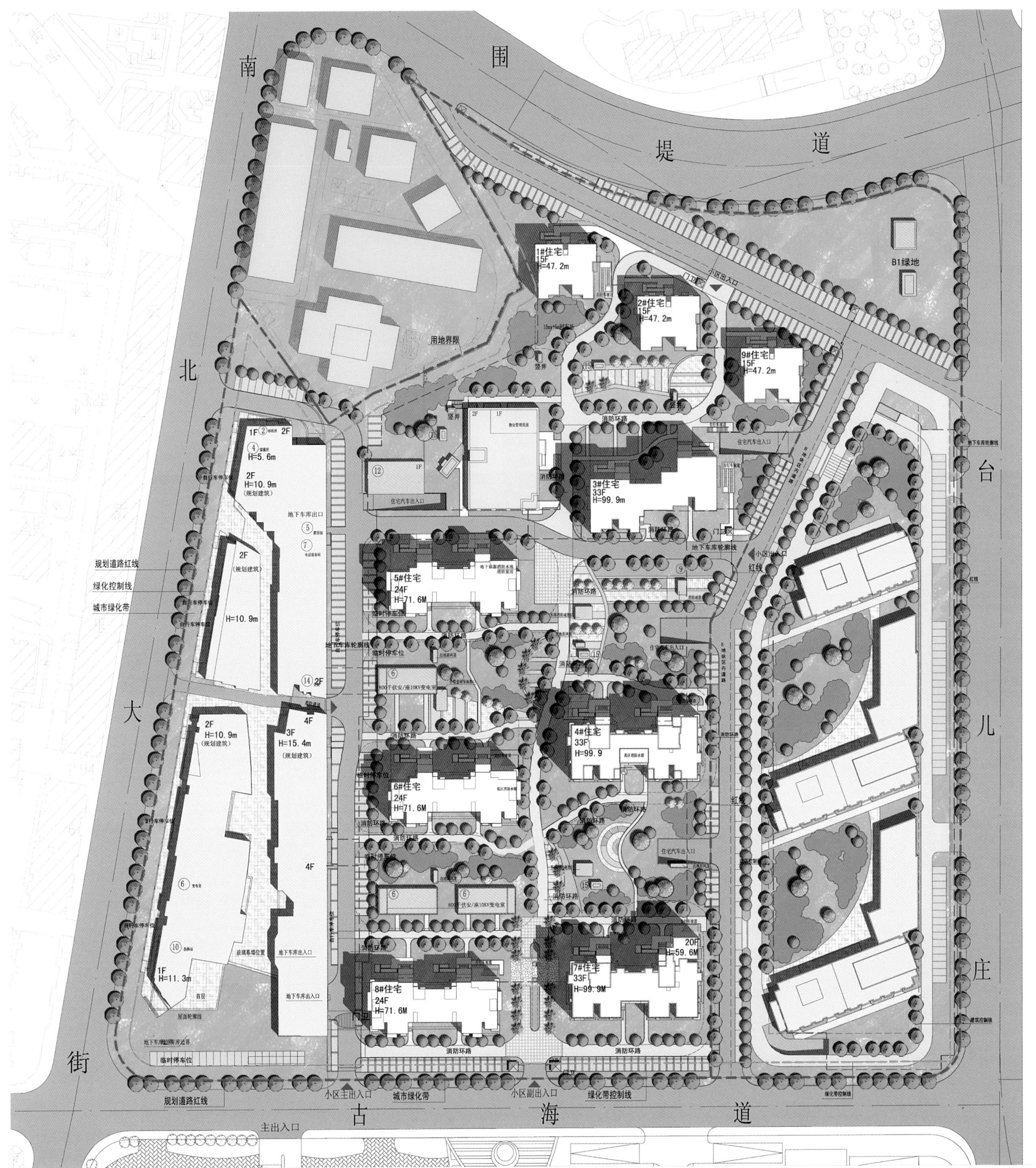
南围堤道
北大街
古海道
台儿庄
1#住宅
15F
H=47.2m
2#住宅
15F
H=47.2m
9#住宅
15F
H=47.2m
3#住宅
33F
H=99.9m
5#住宅
24F
H=71.6M
6#住宅
24F
H=71.6M
4#住宅
33F
H=99.9
20F
H=59.6M
7#住宅
33F
H=99.9M
8#住宅
24F
H=71.6M
B1绿地
用地界限
竖井
小区出入口
消防环路
住宅汽车出入口
地下车库出入口
地下车库轮廓线
临时停车位
红线
1F
H=5.6m
2F
H=10.9m
(规划建筑)
H=10.9m
3F
H=15.4m
4F
1F
H=11.3m
规划道路红线
绿化控制线
城市绿化带
小区主出入口
小区副出入口
绿化带控制线
主出入口

## 二、住宅布置

根据规划设计要求，结合地形布置9层至33层不等的共17栋住宅建筑。其中有5栋为结合底商建造。

住宅建筑在满足日照、采光、通风的条件下呈现变化有序的多种组合，有鲜明的可识别性，力图创造出一种富于特色、令人愉悦的居住环境。

## 三、公建组织

在B地块人行入口处布置小区配套公共服务设施(含居委会、文化站、商业等)，以满足内部居民基本的生活需求。沿南北大街设两层商业建筑，为周边居民提供便利。在B、C地块的公建部分则布置了高层公寓和群楼商业，在D地块布置了公寓、酒店、办公、运动设施等多处公建设施。在E地块则集中布置了水上运动相关设施。

中小学、托幼配套公建项目由甲方与河西区教委具体商定在周边解决。

## 四、绿化组织

该规划住宅部分用地为组团级规模，由于住宅多为间距较大的高层建筑，所以规划布置了多处规模很大的集中绿地，并且形成了“三横一纵”的绿化体系。总绿地率为40.9%。

绿化带控制：沿南北大街、古海道、规划次干路规划5m宽绿化带。沿大沽南路规划30m宽绿化带。

海河水上运动世界项目是天津市海河治理的主要节点工程之一。其概念性总体规划由美国SOM事务所完成。在总结原规划方案的特点和不足的基础上，本着优化方案的态度，进行规划调整和单体设计，使其满足国家相关规范和天津市地方标准，具有可实施性，并积极寻求本住宅区和东侧公建区的协调一致。

项目为高层住宅区，由9栋15~32层高层住宅和商业设施组成，同时辅以配套设施、地下车库和市政用房。项目由设计、施工到竣工一直作为天津市的标志性楼盘，对当地的住宅设计市场起到了带动引领作用。其中由北京住总集团施工的4号楼工程获得了“海河杯”等荣誉。

# 秦皇岛香玺海建筑·景观设计

SEAL OF THE SEA, ARCHITECTURE & LANDSCAPE DESIGN, QINHUANGDAO

工程主持人　刘晓钟 姜琳

主要设计人员　崔伟 孙博远 王晨 李俊志 赵泽宏 刘洋 邓伟强

景观工程主持人　刘子明

景观主要设计人　郭姝 莫定波 尹迎 王路路 赵丽颖 卜映升 王钊

建设地点　河北省秦皇岛市海港区

项目类型　住宅 商业 公寓

总用地面积　68170m$^2$

总建筑面积　160370m$^2$

建筑层数　28层

建筑总高度　98.55m

主要建筑结构形式　框架 剪力墙

景观面积　47000m$^2$

建筑设计及竣工年份　2010～2015

景观设计及竣工年份　2012～2014

项目位于河北省秦皇岛市金梦海湾沿线，为滨海新区核心区域。滨海新区作为城市海景资源丰富、潜在价值极高的地区，将发展成为城市综合价值最高的地区之一。因此，对于位于金梦海湾地区核心位置的4号地块来说，使其具有一个高起点、高水平的规划，是滨海新区塑造滨海特色的重要内容。

金梦海湾4号地块总用地面积6.8万㎡，地上总建筑面积约11万㎡，容积率1.92；用地北侧是滨海新区重要的景观大道岭前街，东侧为新区的核心办公区，南侧为正在建设的香格里拉酒店，西侧为高档住宅区。在作用地总体规划时，设计小组既充分考虑海景的视线要求，又对周边环境给予充分考虑，与用地南侧的香格里拉酒店共同围合一个总面积超过2.6万㎡的中心景观绿地，绿地中心区由景观平台构成，满足功能停车的需求又隔绝相互干扰。景观平台延伸出人行步道，连接不同标高的入口，中心景观区为开放的领域，集合多功能的室外游泳池和半开放私属空间。场地景观空间采用互换、转移、连通、过渡等方式，用水系串联景观空间，借用广场、绿地、水景、草坡等空间方式，增加空间的开放性、趣味性、生态性和可参与性以及文化内涵。规划中的建筑形态选取了最佳观景视线的布局方式和自然淳朴的风格，实现建筑与周边建筑、滨海海景的有机融合。

建筑立面设计采用“水滴”设计元素，隐喻水体的流动，体现贯穿方案始终的最重要元素——海景。纯净的几何形体元素单元肩负着联系内外空间环境的作用，挺拔的建筑单体，被隐含的直线线性连接，立面构成顺着流体形状的几何元素韵律性穿插，构成整体主体形态。

项目位于秦皇岛市金梦海湾沿线，北依秦皇岛市体育中心，南面与香格里拉酒店相接，东靠新区核心办公区，紧邻中央花园，现状场地较为平坦，拥有良好的海景视线,与海仅保持2分钟的惬意距离。

景观设计灵感来自潮汐潮落时拍打岸边的海浪，以海浪的自然形态中提取出的抽象线条以及逐渐散开的水波纹为主，采用纯现代的风格体现临海生活的特色。景观设计遵循以人为本、人与自然融合统一的设计原则，希望做到生活空间与大自然的融合，体现真正的海岸生活模式及态度。

**景观方案具有如下特色：**

1. 海与岛的纯海岸生活模式

居住区中心景观区设计有大范围、高密度的植物配植，满眼的绿就像海一样传达着她的博大与辉煌、深邃与祥和。每一栋建筑都如同坐落于绿海中的浮岛之上，周围环绕着鲜花绿树，形成一个个环视四周的全方位观景点。游线漫步道流动在群岛之间，将其串连成一个有机的景观功能体。

2. 整合集中的带状功能区，提供多种使用形式与空间感受

突破传统的社区组团间功能空间点式分布的布局形式，将主要功能区串联在一起，沿东西方向主要人行流线、观景游线布置，形成一处集中的享有多重景观体验并具有多重功能使用的中心景观功能区。

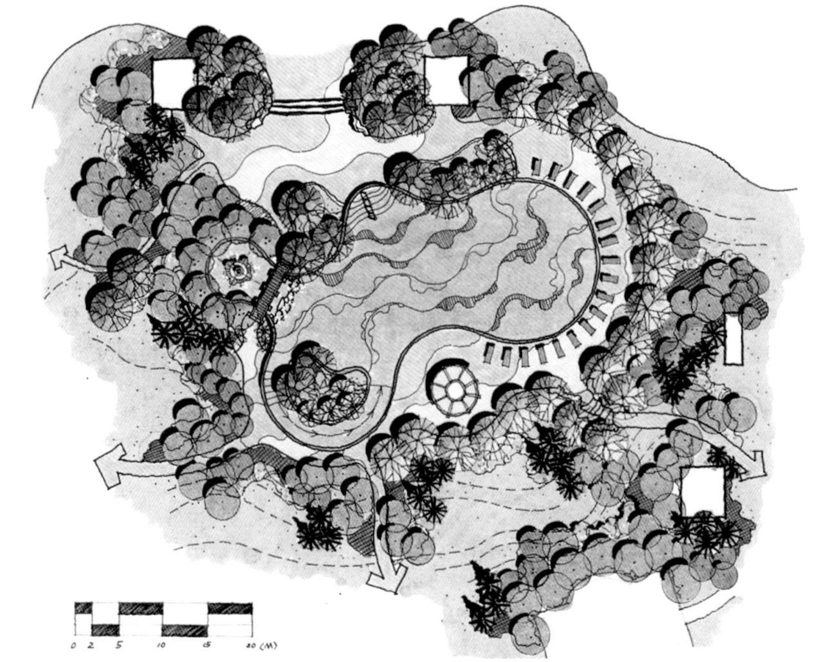

3. 高端定位的中心泳池区

中心泳池作为景观设计的点睛之笔，如同海浪溅起的水滴滴落于园中并逐渐散开，逐渐散开的波纹蔓延到周边的铺装，形成同样富有动感的自由流畅的线条。泳池周边设有休闲躺椅、遮阳伞以及特色的景观亭。景观水池和漂浮岛等元素的加入也丰富了整个泳池的景观层次。小型的跌落水景，使泳池和景观水体形成互动。

4. 富有沿海热带风情的植物种植设计

植物选择上参考沿海星级酒店植物选择及配植的手法，在重点景观区使用真假结合的配植手段，适当点缀若干仿真椰子树及仿真苏铁，营造浓郁的亚热带沿海氛围，同时使用叶子花、蒲葵等摆盆植物来弥补中低层空间。

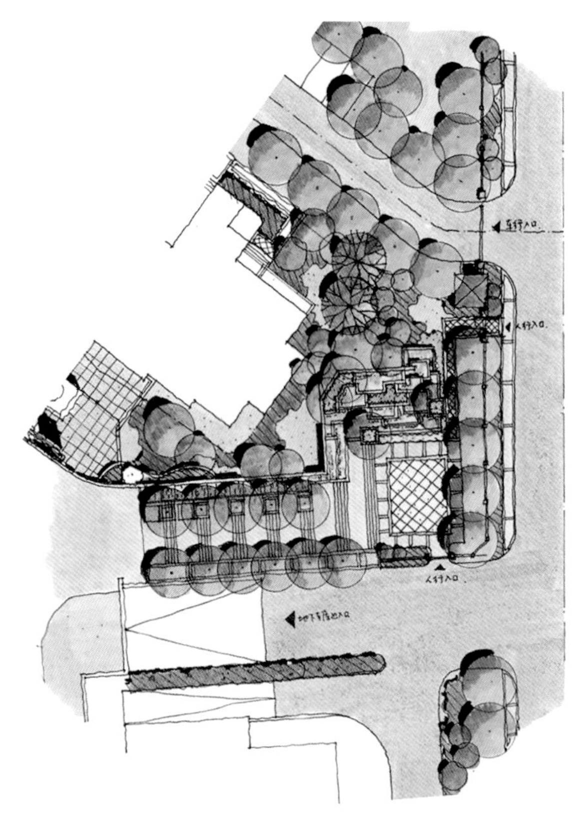

5. 特色架空层

设计充分利用住宅楼底层架空层，设置半开放半封闭式的儿童乐园、老年人俱乐部等，为居民提供直接方便的休息沟通场所。景观设计上巧妙运用借景、框景、障景等造园手法，让室内空间向户外延伸，配合耐荫性、抗风性强的植物以及雕塑、景墙等硬景，共同营造富有特色、富有情趣的公共活动空间。

# 香河京汉铂寓建筑·景观设计

PLATINUM APARTMENT, XIANGHE

**项目经理** 刘晓钟
**建筑工程主持人** 刘晓钟 徐浩 亢滨 胡育梅 尚曦沐
**建筑方案设计人员** 郭辉 褚爽然 乔腾飞 龚梦雅 李秀侠 吴建鑫 冯千卉
**建筑施工图设计人员** 孙喆 金陵 张亚洲 王健 杨秀峰 张龙 刘乐乐 马健强 李世冲 左翀 邵健
**景观工程主持人** 刘子明
**景观主要设计人** 尹迎 杨忆妍 郭姝 卜映升 王钊
**建设地点** 河北省廊坊市香河县中心区
**项目类型** 住宅 商业
**总用地面积** 5.92万$m^2$
**总建筑面积** 206678$m^2$
**建筑层数** 28层
**建筑总高度** 85m
**主要建筑结构形式** 框架 剪力墙
**景观面积** 47900$m^2$
**设计年份** 2014.3

京汉铂寓项目位于河北省香河市中心，东临五一路，淑阳大街将用地分隔成南北两个地块，地理位置优越。项目以建设宜居性、生态型、智能化的居住环境为目标，以营造舒适人居环境为出发点，合理运用先进的规划设计理念和设计手法，构建平面布局合理、配套设施完备、生活环境优美的居住生活社区。

住区的住宅建筑高度从18~28层不等，形成丰富的高低错落的建筑空间形态。规划布局住宅均南北朝向，沿街布置商业，内部围合成巨大的中心园林空间，通过高低起伏的地形，营造丰富的小区内环境。建筑风格运用统一简洁Art-Deco风格，主体干净端庄，顶部强化处理手法，画龙点睛，依靠高低错落建筑体量，形成丰富的立面形态。小区交通便捷，区内人车分流。整个规划设计体现了低碳、和谐、生态的核心理念，住区与周围环境协调，户户朝南，环境舒适宜人，集中大尺度园林绿地，极大提升了小区档次，使产品具有较高的均好性。

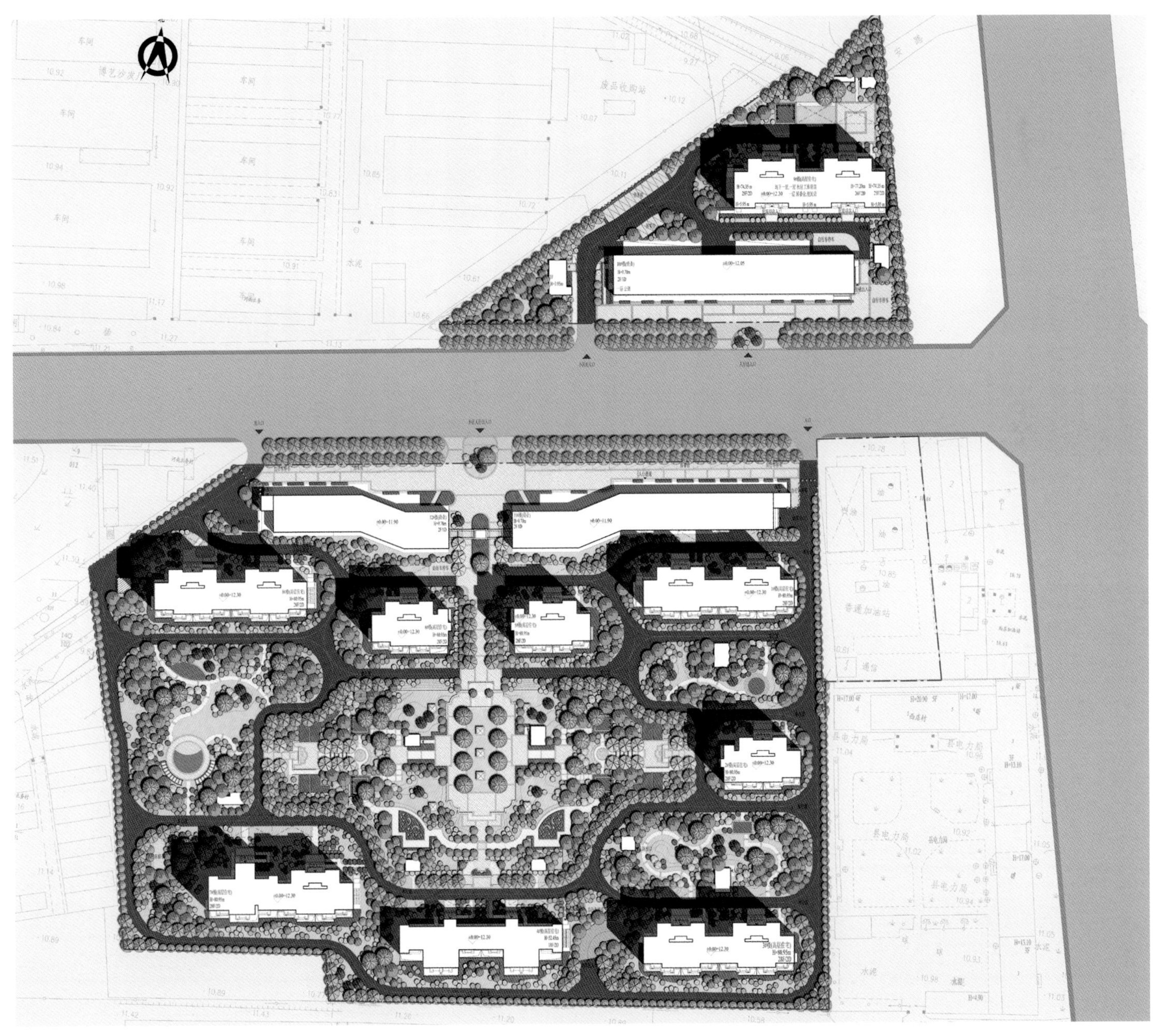

项目总规划用地面积约59250m$^2$，总建筑面积206678m$^2$。地上建筑面积148125m$^2$，地下建筑面积58553m$^2$，综合容积率3.0。总居住户数1546户，地上居住总面积140056m$^2$；商业及配套地上建筑面积为6444m$^2$，其他公共服务设施等地上面积1625m$^2$。小区被城市道路分割为两部分，根据不同的产品定位，在北侧地块设置较小户型，在南侧地块设置较大户型。两部分建筑风格统一，主要出入口相互对应，依靠地下通道相互连同，分开设置，统一管理。

规划本着节约土地、空间和社会资源的原则，设计结合现有地形地貌，通过结合大平台的设置，设计出创新型的台地住宅组团和景观规划理念，创造舒适的区内居住和公共交往空间。“台地”概念减少了土方开挖和基础埋深，节约了工程

造价；建立以“绿色”和“宜居”为中心的自然景观系统，充分利用规划用地内不同的标高关系及植被的不同高度，层层叠叠，互相掩映，营造台地立体绿化景观。同时可用于堆填景观山丘地形。既合理地把建筑与景观环境融为一体，形成自由灵活、错落有序、层次分明的空间布局，又减少了建筑弃料外运对城市的二次污染和带来的交通运输负担。项目成为香河市当地标杆性的代表居住小区。

### 景观设计

项目用地较为规整，整体地形较为平坦，建筑设计对景观设计条件起到较大影响。建筑布局为四周环绕式，形成中心区较大面积的集中绿地，对小区的整体环境品质有提升作用，同时，光照条件较为充裕，为植物的设计打下良好基础。地下车库对景观设计条件影响较大，尤其中心区的机械停车区域的抬升，使中心景观区覆土条件减少。

根据项目背景，京汉铂寓的住区景观设计定位在年轻人的活力特性和未来孩子与老人的活动需求，设计理念可以总结为五个关键词：中心花园、台地景观、阳光、健康、标准化。

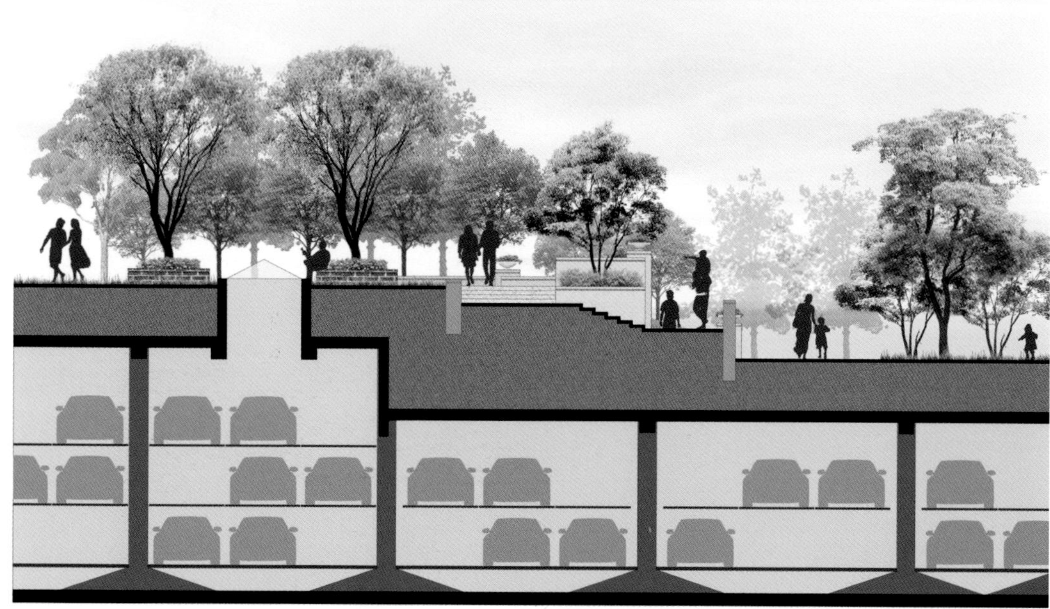

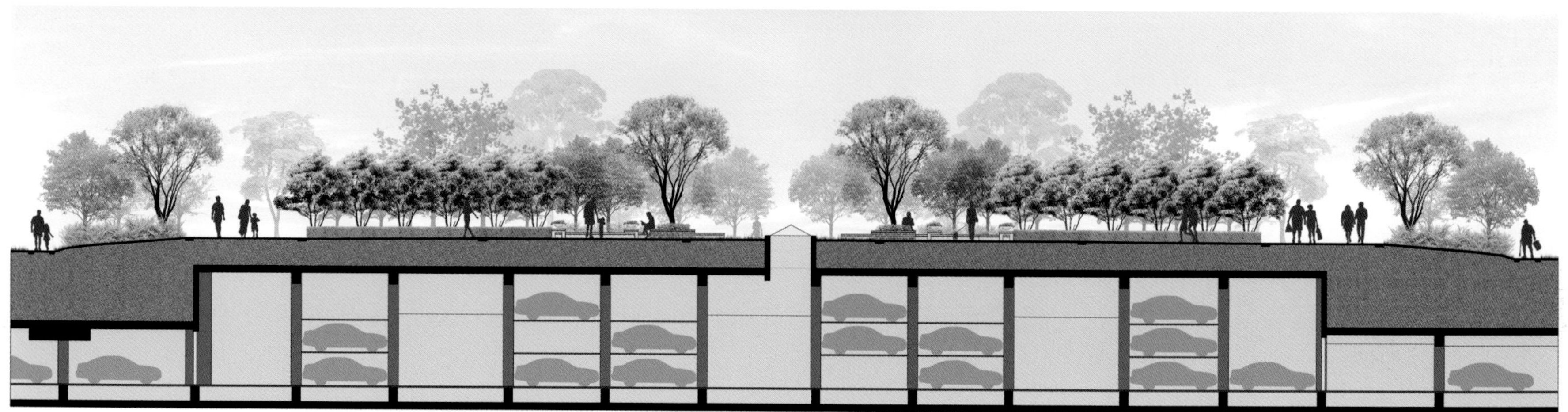

1．中心花园——怡然自得的花园环境

集中完整的花园景观，自成体系，形成良好的小气候，动静结合，创造放松身心的良好环境。通过轴线对称式的格局，打造私家花园级别的经典空间。植物与空间的完美搭配，形成中心区独立完整的花园景观。

2．台地景观——打造丰富景观空间

充分利用场地条件，利用地下车库的抬升与覆土，演绎景观空间的序曲，虽为台地景观，但无障碍设计的贯穿，使各个年龄段的人群都能享受中心台地花园营造的美好环境。

3．阳光——充满活力与快乐的生活态度

在设计中加强对活动空间的关注。阳光赋予居住区生命，它意味着快乐、充满活力的生活态度以及开放、沟通的氛围。景观设计中结合了整个场地的日照分析，将活动场地分布于日照最充足的区域，使人们在活动的同时能够更好地享受阳光。

4．健康——满足健身及运动的生活方式

在满足住宅功能使用要求的基础上，营造适宜运动的景观环境。将健康设计理念融入景观设计，引导健康的生活方式，增加健身的趣味性，营造适宜运动的景观环境。从更接近大部分业主对运动种类的参与角度出发，设计了漫步道、慢跑道及健身场地。

# 河北东丽大谈村

DONGLI DATAN PROJECT, HEBEI

**项目经理** 刘晓钟
**工程主持人** 吴静 姜琳
**主要设计人员** 崔伟 李扬 邓伟强 刘传恩 孙博远 刘子明 尹迎 郭姝
**建设地点** 河北省石家庄市桥西大谈村
**项目类型** 住宅 办公
**总用地面积** 39.3531$hm^2$
**总建筑面积** 107.7980万$m^2$
**建筑层数** 29层
**建筑总高度** 89.75m
**主要建筑结构形式** 框架 剪力墙
**设计年份** 2011（售楼处2012年竣工）

石家庄大谈村位于市区西部，裕西公园西南，整体呈L形，共分6个地块。裕华路将项目用地一分为二，路北侧4块用地：其中4号地位于公园所在街区内部，具有天然景观优势；1号地位于中山路街角，城市商业氛围浓厚且靠近规划中的地铁站点；2号地和3号地位于公园西侧，裕华路北，已确定为大谈村回迁用地。裕华路南有2块用地：5号地与铁路货运线路距离较近，6号地北侧可俯瞰裕西公园且与另两个中高端住宅项目相临。

作为城市棚户区改造工程，项目最大的难点在于企业利润和社会影响的平衡，换言之，企业需在保障原住民生产生活的前提下追寻利益最大化。针对项目用地的特殊困难，采取将回迁住宅用地尽可能压缩、合理布局教育建筑、最大化可销售物业用地面积的解决方法，之后的重点问题就是如何在严格的日照要求下用最少的用地安放足够多的回迁房，并进一步提升销售物业的附加值。

**充分发挥公园优势，营造优质景观氛围，提升产品价值**

6块用地，除2号、3号地块外均为面向市场销售的产品，包括中高端住宅、办公及商业物业。用地外的裕西公园无疑是成就高端品质的关键因素。项目组通过借景、框景、造景等多种手法，将公园景观植入项目内部：将办公尽可能设置为单面走廊，面向公园排布房间；调整场地高度，高端住宅坐落在公园

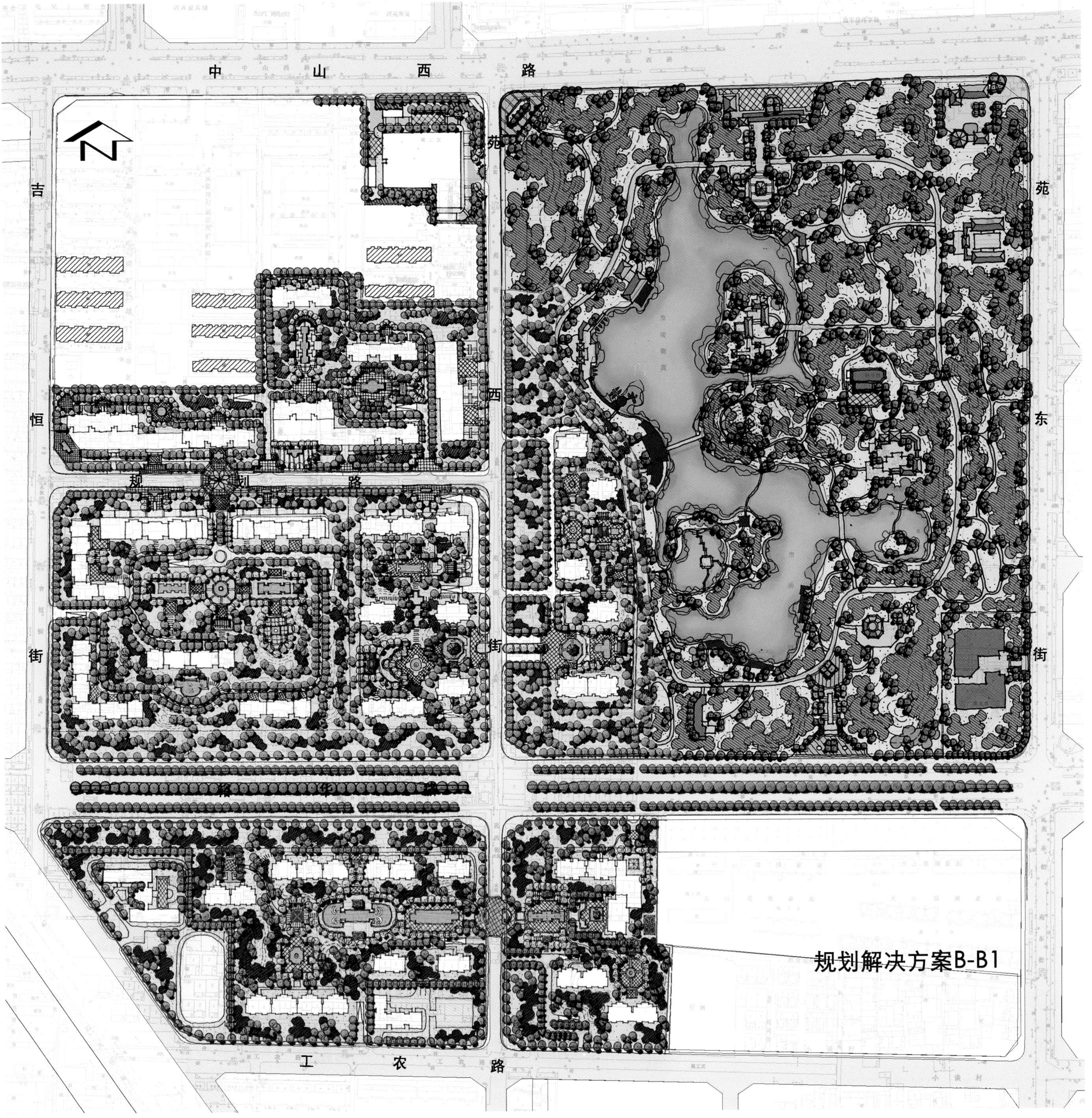
中 山 西 路
吉 恒 街
苑 西 街
苑 东 街
规 划 路
工 农 路
规划解决方案B-B1

Dior

地块内且比公园高出1.5m左右，小区绿化与公园绿地融为一体，同时保证住户的私密生活；加大公园南侧用地内北部楼栋间的距离，使小区花园与城市公园取得视觉联系，同时使住户有置身公园里的居住体验；西南角用地略为偏僻，充分发挥用地形状优势，形成南北两排楼间的超大尺度中心景观，为使用者日常休闲活动提供舒适。

### 建筑错落布置，高低结合，优化日照时数

提升回迁住宅容积率，致使项目内部日照压力陡增，同时，项目面临周边既有建筑对本项目的日照影响。在日照计算软件的辅助下，采用塔板结合、错落布局的设计方法，充分利用整个日照时段改善项目日照环境，并根据日照条件优劣，结合景观视线资源，组合产品面积区间。

方案设计成果主要包括总平面图规划设计和商业办公楼单体的建筑方案设计，以及售楼处的方案及初步设计。

### 规划总平面

项目建设用地26.0975h㎡，其中居住用地24.1846h㎡，公建用地1.9129h㎡。住宅地上面积77.2623万㎡，包括37.5万㎡回迁住宅、37.7742万㎡商品住房以及近2万㎡保障性住房。公建地上10.3万㎡，包括商业、办公、学校和幼儿园等功能。项目平均容积率达到3.36，规划居住总人口1.8万人。

### 商业办公单体设计

该楼属1号地，用地面积1.2h㎡。地上建筑面积6.2万㎡，包括3.7万㎡的办公和2.5万㎡的商业面积，容积率为5.2，高度73m。建筑分上下两段，1~5层为商业空间，交由大谈村委会经营，其余部分为“L”形办公空间，分别面向公园景观和繁华的城市界面。立面造型以Art-deco为基础，通过顶部层层退台和竖向装饰表达挺拔而典雅的气质。

### 售楼处设计

售楼处位于公园西南角，占地17300㎡，共2层，地上建筑面积2517㎡。庭院入口设于裕华西路上，来访人员泊车后，步行穿过90m长的园林景观抵达建筑主入口。建筑平面呈“凹”形，中心为两层通高大堂，用于沙盘及户型展示；东翼首层为洽谈区，二层为贵宾娱乐区，其室外露台均面向公园，景致尽收眼底；西翼首层为贵宾洽谈区，二层以后以办公为主。穿过售楼处大堂，客户便步入内庭院。以内庭为核心，若干样板间向湖面展开，客户即可体验到日后住在公园里的惬意生活。内庭还设有直通公园的小径，使得公园—庭院—建筑浑然一体。由于其地理位置优越，后期将规划为高端住宅区。

# 鄂尔多斯鄂托克前旗敖勒召其镇锦绣丽岛住宅小区建筑·景观设计

JIN XIU LI DAO RESIDENTIAL AREA, ARCHITECTURE & LANDSCAPE DESIGN, ORDOS ETUOKE

**项目经理** 刘晓钟
**工程主持人** 刘晓钟 徐浩 王晨
**建筑主要设计人员** 钟晓彤 任琳琳 褚爽然 李媛 曲直
朱祥 蔡兴玥王健 李端端
**景观工程主持人** 刘子明
**景观主要设计人** 尹迎 郭姝 王路路 卜映升 李文静
赵丽颖 杨忆妍 莫定波 王钊
**建设地点** 鄂尔多斯鄂托克前旗镇敖勒召其镇
**项目类型** 住宅 商业
**总用地面积** 267713m$^2$
**总建筑面积** 508859m$^2$
**建筑层数** 11层
**建筑总高度** 38m
**主要建筑结构形式** 框架 剪力墙
**景观面积** 21hm$^2$
**设计及竣工年份** 2011～2015

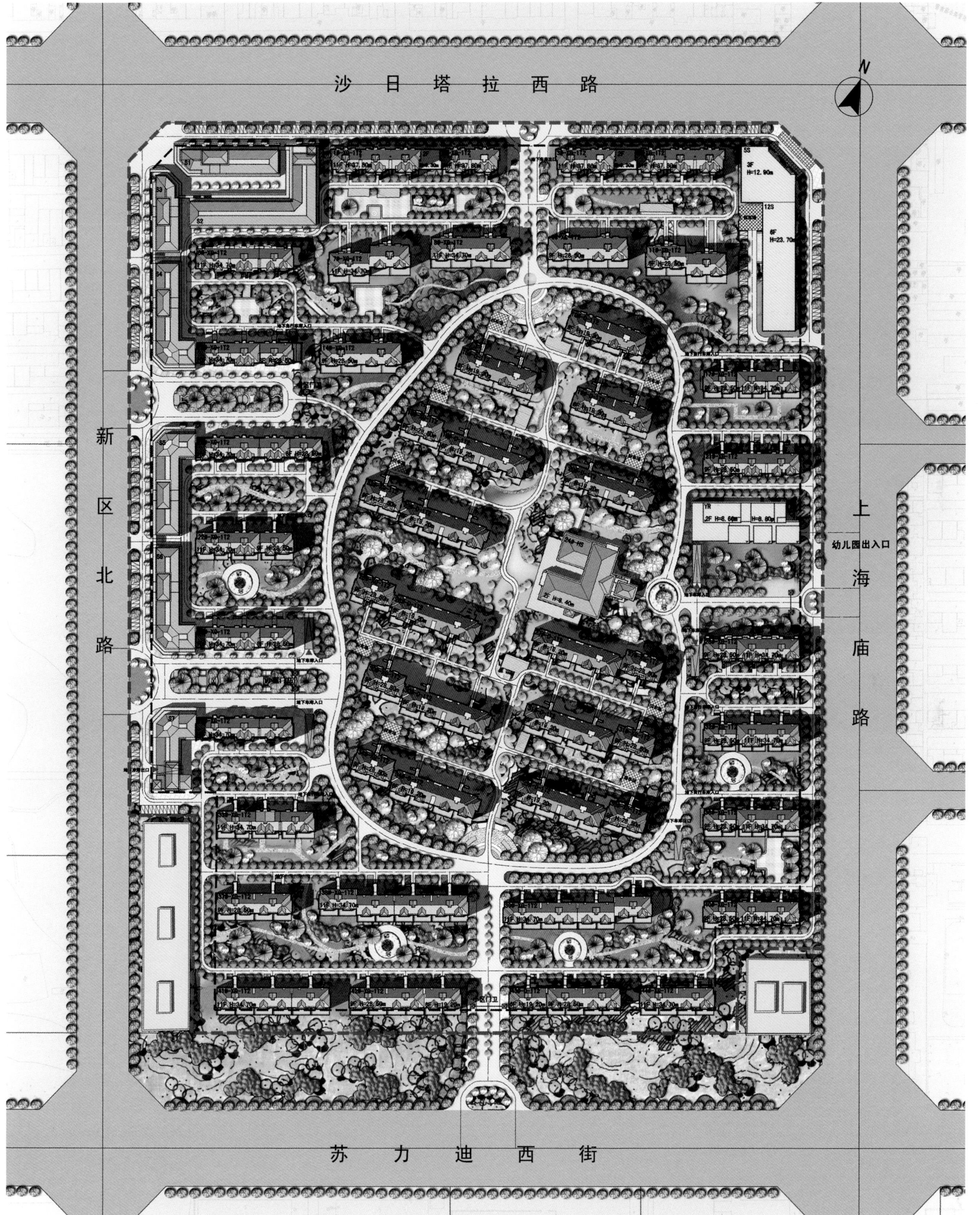
N
沙日塔拉西路
新区北路
上海庙路
幼儿园出入口
苏力迪西街

鄂托克前旗敖勒召其镇位于北部梁峁地区与南部沙川地区的过渡地带，被誉为 “沙漠中的绿镇”。项目规划以“敖镇中的绿岛——锦绣丽岛”为设计理念，力求打造融合环境、舒适宜居的大漠住区体验。地块东西470m，南北600m，地处敖镇的中心，位置优越、便捷，商业价值优厚。

整个规划设计采用内外结合的形态，沿着小区中心环路将用地分为内外两个区，共有41栋

住宅楼、8栋商业和办公楼，以及1个小区幼儿园，是一个50万㎡的大规模住宅小区。中心区域地势抬高，布置花园洋房，形成岛中岛，营造最好的氛围和环境。中心岛设置小区会所，形成尊贵大气的风格。外区布置南北向板楼，住区内均为4~11层住宅，环境宜人。西北角集中设置商业内街，形成强烈的商业氛围。小区东西南北各设置一处出入口，地下设置阳光地库，地面人车分流，各出入口两侧对称布局，严整秩序。

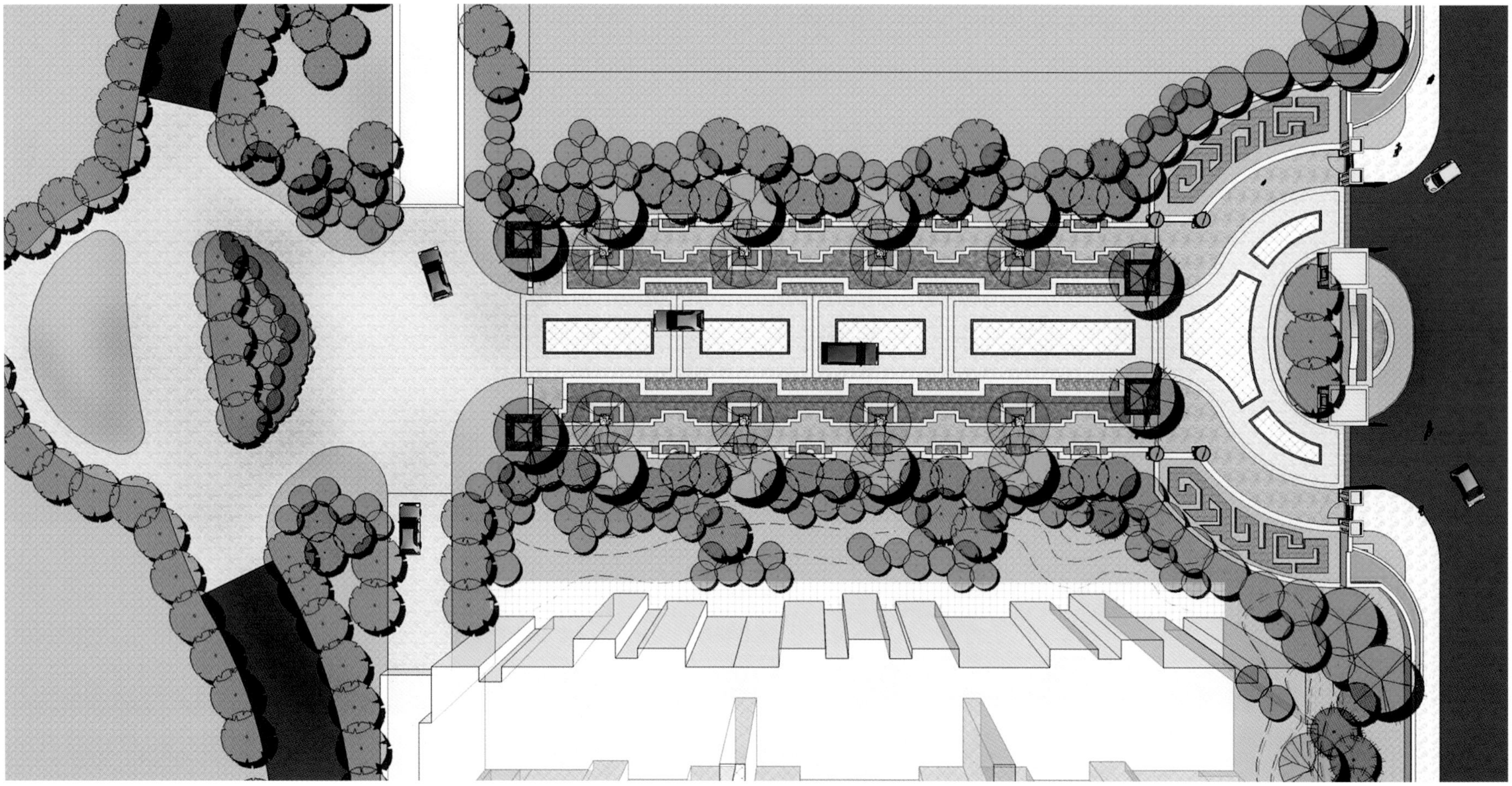

案名最终定义为“锦绣丽岛”，反映了项目在业主心中的定位，希望本案能成为敖勒召其镇绿意盎然的“生态之岛”。景观设计的灵感也来源于此。

设计师通过确定社区会所在本案的中心位置，形成一个视线上的焦点，通过地形的抬升，使其形式上更接近于一个岛的概念，采用法式园林手法营造的景观效果，突出“岛”的步入节奏感。

本案位于较缺水的内蒙地区。在景观的软景处理上，充分利用当地的乡土植物，采用滴灌和浇灌两种形式，实现真正的节水灌溉。

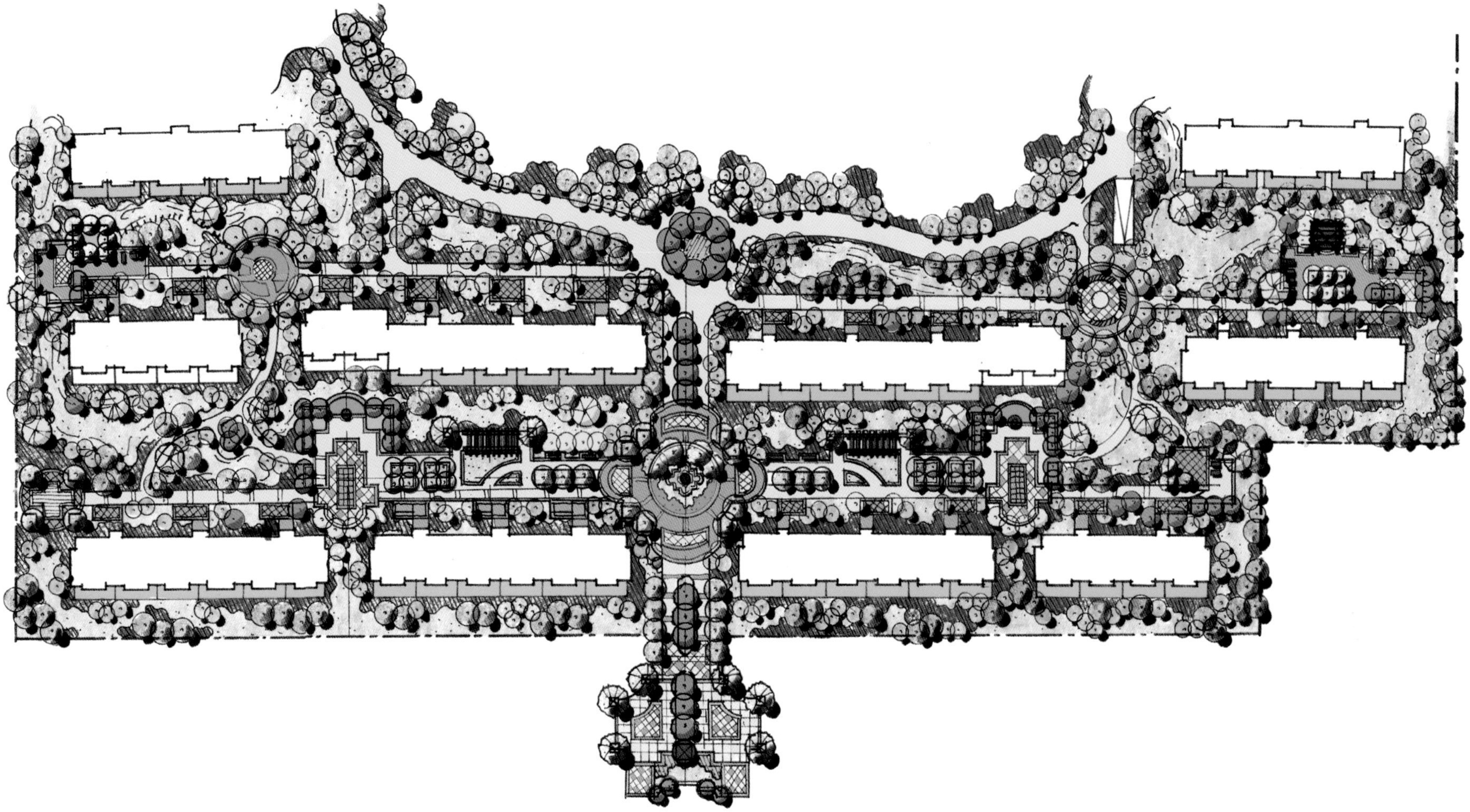

以上两种手段都是为了实现对原有生态环境的影响最小化。

住区户型设计南北通透，结合当地生活习惯，均采取大面宽、小进深的全明户型。内部动静分区明确，功能合理，得到当地居民的极大认可。

新古典主义与内蒙本地特色元素结合，与青青草原相映成趣。建筑采用三段式处理，底部为灰色毛石材，中部米黄色仿石涂料，顶部红色和灰蓝色坡屋顶，建筑体型细腻丰富，细部设计推敲深入细致，建筑风格端庄、典雅、稳重，成为内蒙大地上一颗耀眼的明星，是当地最高端品质的住宅区。

东入口作为社区的主要出入口，新古典线脚的LOGO景墙及水景的处理彰显了整个社区的品质，人车分流的设计避免

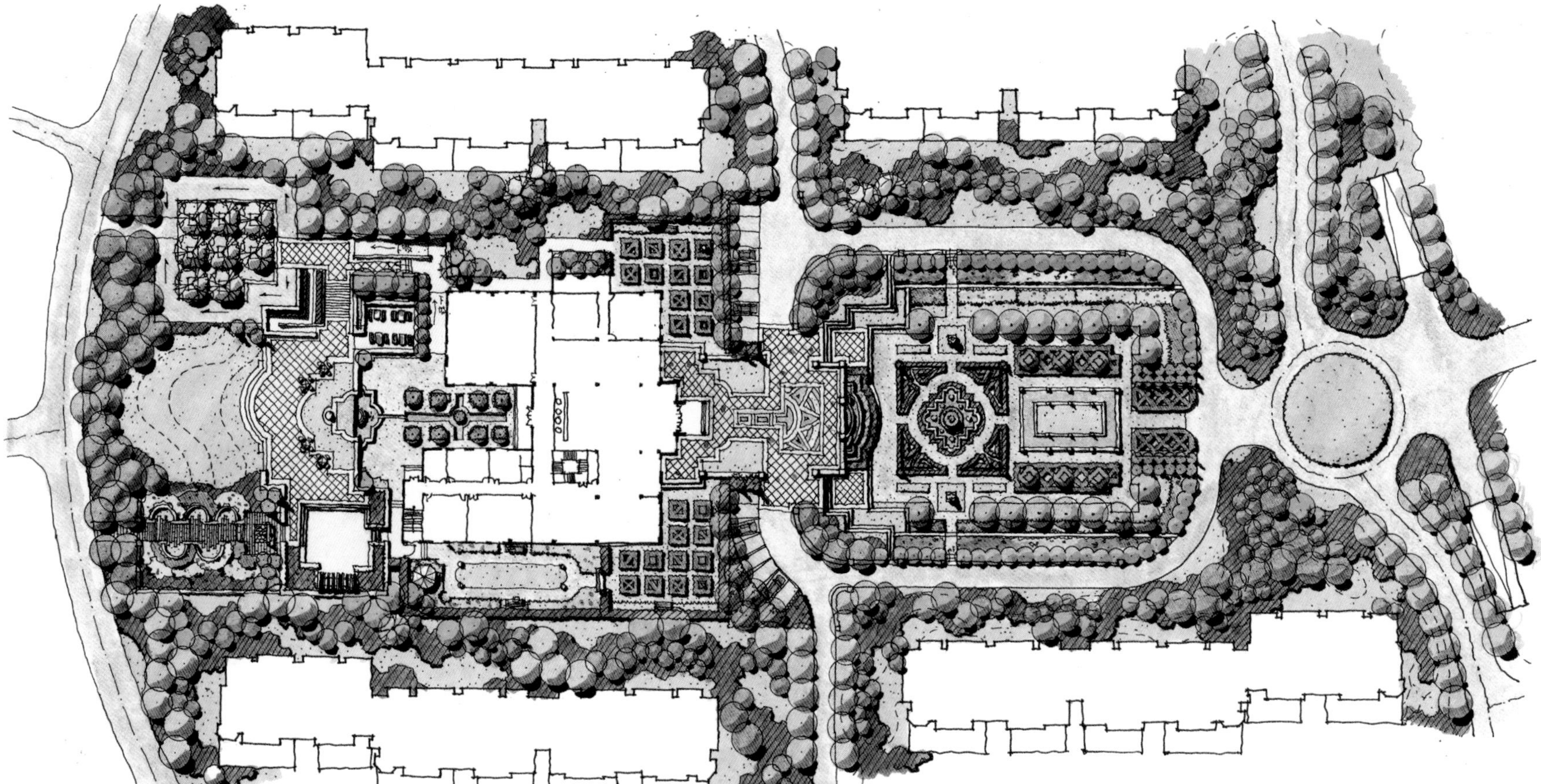

了两个流线的互相干扰，同时使社区的交通安全性得到了提升。

社区的南入口功能上属于人行入口，抬升地势形成的欧式水景构成了整个空间的视觉中心，两侧的景观廊架通过线脚勾勒的细节为主视面提供了丰富的背景元素。

会所建筑作为服务社区业主的公共场所，处于整个社区的中心位置，其公共区域的景观是重点。会所前后都有较大的公共空间，前场以有气势的轴线对称式的景观布局，充分考虑人行车行的流线，人车分流，缩小人行道路的宽度，采用休闲亲人的铺装材料，增加环境体验感，凸显会所气势与服务业主的高端尊贵感。会所后场更加休闲的氛围更像是一个后花园，无论从空间形态上还是空间层次上都非常丰富，由于空间层次较丰富，还充分考虑无障碍通行与到达，打造业主们休闲放松的好去处。

# 鄂尔多斯鄂托克前旗上海庙别墅建筑·景观设计

SHANGHAI MIAO VILLA, ARCHITECTURE & LANDSCAPE DESIGN, ORDOS ETUOKE

**项目经理** 刘晓钟
**工程主持人** 刘晓钟 徐浩 冯冰凌
**建筑主要设计人** 姜琳 郭辉 钟晓彤 王晨 谭黎
**景观工程主持人** 刘子明
**景观主要设计人** 尹迎 李文静 喻凯 赵丽颖
**建设地点** 内蒙古鄂尔多斯市鄂托克前旗上海庙镇中心区
**项目类型** 住宅
**总用地面积** 319000m$^2$
**总建筑面积** 97980m$^2$
**建筑层数** 2～3层
**建筑总高度** 9m
**主要建筑结构形式** 剪力墙
**景观面积** 10.5hm$^2$
**设计及竣工年份** 2010

上海庙项目位于内蒙古鄂尔多斯市鄂托克前旗上海庙镇中心区，总用地面积32.18hm$^2$，总建筑面积97980m$^2$，容积率0.30，共规划有54栋独栋和108栋双拼别墅以及2栋商业会所，为当地最高端的别墅小区。地块南侧为在建的镇行政、办公区，西侧及北侧为园林景观公园，地理位置优越，环境优美，为小区提供了良好的景观视线。用地内地势东南高，西北低，天然高差造就了丰富的地貌形态。

鄂尔多斯是草原上升起的不灭的太阳之城，日照充足，盛产向日葵。设计团队由此为出发点，发展出本案的规划理念——向阳浮岛。

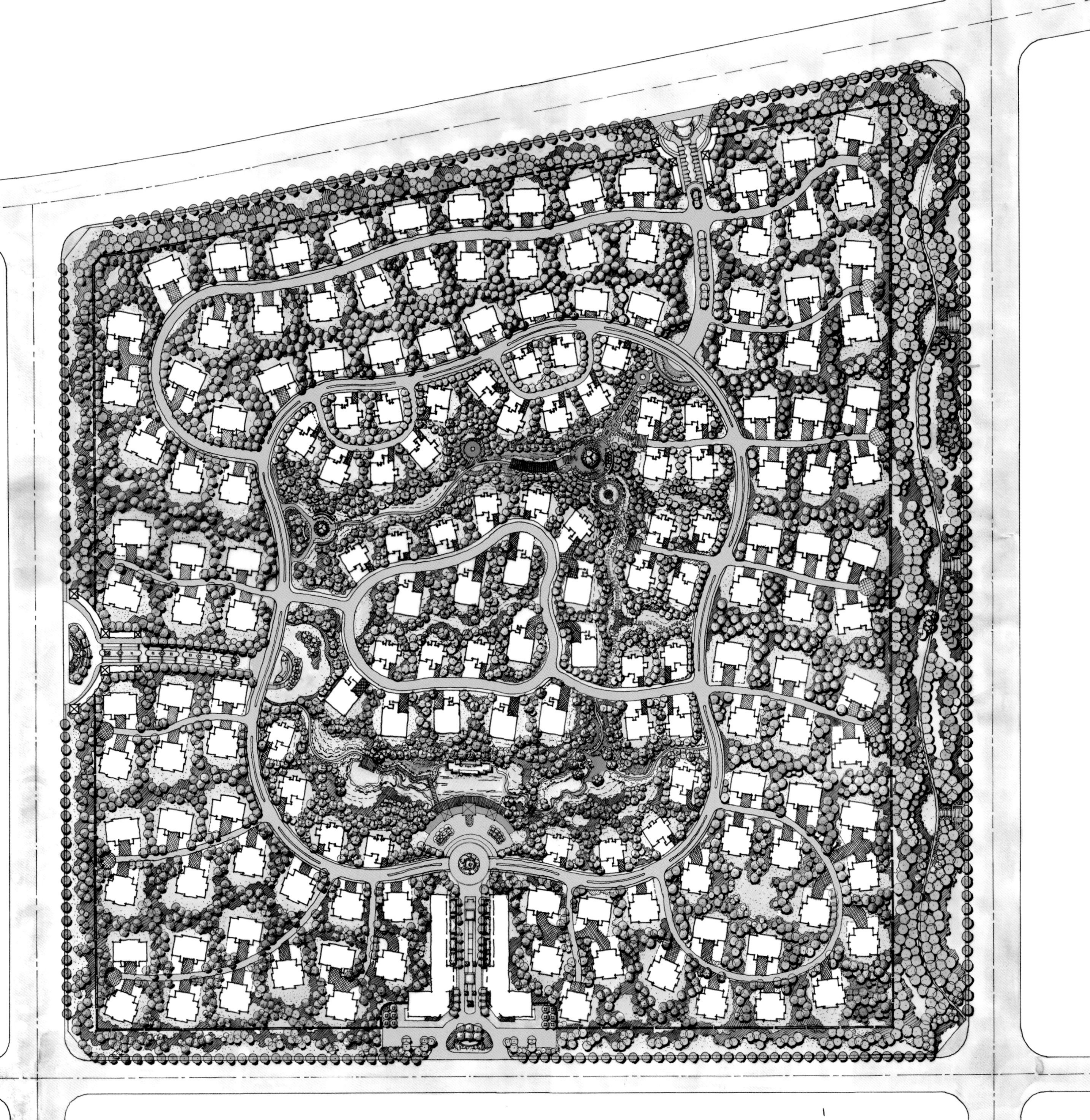

别墅区以环状路为主脉，由环形路向外围引出尽端式组团路，形成一组组独立的生活岛，营造出相对独立、私密又具有安全感的居住环境。同时，共享的公共庭院有利于邻里之间的交流沟通。环路内侧主要布置户型面积较大的独栋别墅，在小区中心由集中绿地和蜿蜒水面环抱的绿岛上布置了面积最大、户型最好的500m$^2$独栋别墅，视野开阔，环境幽静，私密性高。

整个别墅区以环状路为主脉，分别在北、西、南三个方向设置主要出入口与城市规划路相连。其中南入口面向在建的镇行政、办公区，为主要步行人流方向，因此集中设置会所及商业，形成30m宽的步行广场，成为小区的主要人行入口。西、北入口为主要的车行入口。

别墅区整体风格端庄、典雅，在辽阔宽广的内蒙大地上，建筑以红色的砖墙、灰色的毛石以及白色的线条穿插呼应，运用硬朗的线角衬托出建筑的丰富外形，营造舒适、宁静宜人的居住品质和氛围，成为内蒙大地上一颗璀璨的明珠。

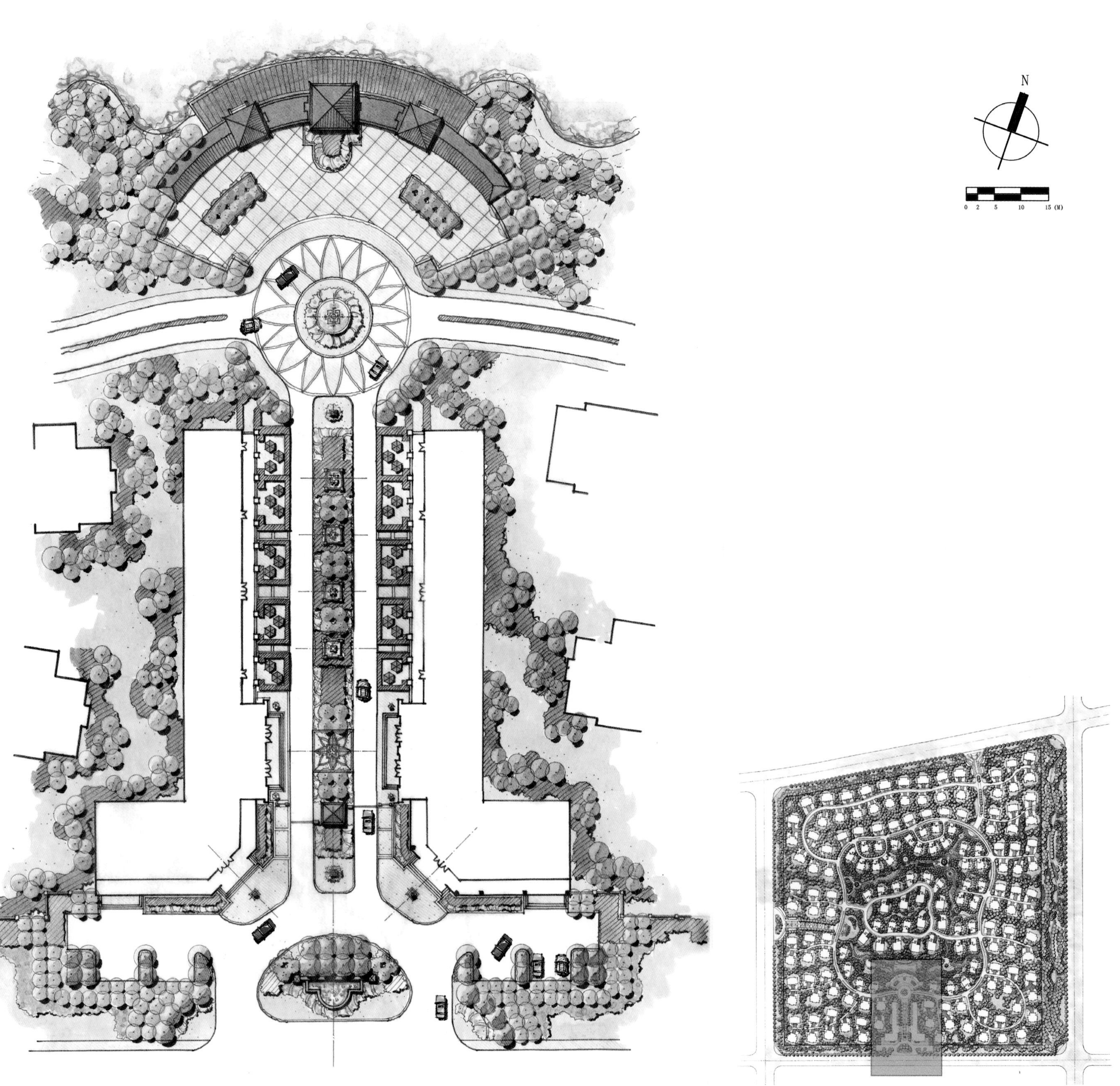
N
0 2 5 10 15 (M)

在景观设计中，设计师们本着“尊重自然”的心态，以最小幅度扰动原有生态环境为前提，最大限度地保留基地现有的植被，尤其是位于中心“岛”的绿化通廊，保证了原有的生态生物链条。在新引入植物的品种上也进行了比较耐心的筛选，通过与当地相关部门的沟通，确定了大量的可移植的当地植被品种。同时充分重视当地的蒸发量和降水量的巨大差距，考虑耐旱植物的大量应用。

在“水”景观中，设计综合前期规划对水体的构思，结合当地的气候特点，采用了“旱溪”与“洼地”相结合的手法，形成类湿地的景观效果，达到了雨水在景观环境中的充分应用，同时通过水净化系统的使用使其在景观用水上起到最大的效果。

在硬质铺装的选用上，设计充分考虑雨水下渗对生态的影响，大量使用透水路面，通过与甲方及各方的沟通，在满足规划等一系列条件的同时尽量减少硬质路面的宽度，争取最大的绿化种植面积。

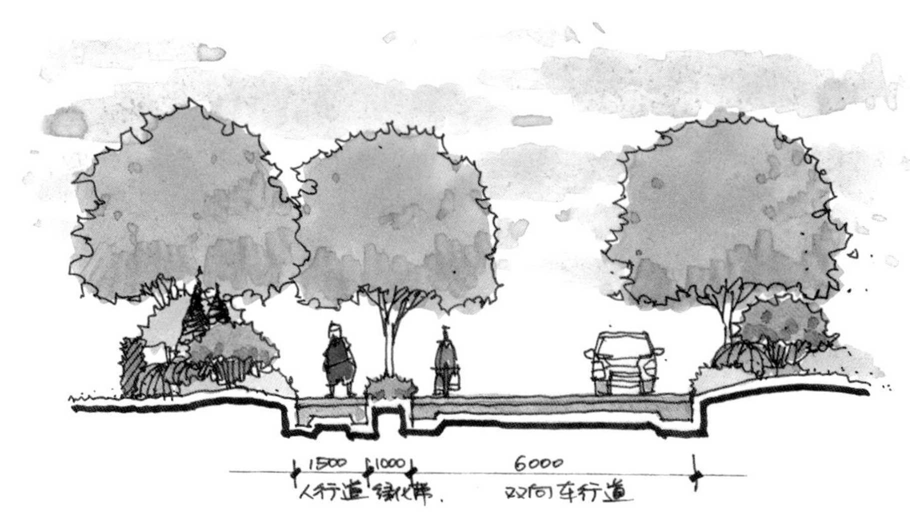


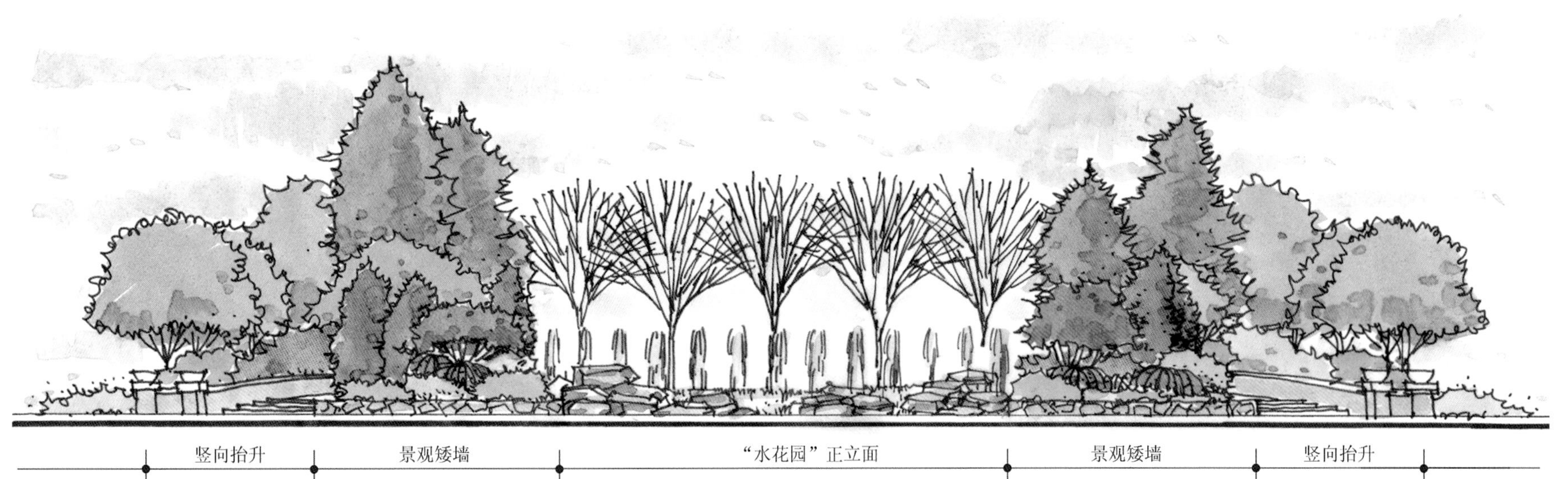

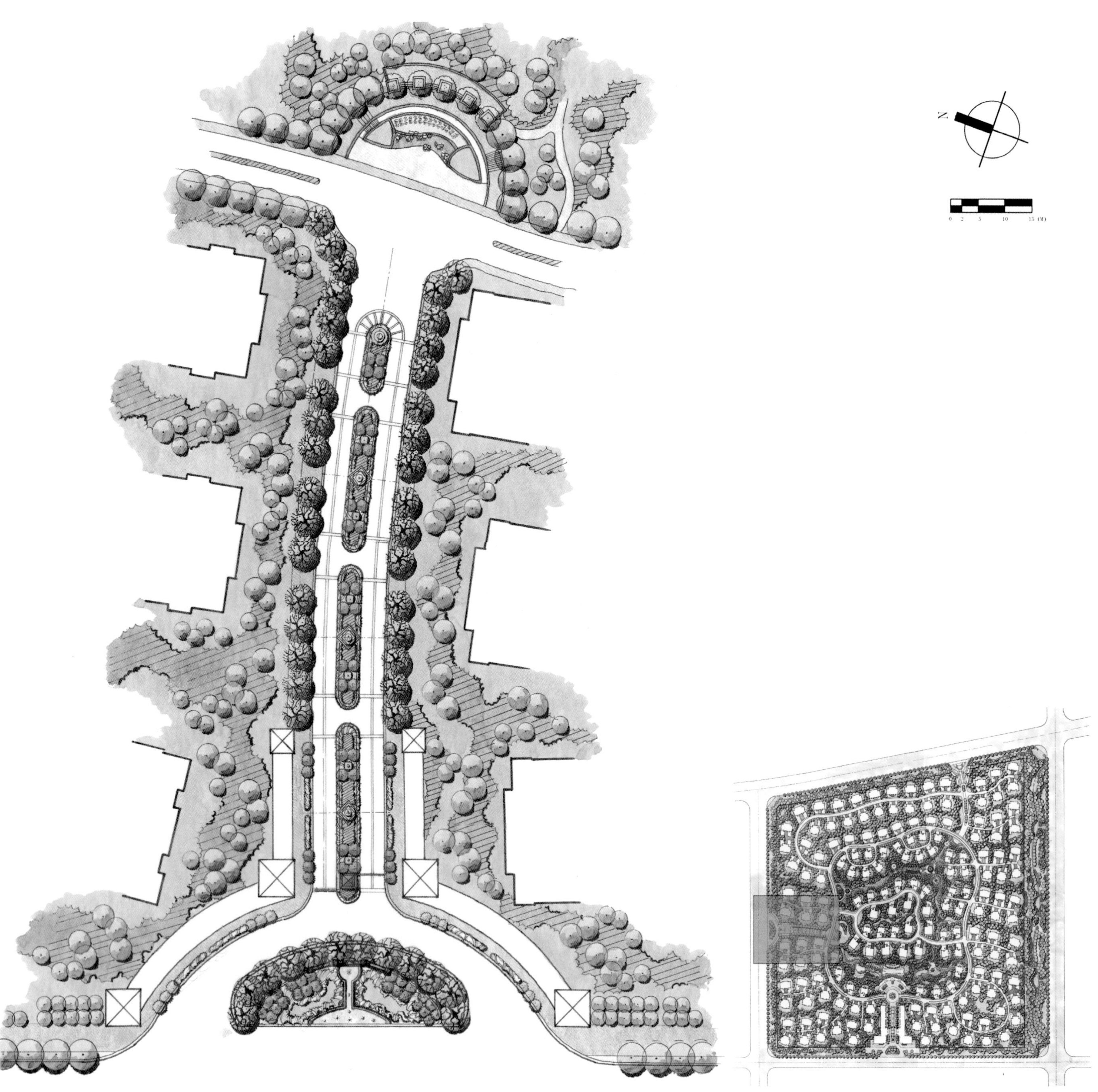

“旱喷”景观应用在社区的东入口，形成车行入口的一个主要的景观节点，绿色的种植围合成了一个特色的活动的水雕塑的背景。

以独景树为中心的景观空间，构成了社区最主要的一个活动场所，植物的应用使场地更具有生机。景墙的红砖肌理与建筑的整体风格相呼应，当地特色草本植被的种植使其更具地域特色。

竖向的抬升构成了丰富的高差变化，据势而成的特色景观形成了“丰水期”的叠水和“枯水期”的旱溪，使其更具中国文化特色的韵味。

# 内蒙古巨华时代广场商住项目

# JUHUA TIMES SQUARE, INNER MONGOLIA

**工程主持人** 刘晓钟 吴静 高羚耀 曹亚瑄 程浩
**主要设计人员** 石景琨 钟晓彤 孟欣 张建荣 陈晓悦 李端端 冯千卉 张妮
**建设地点** 呼和浩特市兴华路南侧西临东影南路
**项目类型** 住宅
**总用地面积** 37000m$^2$
**总建筑面积** 288718.6m$^2$
**建筑层数** 24层
**建筑总高度** 73.2m
**主要建筑结构形式** 剪力墙
**设计年份** 2009

巨华时代广场位于呼和浩特市兴华路南侧，西临东影南路。总规划用地面积3.7万平方米。

项目定位为高档纯板式高层住宅区，由6栋7层到32层高层板式住宅、底层会所和商业设施组成。同时辅以必要配套设施、地下车库和市政用房。总建筑面积173000m$^2$，其中地上总建筑面积129889万m$^2$。

建筑单体的主要朝向需要我们在规划设计之初就思考清楚。南偏东15度是呼和浩特市建筑单体的主朝向，在这个纬度上此朝向能够有效的接收阳光照射。当地现有的绝大多数建筑也是按照这个朝向建成的。

项目用地的西邻的住宅密度非常大，为了避免增加对西侧现状住宅的日照

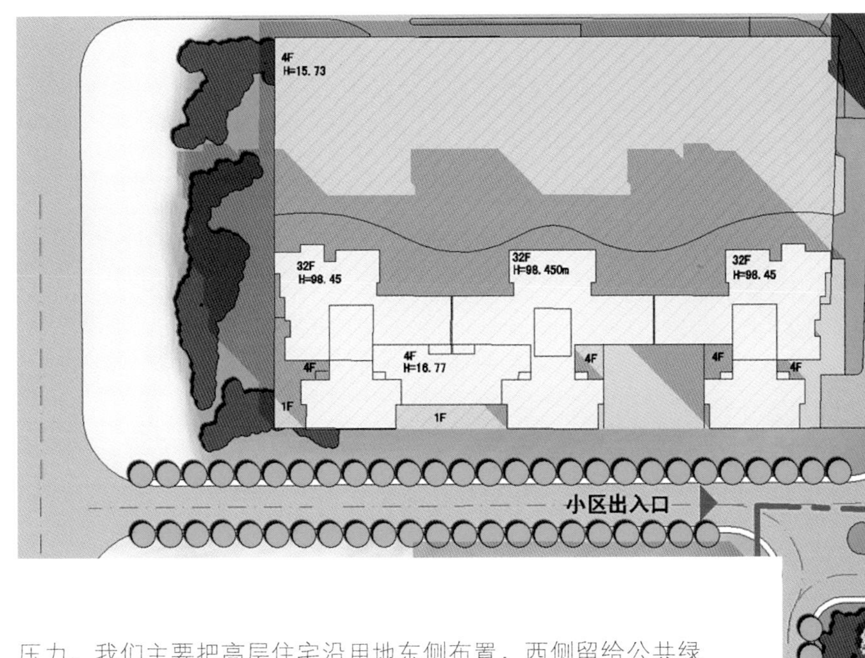

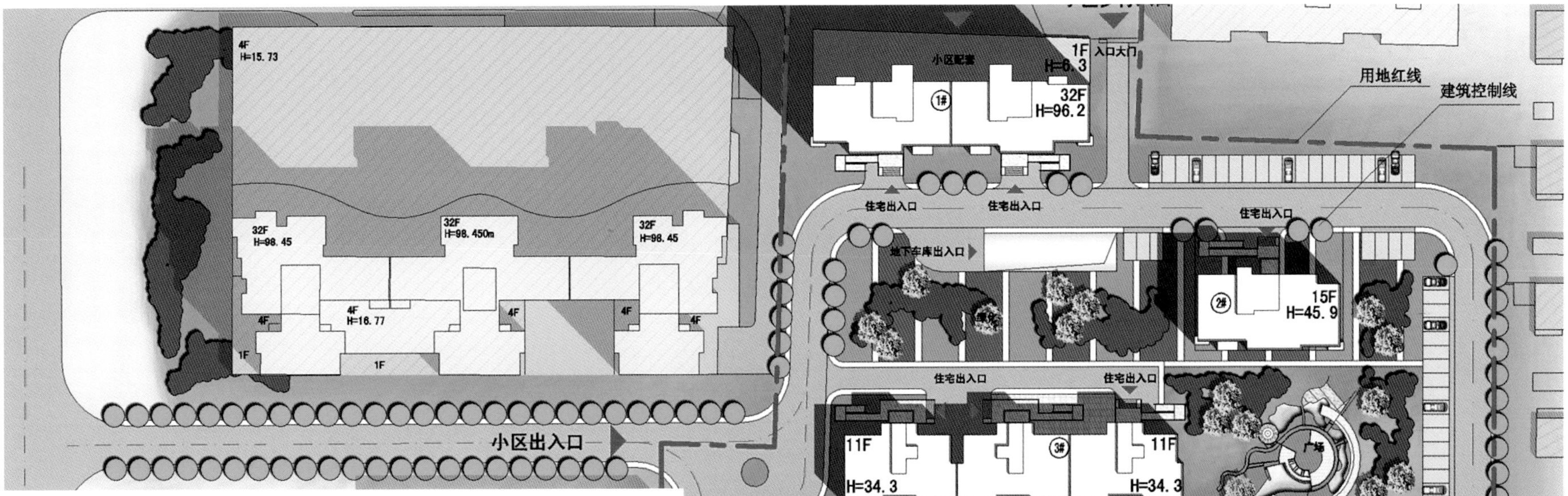

压力，我们主要把高层住宅沿用地东侧布置，西侧留给公共绿地。用地东临的住宅区，现状住宅的密度很小，因而在我们的小区建成后仍然拥有充沛的阳光。

一个“中心”，一条轴线，在创造阳光共享的同时秩序自然形成。

一个区域要形成一个整体性的空间形象和秩序就必须要有一个最主要的“中心”来控制全局。这里的公共绿地既是这个区域的“中心”。我们为了达到阳光共享的目的而预留出的大片绿地，恰好实现了空间秩序的整合。这并不是巧合，而是一种潜在的规律。半围合的空间布局是我们在规划设计中经常运用的手法，只不过我们在项目中不仅局限于本段内，而是扩大到相邻的区域。

一条南北向的轴线把用地中的建筑均衡的分配在轴线两侧。虽然轴线是虚拟的，并不能真正看见，但它却是强有力的支配全局的手段。正是因为轴线的“空”，减少了对阳光的阻挡。一般情况，建筑均衡分布，日照情况就会好些；轴线两侧的建筑距离轴线越远，相邻建筑间的距离就越远，阳光就能更多的照射在后面的建筑上。为了满足日照要求，我们让建筑错开布置，结果发现了。这与从“轴线”出发的规划传统设计思想恰好吻合，可以说“阳光共享”的设计分析与传统的某些手法具有辩证统一的科学关系。我们这里的建筑没有以轴线对称，它们分布在轴线的两侧形成动态的平衡。各住宅单体沿轴线的具体布置，将在视觉上决定轴线组合的控制力是捉摸不定还是压倒一切；是松松散散还是有条有理；是生动活泼还是单调乏味。带给人们弹性的思维空间。

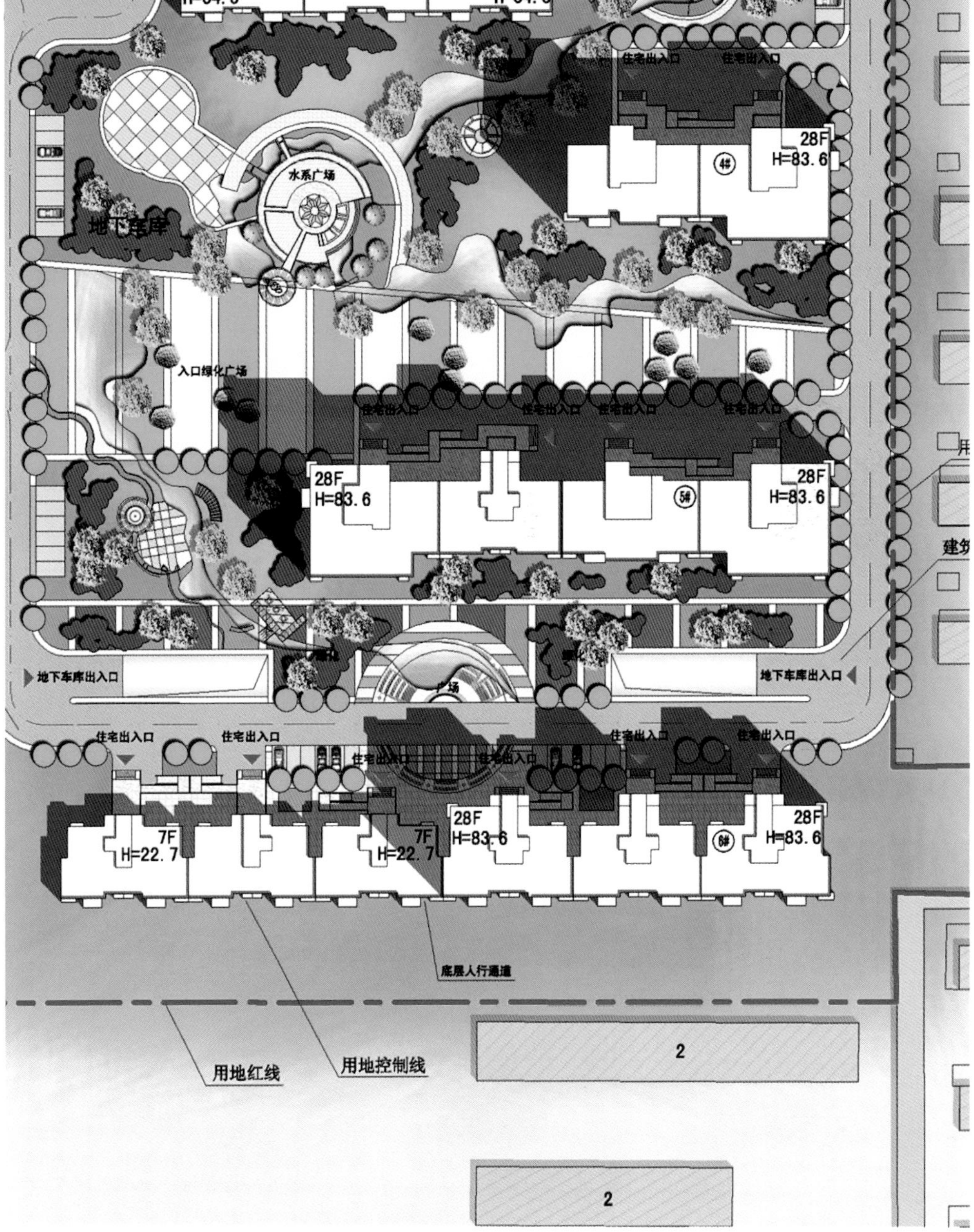

# 三亚伟奇温泉度假公寓建筑·景观·室内设计

WEIQI RESORT APARTMENTS, ARCHITECUTRE & LANDSCAPE & INTERIOR DESIGN, SANYA

**项目经理** 刘晓钟
**工程主持人** 吴静 高羚耀 冯冰凌 张立军 张凤 姜琳
**建筑主要设计人** 陈晓悦 李俊志 马楠 赵泽宏 王伟 曹鹏 孟祥浩
**景观工程主持人** 刘子明
**景观主要设计人** 王路路 卜映升 王钊
**室内主要设计人** 刘欣 刘媛欣 吴建鑫
**建设地点** 三亚南田温泉国际热带风情旅游城 三亚海棠湾
**项目类型** 住宅
**总用地面积** 55000m²
**总建筑面积** 91553.95m²
**建筑层数** 3～13层
**建筑总高度** 11.1～40m
**主要建筑结构形式** 框架 剪力墙
**景观面积** 42000m²
**室内面积** 3370m²
**设计年份** 2014

## 一、项目概况

规划结合用地性质及项目自身特点，地块西侧以高层住宅为主，分为一梯两户和一梯四户的高层住宅，中腹北侧为多层花园洋房，南侧为多层叠拼住宅，东侧以一梯两户高层住宅为主，并按需求布置适量的配套设施及公寓产品，形成集旅游度假与休闲居住于一体的高档次复合型物业。

## 二、项目发展背景分析

三亚位于中国的最南端，是中国最大的海洋省，以空气清新、阳光充足、植被常绿、金色沙滩、四季清澈温暖的海水等独特而丰富的旅游资源闻名国内外。

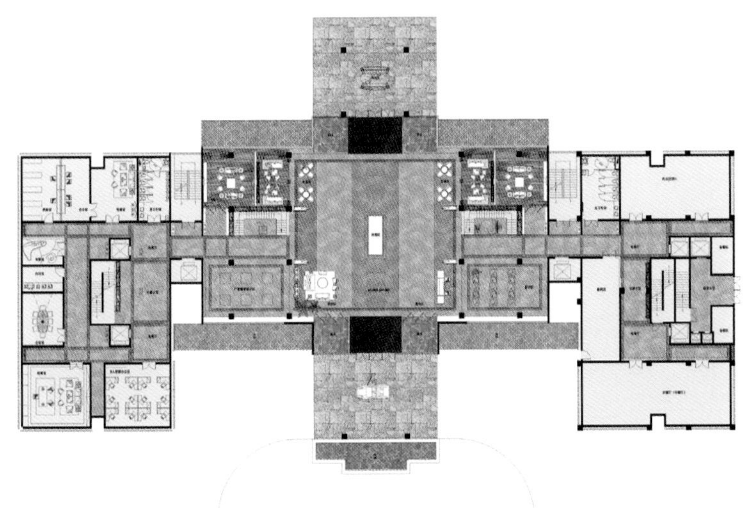

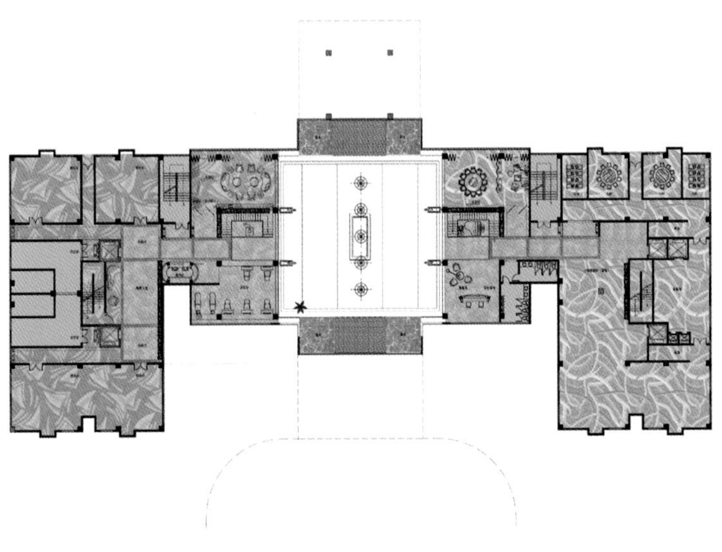

根据《海南国际旅游岛建设发展规划纲要》，本项目所在地海棠湾属于国际旅游岛的南部组团，以重点发展酒店住宿业、文体娱乐、疗养休闲、商业餐饮等产业为主；根据市场需求，应适度布局建设特色旅游项目，将其打造成为世界级热带滨海度假旅游城市，并发挥三亚热带滨海旅游目的地的集聚、辐射作用，形成山海互补特色，带动周边发展。

项目位于三亚南田农场境内的三亚南田温泉国际热带风情旅游城，拥有大型医疗热矿水田，与蜈支洲岛隔海相望，南距亚龙湾19km，西至天涯海角30多公里，与“国家海岸”海棠湾仅一路之隔，并紧靠国道海榆东线和东线高速公路，距离凤凰国际机场30km，交通十分便利，区位及资源优势明显。

作为三亚市重要的温泉旅游资源，三亚南田温泉国际热带风情旅游城是未来三亚旅游圈的重要组成部分，是三亚旅游资源拓展和提升的重点区域。根据三亚市的总体规划，三亚南田温泉国际热带风情旅游城将以融入海棠湾“国家海岸”建设为契机，以“神州第一泉”资源开发为基础，挖掘温泉文化，带动旅游地产开发，将建设成为具有热带风情特色、服务设施完善的“国家海岸”温泉城。对于生活居住而言，环境永远是第一位。项目所在地——三亚南田温泉国际热带风情旅游城是具有潜力的温泉度假居住板块，占据独一无二的温泉及滨海热带

环境资源，拥有众多叠加生态资源，温泉度假住宅以及周边旅游度假村等各项配套一应俱全。

规划指导思想是以三亚市为依托，充分利用三亚南田温泉国际热带风情旅游城的资源特色，发挥项目产品优势，高标准、高起点打造休闲、度假、观光、居住为主的综合温泉度假社区，同时通过项目的建设，做到经济、社会、环境的协调发展，带动周边配套与项目共同发展。

### 三、景观设计

风格定位：整体设计为东南亚度假风格，同时在细节上融入蒙古族文化符号，给人以“阳光”“舒适”“体验”的度假氛围。

预期目标：为业主提供舒适的度假社区景观空间，包含室外泳池、温泉泡池、健身步道、户外休闲小场地等使用功能。设计原则：以典型的现代东南亚风格为依托，结合设计创新理念，统筹安排全局景观，并在细节关系处理上下功夫。通过融入景观的活动场所对居民交往行为的促进，重建并提升传统、温馨和谐的社会关系，打造自然和谐的人居景观环境。

设计理念：远“山”近“水”微“境”。即利用场地及周边的山形、地势，结合规划的竖向变化，构成特色的具有错落高差的台地景观；充分保留建筑围合的中心轴线，使其更具连贯性，将远处的山势融入社区的景观视野中。多泳池的设计，强化了度假社区的休闲理念，使其更具实用性；同时将温泉元

素引入室外，使泳池、泡池相连，丰富了水的层次，泳池中局部采用了无边界的设计，形成了特有的跌水景观。小空间以其特有的尺度关系，形成了最亲人的空间关系；停留空间、入户小空间、休闲空间等一系列小空间的营造，让使用者对环境产生亲切感，使身心与环境充分融合，达到度假休闲的最终目标。

# 上海宝山绿龙公园

# LVLONG PARK,BAOSHAN DISTRICT, SHANGHAI

**主要设计人员** 刘晓钟 吴静 王鹏 高羚耀 陈晶 周晓东
**建设地点** 上海市宝山区绿龙公园
**项目类型** 公建
**总用地面积** 338900m$^2$
**总建筑面积** 15654m$^2$
**建筑层数** 2层
**建筑总高度** 12m
**主要建筑结构形式** 框架
**设计年份** 2006（一期）

总平面图

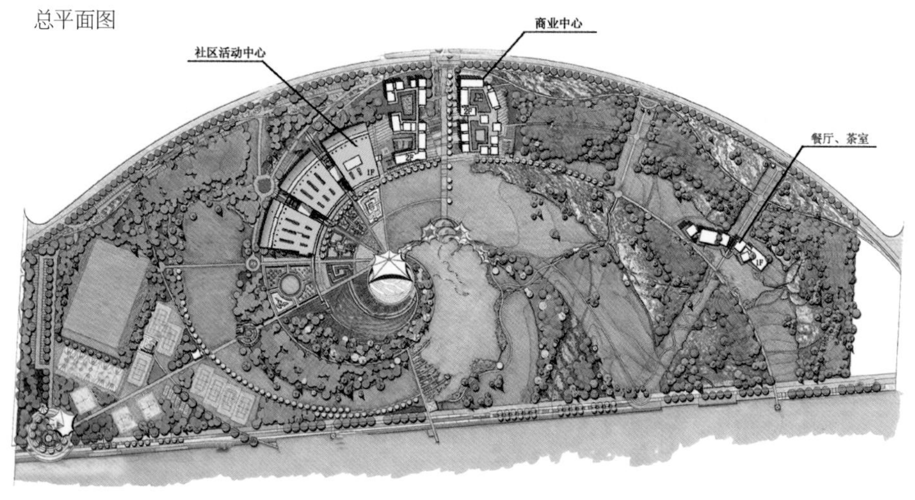


## 一、总体环境分析

1. 优越的区位条件

项目所在的宝山区是上海市未来发展的重点区域，而项目位置正位于宝山区规划的南北“龙”形城市绿带中最重要的绿龙公园之内，得天独厚的绿化景观资源成为项目开发所具有的最大优势。

2. 便捷的城市交通

项目位于公园西侧，四周城市道路完善，绿龙公园成为联系周边城市功能的重要城市绿化区域。

## 二、设计理念

1. 建筑回归自然

一个好的建筑，应该非常合理地嵌入所在的建筑环境中，整合、优化周边环境。

“置身湖畔旁，掩于美景中”正是设计追求的意境。方案的设计理念是将地块建成具有地域特色的公园绿地—上海独特的庭院和湖畔风光，地块原有的特色将进一步加强。

2. 体型空间布局与功能区划分的完美结合

设计提供大量的休闲设施和公园西侧商业娱乐中心相互呼应，以人流集中的活动区连接西面及北面的商业交通中心和公园以东的旅游点，使各中心区之间连接更方便，促进社区组团的互动性，将多个分散的中心融合为一个服务于城市、服务于区域的大型综合社区焦点。

建筑位于城市公园之中，商业、社区活动中心和餐厅茶室建筑均为一到二层的建筑，即使是体量比较大的社区活动中心，也使用了从地面平缓的起坡，屋顶布满绿化，建筑仿佛从绿地中有机生长出来，亲切的建筑体量加强了其和自然的融合性，也使公园的绿化最大化。同时，建筑各空间均具有独特的景观和功能，各功能之间相互独立又相互联系，为公园和社区增添了无比的活力。

3. 理性的人本主义设计

原本的设计理念来源于上海的传统建筑——青砖的墙面，深灰色的瓦檐，粉刷成白色的墙壁。建筑分散在公园用地之中，要强调的是身处美景之中，前面有大片的水面，周围有茂密的成树，这也是建筑所独具有的特征。

一年中的大部分日子，人们可以在建筑内部或者置身于户外享受娱乐、购物、美食和曼妙的音乐，在特别寒冷或特别热的日子里，建筑内大片的玻璃并不遮挡视线，视觉上人们仍置身于绿化丛中。照顾不同的使用人群在不同时间段的使用，为其提供不同的活动项目。这样，建筑隐于美景之中，你中有我，我中有你，两者很好地融合在一起。

4. 简洁、高技的单体设计

餐厅、茶室建筑单体采用灰色的墙面，局部点缀白色的构架，檐口部位用通长的金属百叶装饰，使仅为一层的建筑体量更为舒展，南侧大量玻璃的应用和公园区内浓密的绿化形成良好的对比，可以尽情观赏到美景，玻璃的通透性又令人们在视觉上与自然环境更为近亲。玻璃盒子的出现，并没有抢占公园的视觉空间，而是提高了空间的质量和增加了极好的灰空间。

# 济南唐冶新区围子山西侧地块概念规划设计

CONCEPTUAL PLANNING DESIGN, TANGYE DISTRICT, JINAN

项目经理 刘晓钟
工程主持人 吴静 王鹏
主要设计人员 姜琳 刘利 任琳琳 朱祥 王昊 冯千卉 郭姝
建设地点 东至围子山西至土河，北至规划路，紧邻规划中的商业用地
项目类型 住宅 商业 教育
总用地面积 107.58m²
总建筑面积 142600m²
建筑层数 33层
建筑总高度 100m
主要建筑结构形式 剪力墙
设计及竣工年份 2010.12～2011.11

唐冶片区位于济南市东西城市发展轴和东部南北产业发展轴交汇中心，距中心城区14km；项目位于唐冶片区东南部，用地共分为8个地块，规划用地约78.2hm²（规划总用地为约107.58万m²，范围为周边道路中心线自然边界，并包括土河以西的公共绿地），西临土河，东靠围子山，有良好的山地景观资源。地块内部有三条冲沟和一个深达20m的采石坑；整体地势东高西低，呈微台地形态，高差达40余米；东侧紧邻围子山一侧坡度较大，山体在东侧呈环抱形态。

## 一、规划理念——新山居主义

通过三维模型分析、梳理场地的台地关系，将基地评价结果按照优良程度进行分级，再结合新城市主义的规划理念，塑造具有城镇生活氛围、适宜步行的邻里环境、紧凑的山地宜居社区。

将主要公共设施集中于围子山路，合理布局服务半径，建立具有特色的商业中心和文化广场，形成标志性的社交聚集地，丰富街道空间，形成功能混合、自成体系的小区核心。

延续自然地形，在地块间建立连贯的景观体系和健身步道，将绿色生态贯穿于居住生活。

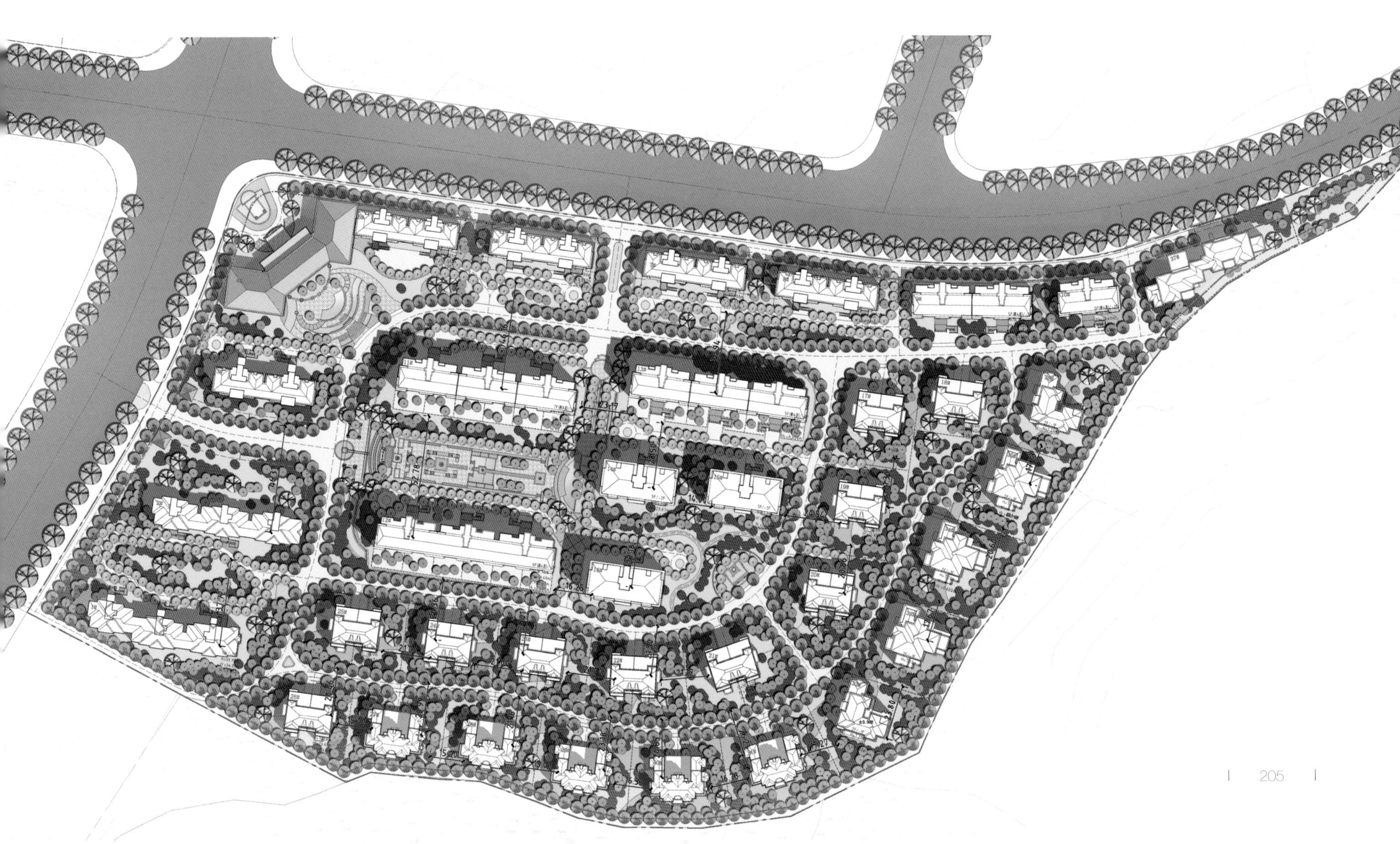

## 二、因地制宜，创造山地人车分流系统

8号地块紧邻围子山，是全区坡度变化最大、设计难度最大的地块。不仅要实现高端产品和普通产品互不干扰，还要实现人车分流。首先利用高差自然划分不同产品领域。靠围子山一侧的带形坡地，景观价值最高，适宜布置双拼大户型产品，但平均坡度达到8%，且南高北低，通过在北侧设置半地下车库解决了高差问题，并设立相对独立的机动车出入口，减少对其他区域的干扰。坡度相对平缓的区域通过梳理标高关系，分为三个特征明显的台地。沿西侧道路的平台区域布置高层住宅，利用沿街的8m高差设置平进式集中车库，机动车刚进小区便驶入车库。用地中腹根据高差变化形成两个平台，布置洋房和平层官邸产品，通过在平台间设置环形车道和外环路，实现山地人车分流系统。

## 三、山明水秀，龙舞凤起

利用土河的景观资源，打通视线通廊，在西侧组团中心作局部扩大和高差处理，形成贯穿南北的蓝色水系，如一跃动的飞龙，与土河遥相呼应；东侧顺山就势，引山入区，布置层次多样的高端住区，好似多彩起舞的凤凰，卧于山脚。

## 四、法式风格的建筑立面设计

在考虑大环境背景的基础上，高层及洋房等普通住宅采用新法式风格，沉稳、大气、简洁又不失华贵。随着产品等级的提高，双拼及类独栋产品采用传统法式或法式折中风格，装饰元素逐渐增多，强调雍容华贵的气质。立面色彩整体统一协调，外饰面采用暖色石材，与青山翠嶂相映成趣。立面材质细腻富于变化，建筑体型丰富。

# 济南银丰花园

YINFENG GARDEN, TINAN

**项目经理** 刘晓钟
**工程主持人** 冯冰凌 王鹏 尚曦沐
**主要设计人员** 戚军 卢军 姜琳 王晨 郭辉 谭黎
**建设地点** 济南南二环和舜德路交汇处，西靠龟山
**项目类型** 住宅及配套公建
**总用地面积** 0.64hm$^2$
**总建筑面积** 301600m$^2$
**建筑层数** 5.5～24层
**建筑总高度** 19.1～70.2m
**主要建筑结构形式** 剪力墙
**设计及竣工年份** 2007～2010

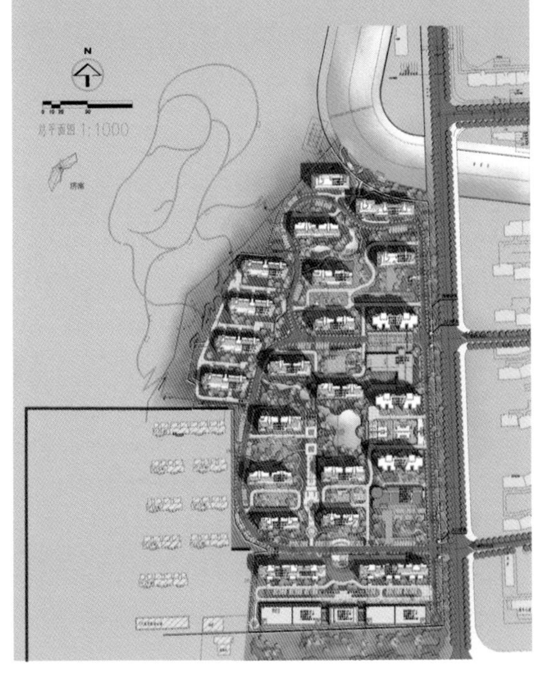


## 项目概况

银丰花园位于济南南部的丘陵山区地带，用地北有兴济河，西靠龟山；山下有排洪沟，用地内有冲沟，可汇集雨水。这样的地势条件为设计增添了优越性和趣味性，但是也为设计带来了很大的挑战，是一次对山地居住区规划及建筑设计的探索和实践。设计团队综合考虑了地形的台地因素和各种场地要素（包括视线、噪声和微环境等），充分挖掘和利用自然资源，通过理性的规划布局和精心的建筑设计，创建了一个符合生态文明、回归自然的人居环境，为居住者提供了一种全新的回归自然的生活方式。

## 设计理念

产品定位为西部靠山豪宅，中部平地雅居，北部临河优所，南部高台小筑，东部沿街新舍，产品品质依次为豪华型、宽裕型、舒适型、经济型和紧凑型。西部豪宅分为平层大户与跃层叠院两种产品。平地组团产品设计则充分发挥远借山景，近邻水系的主题，分布着大量的主力套型。

对于能够实现远借山景的户型，设计团队采用北厅或端厅甚至开敞北露台的布局，而对于发挥临水优势的户型，则设置南厅的南北通透结构。在经济紧凑套型设计中，与自然对话依然是设计主题，阳台与客厅的连接，便于与外界自然环境交流。

### 技术成效与深度

这个项目的巨大难题就是如何利用和发掘台地的场地特点和规避台地的缺点。机动车和自行车、无障碍通道的坡度要求不一样，造成山地道路交通组织的特殊性，为适应山地特色，设计中创造了分离式交通系统，并在局部设置平进式车库。小区道路随地形呈环状布置，分为小区主干道和小区次干道。地下车库的出入口均设在小区干道上，车辆未进入组团内部，随即下至地下车库，组团路结合景观设计，在非必要情况下无机动车穿行，楼群之间全由步行绿化道路相连，自行车与无障碍通道由入口采用最快捷的方式到达组团入口，贯穿于楼宇之间。西部大宅采用平进式地下停车。在用地内高台设置绿化平

台，场地竖向结合绿化，减少机动车停放对居民生活的影响。服务于南侧公建的车库与住宅车库分离，减少对居住区的干扰，从而创造人性化、景观化交通体系，在经济可行、交通便捷的前提下，实现人车分流的高尚居住环境。

### 技术创新

各楼均设置了间接式太阳能系统。减小了生活热水能耗。在小区建成使用后，楼内的各系统运行正常，说明分区合理有效。雨季小区内排水快捷有效，说明室外管线设计合理，充分利用了山地的坡度。夏季用户内生活热水电热水器启动时间少，充分利用了太阳能，减小了生活热水能耗。园区内建立中水系统，将山体及用地内的雨水收集起来加以利用，营造出滨水住宅的强化景观效应。

# 山东聊城市新纺家园

XINFANG HOMELAND, LIAOCHENG, SHANDONG

**主要设计人员** 刘晓钟 吴静 高羚耀 程浩 张羽 陈晶 范峥 孙翌博 赵楠
**建设地点** 山东聊城市东昌湖北侧南临东昌路东邻向阳路
**项目类型** 住宅 公建
**合作设计方名称** 山东聊城市规划设计院
**总用地面积** 75000m²
**总建筑面积** 270000m²
**建筑层数** 19层
**建筑总高度** 61.4m
**主要建筑结构形式** 框架 剪力墙
**设计年份** 2006

## 一、规划布局

改善环境、治理污染是建筑设计构思的出发点。在此基础上，引清洁水源入区，营造滨水住宅，符合水城当地水资源丰富的特点，强化景观效应，美化居住环境，增加销售卖点，提升居住品质。此外，将青年渠的水系引入小区，做适当规模的人工水系。营造出包括水面、起伏绿坡、保留局部原生树、屋顶花园等层次丰富的立体生态景观体系，弥补小区场地设计趋于平缓的不足；同时，沿着水系，结合建筑的精心设计，形成以会所、幼儿园等为中心的大面积小区公共活动绿地，极大美化和丰富小区环境，在闹市中营造出安静祥和的居住氛围。规划方案中贯穿住宅小区几个组团所形成的环形主路及绿化环境设计又不局限于区域划分，而是由此串联了多处健体练身的活动场所及邻里交往空间，使其成为了“绿色生态健身环”。

## 二、组团布置

住宅区采用高层住宅，留出大面积绿化，不同层数的高层住宅围合成半封闭的组团，向心布置，构成内向庭园，形成组团特有的界定空间，创造多层次的空间环境和城市景观，形成丰富的城市轮廓。考虑到小区南侧的城市广场和景观水渠，规划在青年渠北侧由南向北逐渐升高，板楼为台阶式，高低错落，从建筑群体空间上取得层次感，使小区周边的街景变化丰富。各种小品和休息座椅点缀在小区各处，结合绿地、小溪、广场设置，交通便捷，服务距离均衡，其精细雅致的造型又成为令人愉悦的景观。湖面、跌水、喷泉、小丘、台地等不同地形地貌，高低起伏，形成丰富细腻、富于创意的景观空间。

# 山东龙泽华府 建筑 · 景观设计

ARCHITECUTRE & LANDSCAPE
DRAGON NURTUER CLASSICAL MANSION,SHANDONG,

项目经理　刘晓钟
工程主持人　吴静 冯冰凌
建筑主要设计人员　戚军 卢君 赵楠 姚溪 谭黎 郭辉
张宇 刘欣 赵文 白梅
景观工程主持人　刘子明
景观主要设计人　刘欣 尹迎 李文静 赵丽颖
建设地点　山东省龙口市
项目类型　住宅
总用地面积　138000m$^2$
总建筑面积　423425m$^2$
建筑层数　4.5～22层
建筑总高度　18.3～64.78m
主要建筑结构形式　剪力墙
景观面积　56000m$^2$
设计及竣工年份　2010～2012

龙口龙泽华府小区位于山东省龙口市新区中心位置，东临市委市政府行政中心，西为龙口市重点中学第一中学。项目以建设多元化、差异化、宜居性、生态型、智能化的居住环境为目标，以提高居民生活质量、营造舒适人居环境为出发点，合理运用先进的规划设计理念和设计手法，构建平面布局合理、配套设施完备、生活环境优美的现代化居住生活社区。

在规划设计方面，为凸现住宅品质，项目在小区空间布局上采用高层住宅与花园洋房相结合的规划模式。在社区中心，利用半地下阳光车库抬高地坪，形成1.5m高的景观平台，并在其上布置较高品质的花园洋房，提升整个住区的品质。精巧别致的洋房产品与小区内部景观相互渗透、融合，形成舒适的步行空间。在小区周边，围绕中心景观平台布置高层产品，层高由北向南、由两侧向中央跌落，形成丰富的天际线，从北区北侧26.5层过渡致南区南侧11.5层，高层视野广阔，以围合姿态烘托中央景观氛围，使园林资源得到最大化共享，形成丰富的空间感受。

在建筑形态设计方面，考虑楼群整体效果，强调社区整体的统一协调和韵律。花园洋房的立面定位为新古典建筑风格，其材质与色彩设计，采用首层局部基座、中部与上部的两段半式构成方式，并通过退台、露台的处理形成前后层次的变化。高层住宅立面采用底部、中部与上部的三段式构成方式，色彩及建筑元素与花园洋房相协调，形成丰富的天际轮廓线。

在环境规划方面，主要以中心步行景观带为主轴线，在中心花园洋房区南北两侧设计大面主题绿化区，各楼间形成小型绿化组团，小区外围设计0.6m高地形，形成点、线、面充分组合且相互渗透的绿化系统。

在交通停车设计方面，结合小区主要景观轴，活跃商业氛围，小区主要出入口设在北一西路两侧，沿府西二路各开一个小区次要出口。沿小区主路一侧设绿化植草砖停车带，地面停车约占总停车位的20%，其余车辆进入地下车库。

# 山东聊城中巨新城

ZHONGJU NEW CITY, LIAOCHENG, SHANDONG

主要设计人员　刘晓钟 吴静 高羚耀 程浩 赵楠

建设地点　山东聊城市东昌湖北侧，南临东昌路，东邻向阳路

项目类型　住宅 公建

合作设计方名称　山东聊城市规划设计院

总用地面积　49000m²

总建筑面积　208900m²

建筑层数　24层

建筑总高度　95.5m

主要建筑结构形式　框架 剪力墙

设计年份　2005

## 一、项目概况

中巨新城位于山东聊城市东昌湖北侧，总规划用地面积4.9万m²。项目定位为高档纯板式高层住宅区，辅以配套设施、地下车库和市政用房，总建筑面积20.19万m²。

## 二、规划理念

近年来，聊城市已经享有中国优秀旅游城市“江北水城”的美誉，并且成为具有较高知名度的旅游城市；当前国内二线城市的房地产市场发展迅猛，为项目开发创造了基础条件。在规划设计阶段，认为古城的历史文化背景和自然人文景观值得尊重和借鉴利用，规划要继续延伸“城中有湖，湖中抱城，城湖一体”的历史肌理。

由于项目在城市中独特的地段优越性，因此定位于高档住宅区，坚持走精细化“品质地产”的道路，也就是要实现“住宅可观、环境可赏、设施可用、服务可享”的目标。为此，在配套设施和社区服务方面，要以顶级品质标准，为城市高知、高雅的精英人士，营造独特优雅的生活体验空间；在园林营造中要实现建筑与立体园林完美结合，主动利用高差创造面向城市开放的园林。

在城市创造出具有特色、舒适怡人的城市居住环境，让居民意识到这是他们理想的住所，从而产生一种归属感和自豪感——这就是本次规划设计所追求的境界。同时，处理好稀缺土地建筑密度与建筑品质的关系，尽可能多地解决住宅需求，也是设计所要达到的目的。

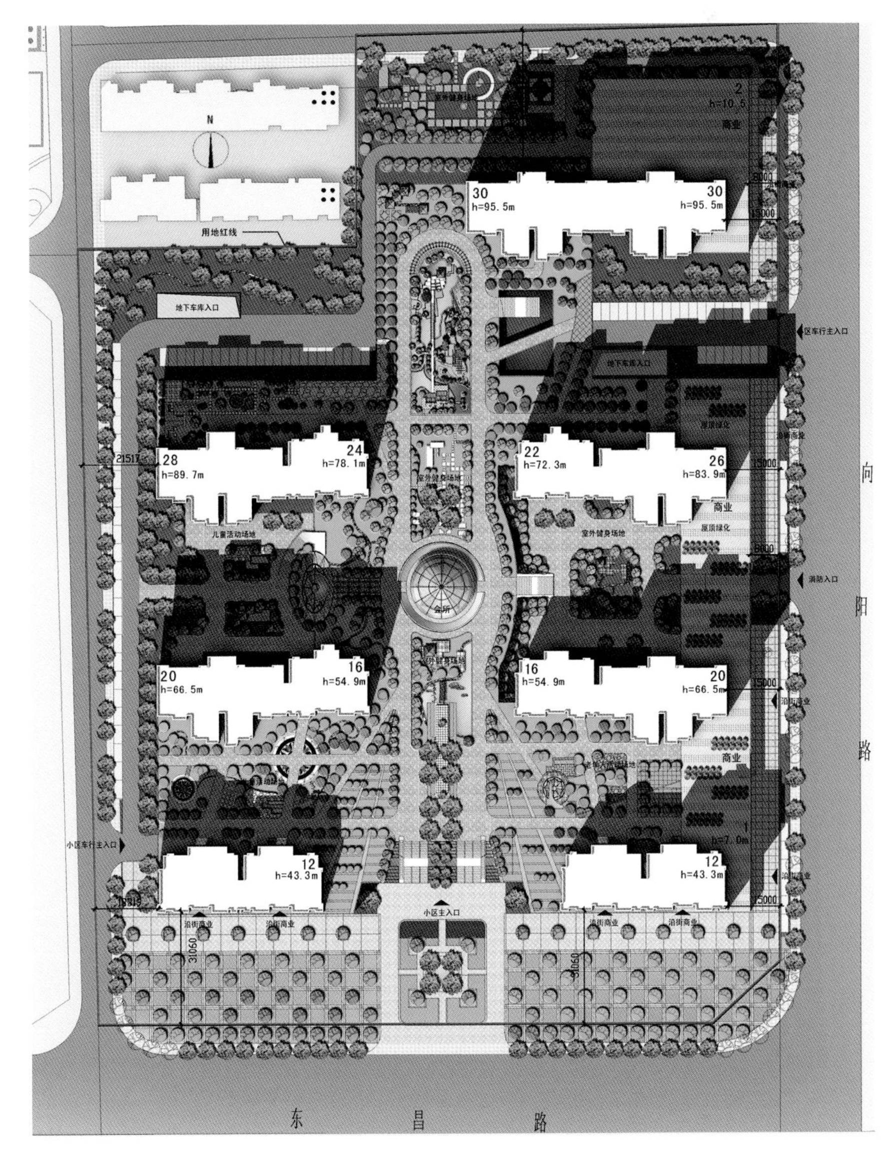

# 宁波银亿·上上城

TOP TOWN,YINCHUAN,NINGBO

**工程主持人** 刘晓钟 吴静 高羚耀 程浩
**主要设计人员** 丁倩 钟晓彤 赵楠 曲惠萍 孙翌博 周皓 马晓欧 范峥 陈晶
**合作设计方名称** 宁波中鼎设计院
**建设地点** 鄞州投资创业中心
**项目类型** 住宅
**总用地面积** 119200m$^2$
**总建筑面积** 218154m$^2$
**建筑层数** 3~18层
**建筑总高度** 11.7~55m
**主要建筑结构形式** 框架 剪力墙
**设计及竣工年份** 2007~2010

项目地处浙江省宁波市鄞州投资创业中心，项目规划设计以多样化的建筑形态语言诠释了宜居和绿色生态社区新概念，使一块沉寂的城市废弃地嬗变为新都市主义宜居社区。

## 一、主体规划结构

规划方案依据地块特征及交通分析做了一条南北向带形主要景观轴，作为小区的景观轴线。道路依托景观，根据不同的居住户型灵活地划分组团及分区，组团间用景观辅轴相隔，辅以景色各异的景观节点。通过道路及轴系景观联络，整个社区形成了点线结合、多轴带多点的小区景观结构。

绿化与水景相生。规划设计将住宅组团用轴线景观及水系进行划分，各个住宅组团又有各自独特的丘地景观特点，整个小区地貌深浅相宜。

空间布局。为了获得更好的居住质量与环境，规划中由南向北依次设置低层、小高层及高层。用地北侧沿城市道路布置18层的高层，形成社区的空间高点与屏障，形成较为疏松的空间，也阻隔交通噪声。

## 二、户型设计

小区户型设计包含三大类，整体设计以节能和提高户型品质作为宗旨。其中，面积在90m²以内的户型，以舒适型两居室和小三居为主，达到住宅总面积的70％以上。套型建筑面积在120～140m²的户型，以观景型大三居为主。东部结合水景及环境公共中心安排高档联排别墅。

## 三、功能分区

规划中功能结构分区的核心理念是：分区明确、各具特色、有机联系。

1．住宅区：利用水脉来创造向心型的公共环境，规划将居住区域内分布呈组团相抱，视野较为开阔，景色上佳。建筑高度错落有致。

2．公建和商业配套区：设计在用地西侧及北侧沿城市路设置公建区，以商业及超市为主；幼儿园因地制宜结合景观设在东北角，便于社区的利用。

布局主要立足于如下设想：既服务于本区住户，又可向外提供商业服务，以提高社会效益；形成本区的某种集中形态组织，不要过于分散，以免影响住居品质；以公建的形象提升区域的标识性；提供临景的公建休闲区域，提升居住层次和品质。

# 沈阳深航翡翠城
## FEICUI CITY, SHENYANG

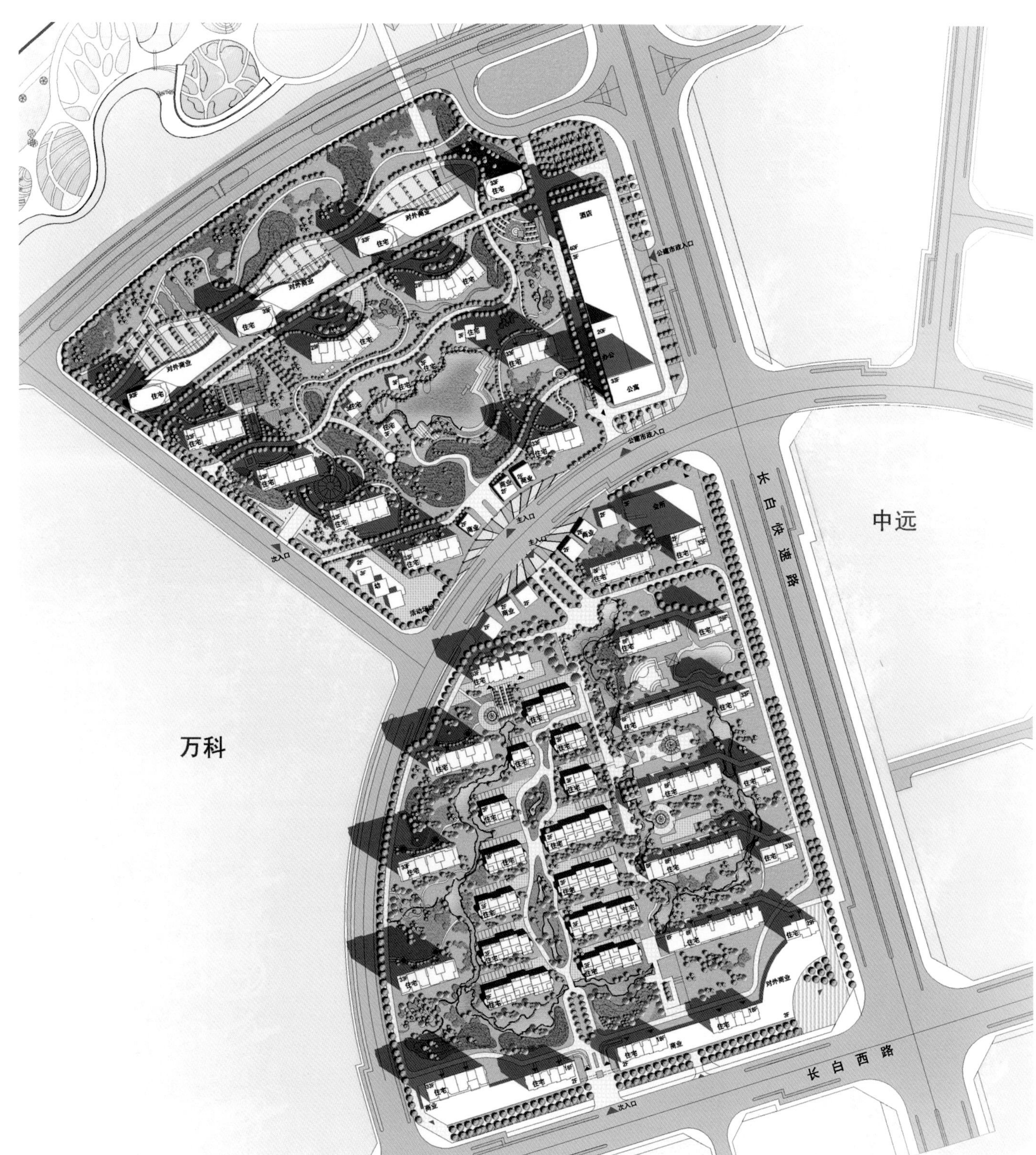


工程主持人 刘晓钟 朱蓉
主要设计人员 孙喆 王晨 钟晓彤 郭辉
金陵 孙翌博 曲惠萍
马晓欧 谭黎
建设地点 沈阳市和平区长白岛核心区域
项目类型 住宅
总用地面积 12.74hm$^2$
总建筑面积 305100m$^2$
建筑层数 33层
建筑总高度 100m
主要建筑结构形式 剪力墙
设计及竣工年份 2007～2009

项目地块位于沈阳市和平区浑河南岸长白岛开发区，距中心城区10分钟车程，约5km，是城市核心资源的主要辐射范围。地块北临浑河，通过工农桥与南京街相连、胜利桥与胜利街相连。西侧毗邻万科地块，东侧为沈苏快速干道，南侧为长白西路。

总占地面积21.75hm²。其中，一期用地12.74hm²，二期用地9.01hm²。建筑容积率为2.57。在设计中，分别从居住环境品质、土地资源利用及环境组织以及车流、人流系统三方面入手，力争使本案成为交通便捷、环境优美的地标性居住区。

通过多次方案的权衡比较，最终突破性地提出“将城市公园引入小区”的概念，留出3.7hm²的绿地，作为长白地区乃至沈阳市独一无二的规划设计风格，100％的住户能享受大绿地的景观，而且户户朝南。东部公建区对交通噪声的有效阻隔，使社区成为一个宁静优美的城市绿洲，极大提升了小区档次。同时也成为在高容积率下兼顾建筑与环境的设计典范。

江景这一稀缺资源的最大限度利用，是规划精心考虑的设计点。经过数轮方案的调整优化，最终方案江景塔楼间距超过80m，留出一条巨大的视觉走廊。对二期住宅，除沿江住宅270° 以上观江景之外，还能确保二期地块第二三排的85％的住户能直接看到江景，而且观景界面达到平均50m以上，对江景利用达到了最大化。

在规划上一期以联排别墅、多层叠院住宅为主要类型，饰以小桥流水，空间委婉，体现南方之婉约；二期以江景豪宅为主打产品，北观浑河，南看绿地，大空间大围合，体现北方之豪迈。在高容积率、高出房率的情况下，做到空间疏朗不压抑。

沿快速路临界界面，自南往北，起承转合，住宅楼体风格统一而又高低错落，形成丰富的立面形态。二期公建群由低到高，最后以最高的标志性的深航酒店作为结束。小区对外视觉完全开敞，道路绿化和小区绿化内外交融，互相渗透和借用。

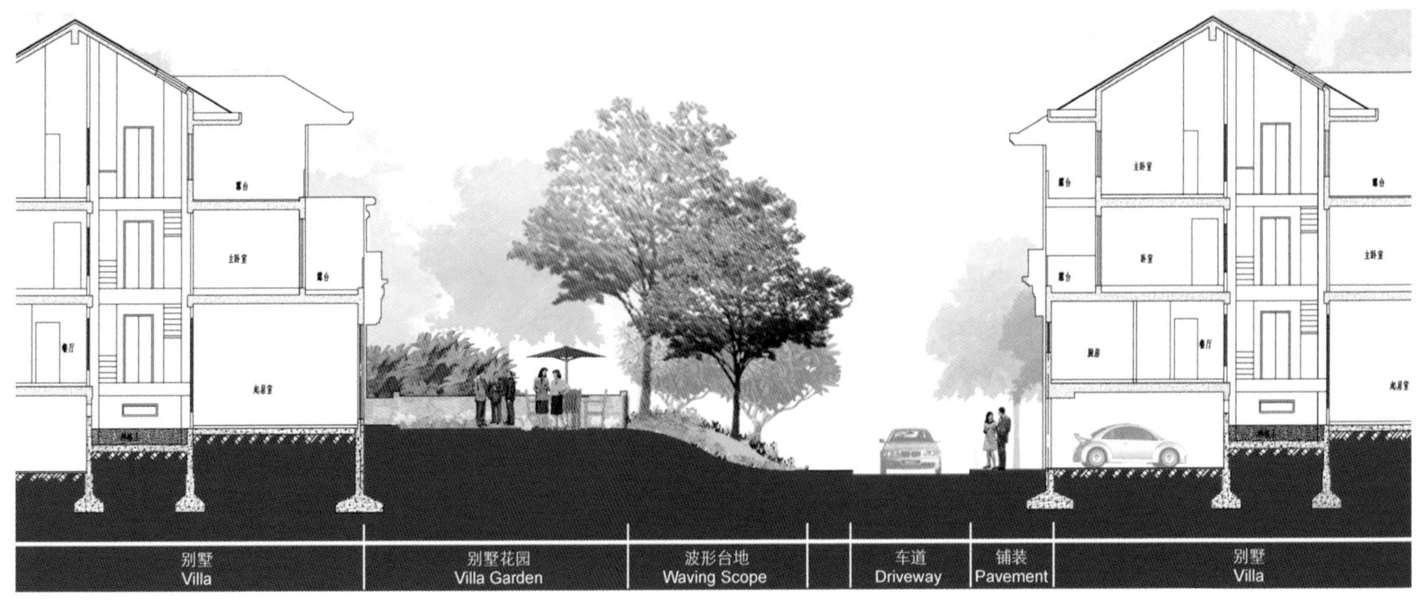

哈尔滨永泰香福汇
YONGTAI XIANGFUHUI, HARBIN

项目经理　刘晓钟

工程主持人　吴静 冯冰凌 朱蓉 张凤

主要设计人员　姜琳 石景琨 王健 姚溪 李扬 蔡兴玥 刘利 刘子明 郭姝

建设地点　哈尔滨香坊区幸福乡香福路以东哈城公路以北

项目类型　住宅 商业

总用地面积　332000m$^2$

总建筑面积　1550704m$^2$

建筑层数　32层

建筑总高度　100m

主要建筑结构形式　剪力墙

设计及竣工年份　2011～2012

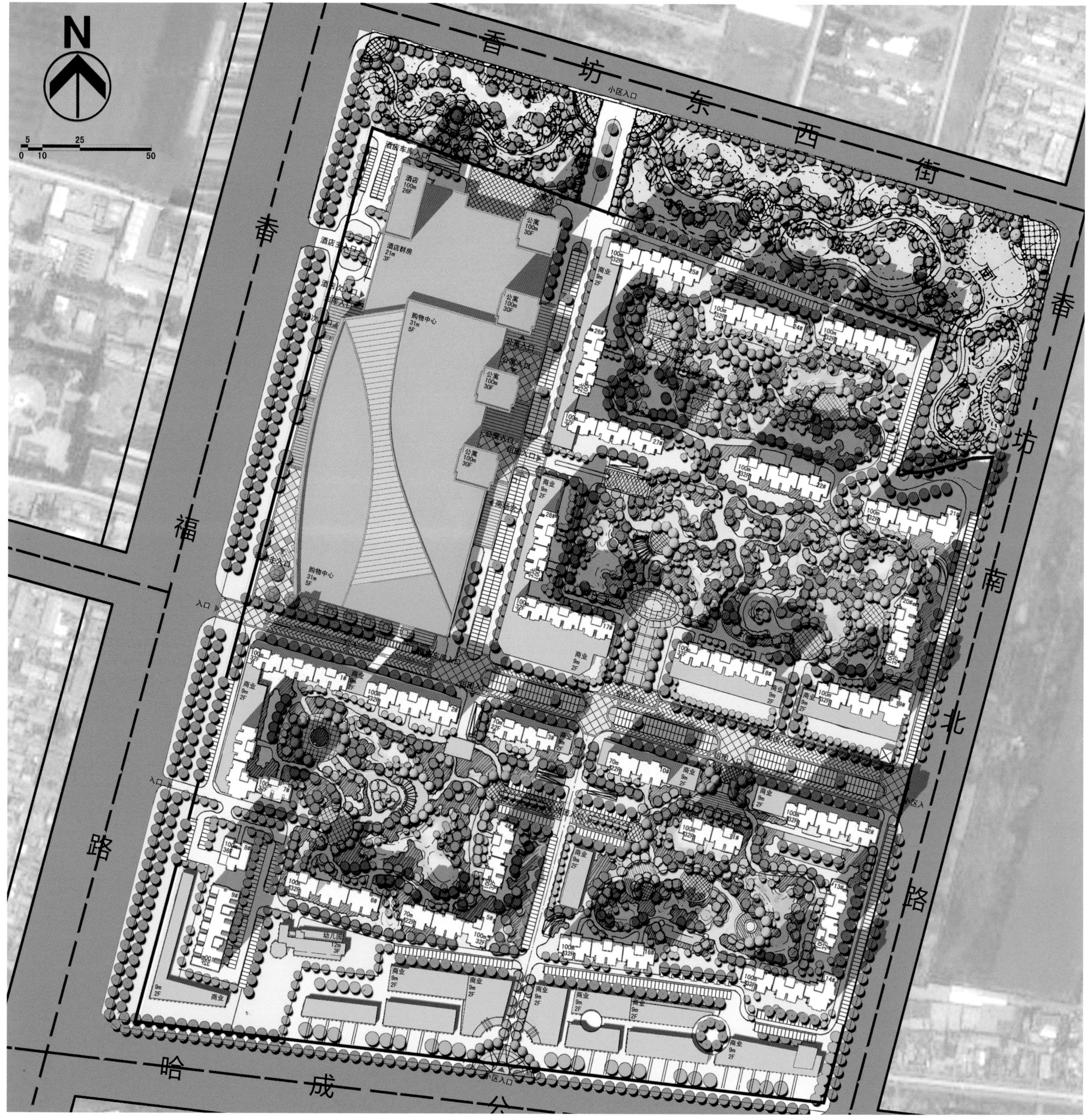
N
香坊东西街
香福路
香坊南北路
哈成公
小区入口
购物中心
酒店
公寓
商业
幼儿园

一、设计原则

1. 为整个居住区建立一套完美的“经络”，即道路、景观和空间的整体构架。项目的规划设计将诠释“综合性居住区”的全新理念。

2. 通过主要动态、静态空间的营造，定位整个居住小区的形象，提升居者的认同感、自豪感。

3. 在用地西侧、南侧沿街形成主要商业氛围，小区南北组团间形成东西向内部商业街及活动广场，避免对各组团内部产生干扰。

4. 坚持“以人为本”的理念，精心配置居住区环境的逐层肌里，通过组团整合，营造“大社区小家居”的亲和力和归属感。

二、总体规划构思

1. 根据《用地规划设计条件》，结合用地外部交通环境条件，将小区分为“动”，“静”两大部分。

2. 沿香福路、哈城路形成商业主轴线；住宅单体则尽量与商业脱离，均衡分布。

3. 规划将整个小区划分为四大组团，沿组团外围设计环形车行道，环形路网将各个组团串联;沿组团外围设计路边停车位，在各组团出入口处设计地下车库出入口，减少对组团内部影响，内部仅留消防车道，实现人车分流，形成安全的步行系统，创造安静的中心区域。

4. 高层住宅围合成大庭院景观，并设置各具特色的主题景观，形成开阔疏朗、丰富多变的小区天际线，塑造小区清新自然的整体形象。从尺度上营造出“大社区、小住区”的居住氛围。

5. 各栋高层建筑以南北向为主，辅以少量东西朝向建筑围合庭院空间，采光通风条件良好。

6. 各种小品和休息座椅点缀在小区各处，结合绿地、广场设置，交通便捷、服务距离均衡。

7. 市政设施站房或结合地下车库或高层建筑地下室安排。

8. 本项目在规划设计住宅的同时，为地区提供了教育、商业和文化娱乐、超市等，可以满足多种年龄层次的需求。幼儿园位于用地西南角自成区域，减少对住区内部居住环境的干扰并方便使用。

**三、景观规划构思**

主要设计构思是遵照建筑规划的整体思想，根据景观用地需求，设计了三条主景观轴穿插其中，通过景观形态的设计，使整个场地景观有机的组合起来，达到主题与形式的有机统一，从而来提升小区的“品牌价值”。

1. 景观园林

中心景观强调南北中轴线,并向周边组团发散,构园主次分明、条理清晰。在表达中轴的同时开辟极富娱乐功能的小空间，满足不同的使用需要，使园林功能复合化。

2. 景观广场

联系南北组团的东西向商业街，在中心处形成可提供多种活动的景观广场，使商业街在设计结构上形成变化。

3. 商业、配套公建空间的处理

整个商业街道设计统一连续的铺装形式，设置一些树荫下的休闲、咖啡座等场所，对商业部分，在各种环境材料的运用上突出商业氛围。

4. 主入口及林荫道

各主入口分别做了重点处理，序列圆形景观场地做为视觉焦点。规划中保留部分原有林荫道树木，使小区在建成之初即可享受成数效果。

5. 绿化停车

地上停车均按双层机械停车位设计，车位采用植草砖绿化形式，并配以等株距树阵。

# 松北世茂府建筑·景观设计

SONGBEI MANSION, ARCHITECTURE & LANDSCAPE DESIGN

**工程主持人** 刘晓钟 张立军
**主要设计人员** 钟晓彤 李扬 姚溪 褚爽然 王超
**景观工程主持人** 刘子明
**景观主要设计人** 尹迎 郭姝 王路路 卜映升 赵丽颖 杨忆妍 莫定波 王钊
**建设地点** 哈尔滨松北世贸大道
**项目类型** 住宅 公建
**总用地面积** 10.3hm$^2$
**总建筑面积** 约250000m$^2$
**建筑层数** 33层
**建筑总高度** 100m
**主要建筑结构形式** 现浇混凝土
**景观面积** 约82000m$^2$
**设计年份** 2011，景观设计 2012

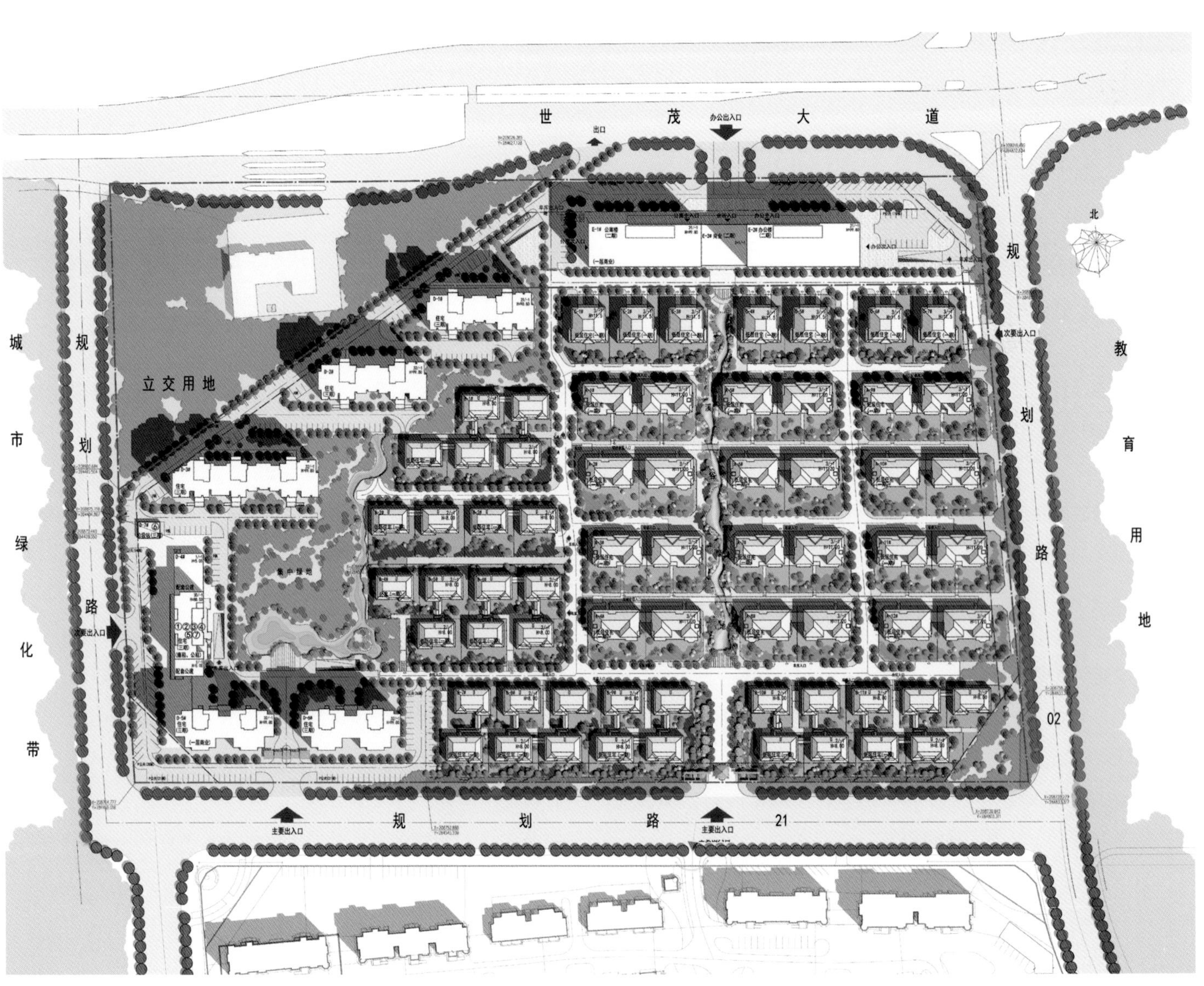

### 新古典建筑风格

建筑立面以新古典建筑风格为基础，并在材质、色彩与细节上吸纳中式建筑精髓，整体气质更加典雅、大气。

建筑首层及局部二层采用米黄色石材，材质沉稳端庄。壁柱以铜质壁灯做装饰，配合精雕细琢的浮雕、线脚，凸显建筑的精致感。

上部墙身采用质感涂料，窗套、百叶等重点装饰部位辅以仿木质构件，表达细腻质感，并衬托石材基座的厚重沉稳。

屋顶采用四坡顶大挑檐的设计，展现舒展的建筑体量，打造分明的光影关系。

庭院景观以中式园林为主题，着重打造入口空间序列，点缀中式小品，营造庭院意境。

### 新中式风格

建筑立面以现代建筑的简洁秩序感为基础，而

在材质、色彩与细节上则吸纳中式建筑精髓，更在主立面上强调中部的传统梁柱结构，使得整体气质简洁中流露中式韵味。

建筑整体采用灰砖与棕木的材质搭配，色彩和谐，形成整体的细腻质感。

建筑首层采用白色汉白玉，材质沉稳端庄。配合精雕细琢的浮雕、线脚，凸显建筑的精致感。

屋顶采用四坡顶大挑檐的设计，灰瓦铺就。又在檐口处辅以中式构件。在展现舒展体量的同时体现中式韵味。

庭院景观以中式园林为主题，着重打造入口空间序列，点缀中式小品，营造庭院意境。

### 中式院落大门

“门”作为宅院礼仪空间序列的开端，象征主人身份地位，彰显家族荣耀。对大宅门户形象的诠释，我们采用中国北方传统四合院大门为设计原型，并以现代手法提炼其精神内核，传达门第印象。

大门总尺寸为5m高、8m宽，端庄大气。主体材料以灰色石

材与紫铜构件代替传统的砖木组合，整体形象更加厚重沉稳。

对于现代感的表达，屋檐、椽子、平枋、壁柱、壁灯以及门两侧的雕饰采用紫铜与黄铜打造，附时代气息而不失文化韵味。

对于传统工艺的体现，青石阶、柚木门、抱鼓石、柱基浮雕等部位采用传统形式精雕细琢，量身定制，彰显主人的品位与喜好。

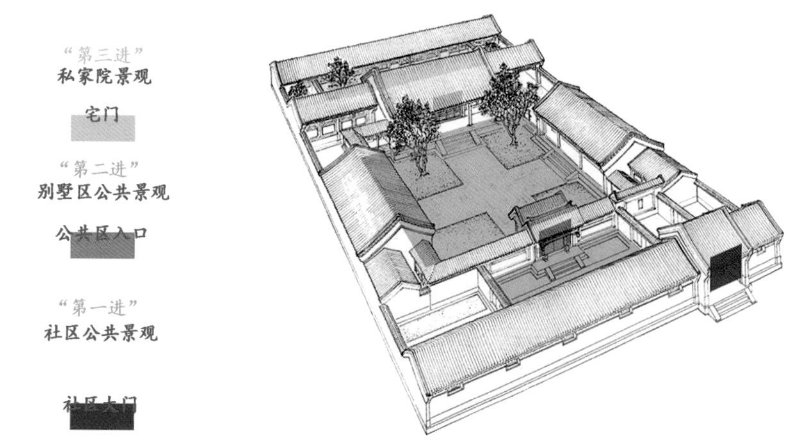


### 景观设计理念：

景观设计以充分体现人与自然和谐互动为目标，借鉴我国传统的造园思想，采用现代的景观设计手法，将传统中的精华提炼出来与现代人的生活模式有机融合，以期可以营造出适合中国人居住的传统居住环境，又可符合现代人的生活习惯的新中式别墅院落 。

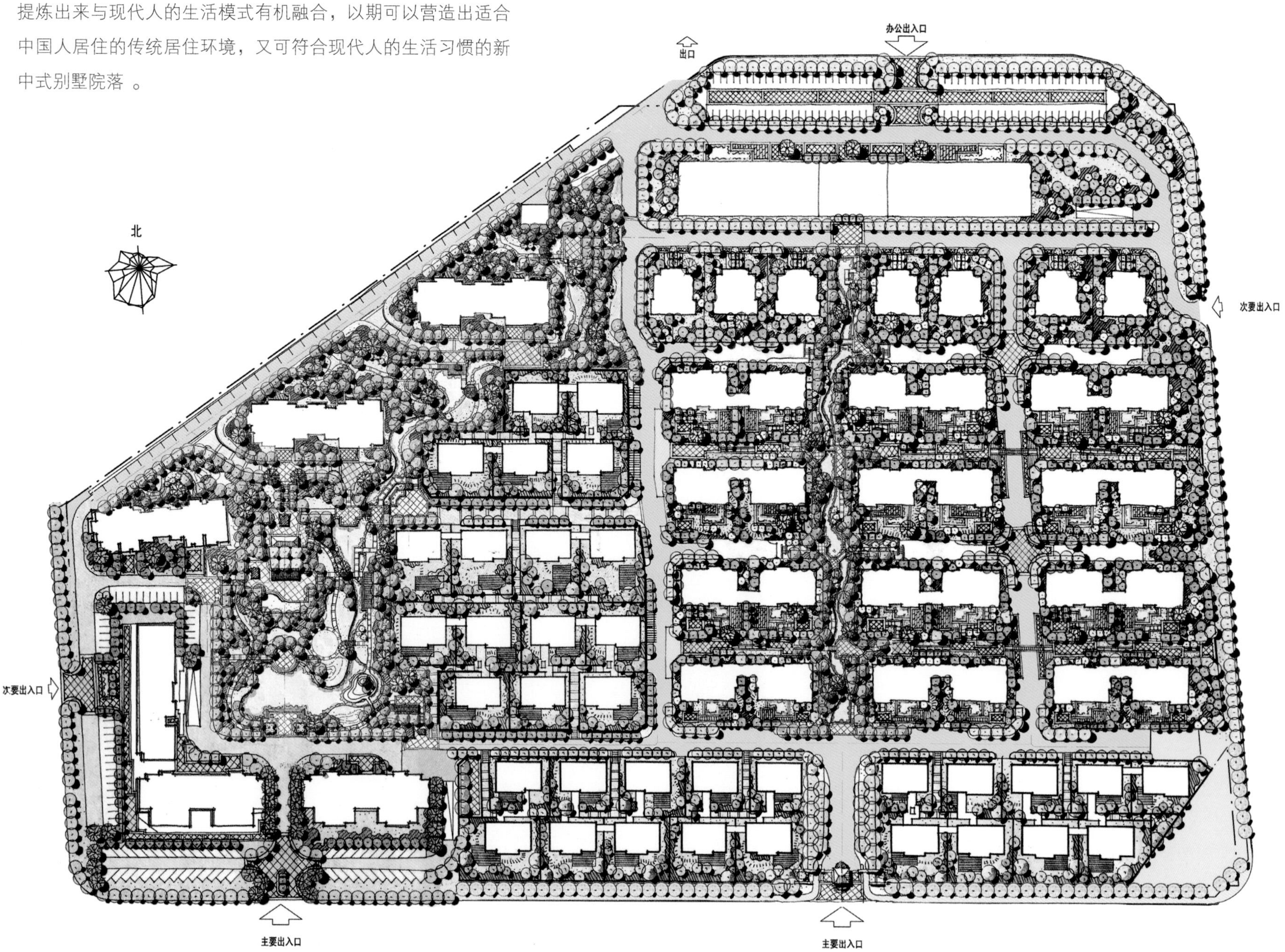

**景观设计特点：**

注重景观设计细节，突显豪宅气质。

别墅区景观格局赋予三进院子的理念，将传统的空间形式重新挖掘重新演绎，三进礼序及精致的细节设计彰显了领地的尊贵感，并创造出富有不同功能及层级的景观空间。

充分考虑地域性的因素，通过对水文化景观的谨慎设计，设计不同季象的水，中心水系以"玉一如一意"为设计理念，赋予整个别墅区更为清雅、淡泊的人文魅力。

传统与现代相结合的设计理念，试图以现代的设计手法打造出富有传统文化底蕴同时又适宜现代人居住的景观空间。

1."第一进"入口大门

作为三进礼序第一进的入口大门，采用新中式建筑风格，既在材质等方面与住宅建筑相协调，又在样式细节等方面体现府邸入口的大气风范。

通道分为车型路和人行路两部分，人行路上种植双向共四排大乔木，使入口档次提升；人行道除满足行人通行功能外。局部进行放大处理，形成可供人停留休息的林下小空间。同时通过各种细节和园林小品来丰富通道的景观及内涵。

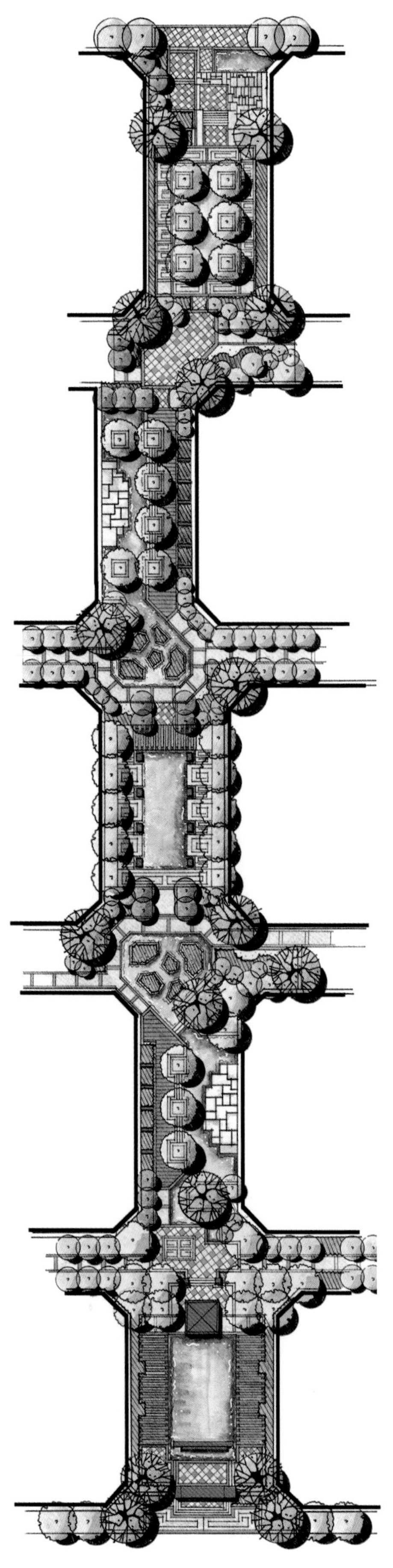

2."第二进" 中心水系

中心水系以"玉一如一意"为独具匠心的设计理念。"玉"具有"仁、义、智、勇、洁"的美好品性，古人君子时刻佩玉，用玉的品性要求自己，孔子也曾曰"君子比德于玉焉，温润而泽仁也 "。而"如意"作为我国自古以来象征吉祥的工艺制品，是皇室以及富贵之家把玩及相互馈赠的贵重礼物，象征"吉祥如意、幸福来临"。中心水系以"玉一如一意"为设计理念，一方面赋予整个别墅区更为清雅、淡泊的人文魅力，同时也蕴含着对未来业主的深深祝福。

整条水体南北高差1.2m，北高南低，通过台阶的连接使各景观空间逐层抬升，寓意步步高升。中心水系各景观空间布置有或窄或宽、或静或动的水景，各水景之间相互独立，便于后期管理维护，但在视觉上形成连贯的整体性，强化“水系”的概念，同时兼顾季节性水景效果处理无水的冬季景观效果。

细节上增加大量中式元素，使整体氛围更具有东方韵味。

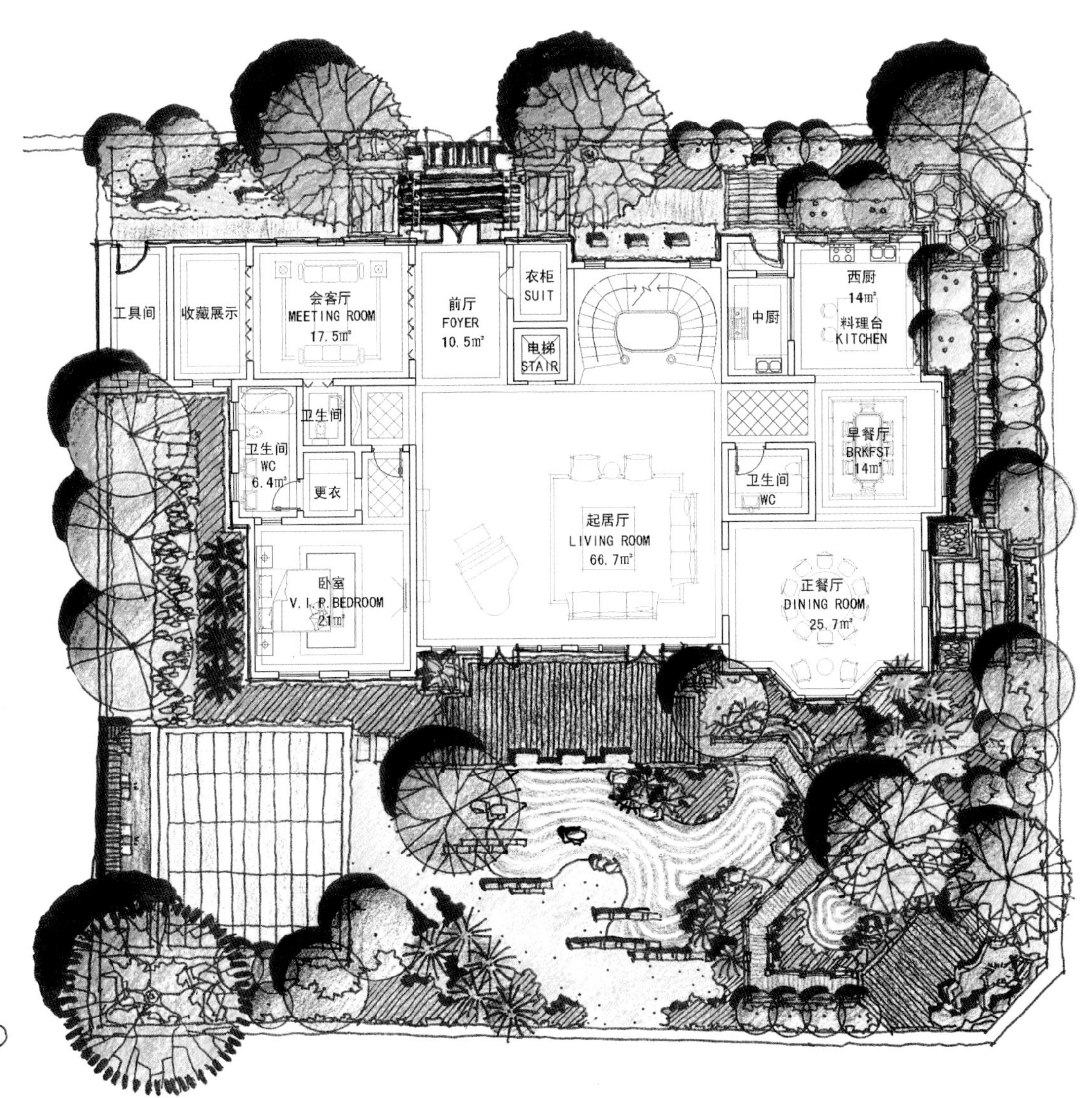

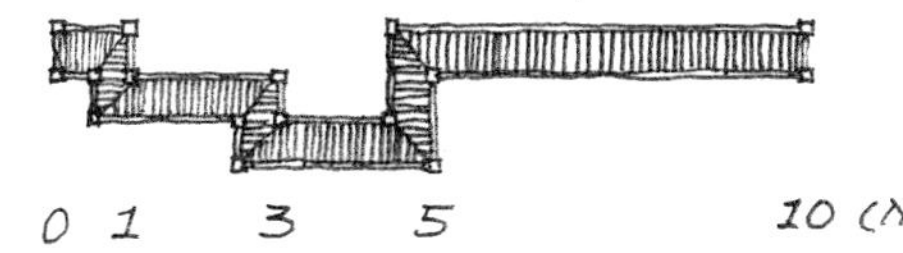

3. “第三进”私家宅院

第三进特指私家宅院，通过新中式宅门的设计体现尊贵感和品质感，2.2m高的院墙保证其私密性，合理利用分散的狭小空间，通过带有中式元素的特色空间将室内休闲空间延伸到室外，使人们既能享受到户外家庭阳光亦能在室内观赏到典雅的景致。

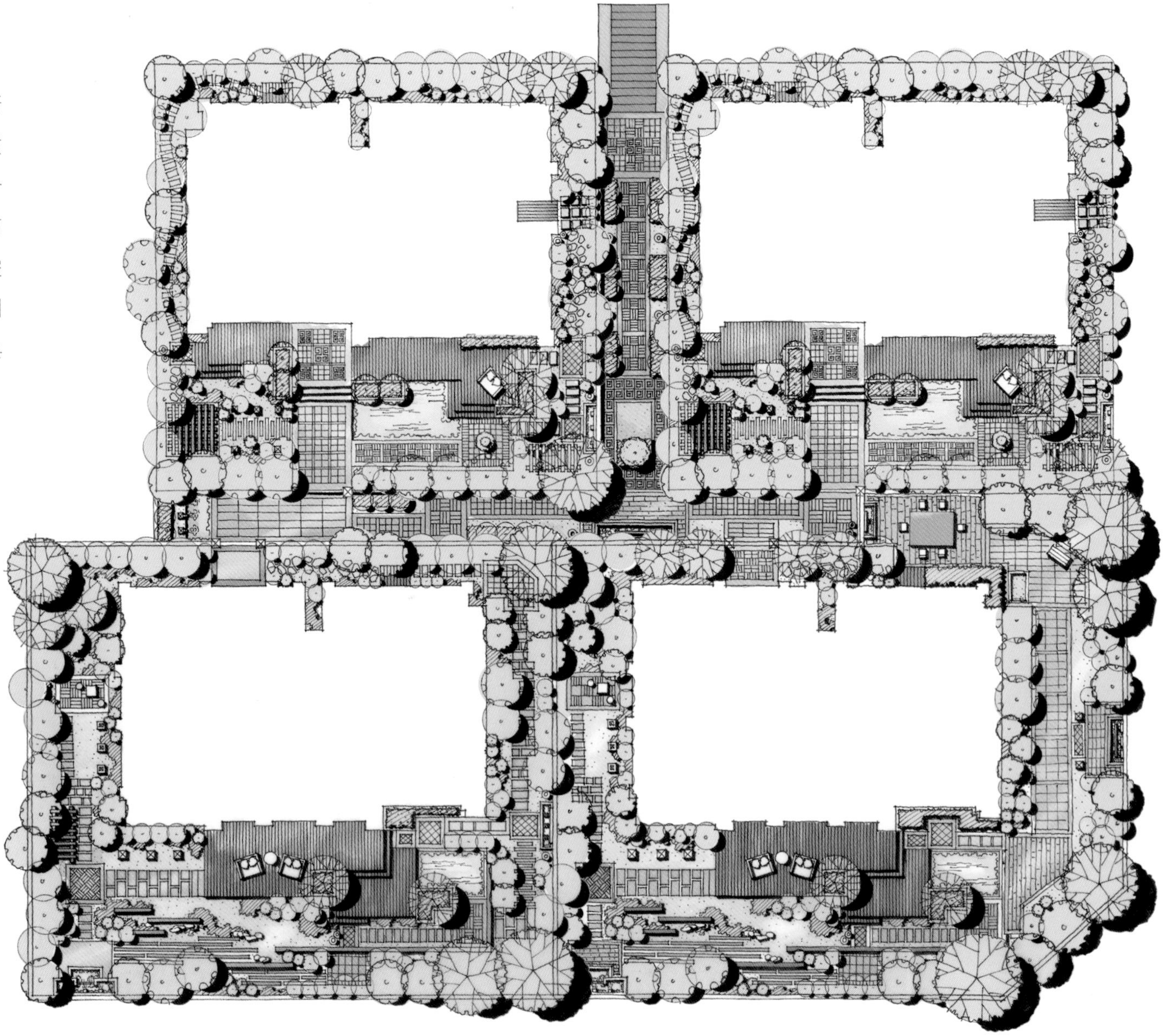

4. 公共区域景观

丰富的竖向关系给设计增加了难度同时也提供了搭建丰富层次、丰富景观空间的平台。私家宅院入户街巷入口突出台阶的层级感，矮墙花池与植物的搭配突显台地的景观效果。下层车行空间景观效果主要以植物的搭配，通过植物遮挡与访客停车位棚架的设置，合理解决6.8m高围墙的生硬感。

# 武汉贺家墩村C包K2-K3-K6地块

# HE JIA DUN K2-K3-K6 PLOT, WUHAN

**项目经理** 刘晓钟 尚曦沐
**工程主持人** 尚曦沐 胡育梅
**主要设计人员** K2张羽 金陵 王健 庞鲁新 张庆立 欧阳文 李世冲 左翀
K3孙喆 刘昀 张庆立 欧阳文 杨秀峰 张亚洲 李秋实 左翀
K6刘昀 金陵 欧阳文 马健强 张羽 孙喆 杨秀峰 李世冲
**建设地点** 武汉市江汉区贺家墩
**项目类型** 住宅 办公
**总用地面积** 27222.88m$^2$
**总建筑面积** 185960m$^2$
**建筑层数** 24～48层
**建筑总高度** 100～140m
**主要建筑结构形式** 钢筋混凝土框架剪力墙
**设计年份** 2015

项目位于湖北省武汉市江汉区，毗邻汉口火车站和机场高速，地处进入武汉的门户位置。

规划设计充分利用场地宽度和长度，沿街布置商业，形成开放城市界面，提升地块沿街价值。主楼沿常青路城市主干道，打造良好的城市空间形象。

立面采用现代简洁设计手法，在体形上采用化整为零——利用体形穿插、错动减小尺度以融入环境；再化零为整——将多变的体形以统一的设计手法形成独特的建筑形象；通过主楼形体的分割、错动和立面材质的虚实对比使得南北主立面形体高耸，和周边高耸的超高层住宅形成一致的城市界面，融入到城市中去。同时高耸的南北立面成为沿常青路和二环线高架的重要身成为江汉区的区域性地标建筑。

# 银川华雁香溪美地建筑·景观设计

STREAM MELODY, ARCHITECTURE & LANDSCAPE DESIGN, YINCHUAN

**工程主持人** 刘晓钟 吴静 高羚耀 周皓 程浩
**建筑主要设计人员** 张建荣 王晨 钟晓彤 孙喆 孙维 姚溪 贾骏 王腾 马晓欧 张妮 刘欣
**景观工程主持人** 刘子明
**景观主要设计人员** 尹迎 李文静 赵丽颖 莫定波 王路路 喻凯
**建设地点** 银川市金凤区南部
**项目类型** 住宅
**总用地面积** 846100m$^2$
**总建筑面积** 1348469m$^2$
**建筑层数** 2～24层
**建筑总高度** 7.9～76.1m
**主要建筑结构形式** 剪力墙
**设计及竣工年份** 2009.12～2012.12

## 一、方案创意

规划方案灵感来自树叶的叶脉，网络状的叶脉使得叶子的每个细胞都能汲取到营养。潺潺的溪水流经各家住户门前，家家户户都溪水环绕，都能观景亲水。总平面布局效仿地中海沿岸的法国南方Port-Grimaud小镇，溪水与住宅片区半岛指状穿插，每个半岛自然的形成一个小区组团，都有自己的独特的建筑特色和景观特点。小区中心布置中央景观水系，串联各分支溪流。

各地块以中央水系为中心，向地块周边布置低层、多层、小高层和高层住宅，沿中央水系形成近、中、远景层次错落的空间，中心景观层次丰富，移步换景。规划充分利用坡地这种微地形的地貌与原生态的自然资源，创建生态建筑群落，让建筑充分享受自然的眷顾，让人和建筑与自然完美融合。建筑优雅地矗立在溪畔，任溪水静静地流淌在它的视线内，错落有致。

总体规划基于户户朝南，所有的建筑都有景可看的原则规划布局，其小高层和花园洋房采用别墅的设计理念，将亲地大院的人居体验在空中完美复兴，超大生态入户花园，自然、生态、人文景观汇集一身，在繁华中专享绿洲般的宁静，在城市中奢享自然的温情。

## 二、组团分块与功能布局

项目依城市道路和已有天然景观水系自然分为A、B、C、D四个地块。A、B地块与C、D地块分别位于城市主干道永安大街的东西两侧，故A、B地块有规划中的艾依河水系穿过基地，两地块之间规划商业街，C、D以现有的景观水道自然分为南北两岸。

A地块以中央水系为景观中心，布置高层；周边布置以小高层为主打户型，加大楼间距，布置花园。内部在次入口附近设置滨水商业步行街，环境优雅。幼儿园位于基地东南角，靠近次入口处。

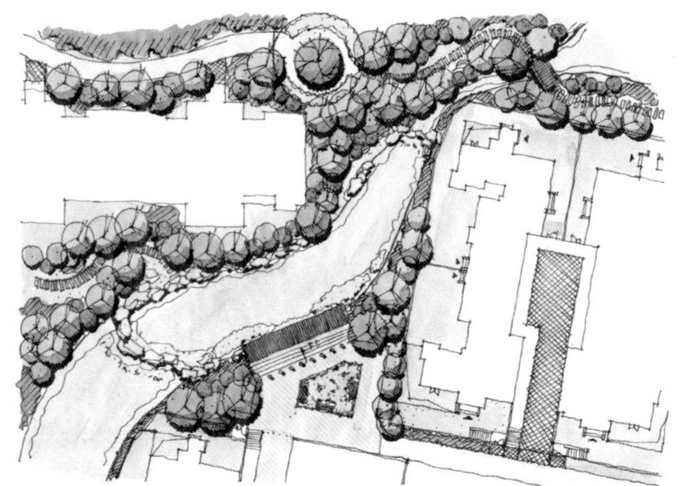

B地块以各自区块内的水系为中心景观，中心低，周边缓缓升高，形成沿水系两岸“青山相对出”的建筑意象。水系开发以半岛水系为主体，中央形成扩大水系，半岛建筑以花园洋房为主体，在中央水系旁点缀少量联排住宅，周边布置高层住宅。商业建筑都设置在北边主入口处，在售楼时期为售楼部，在小区投入运行后底层为小区零散商业，上层为物业管理中心。

C、D地块以分隔其地块的现有景观水道为中央景观，同样形成中间低，周边高的布局。从中央水道引出分支水系，贯穿C、D地块的各个区域，形成半岛和完整小岛。靠近中央水道布置双拼别墅或联排别墅，往基地周边道路方向依次是叠拼、多层或高层。会所位于北侧主入口处，售楼期间可兼做售楼部。

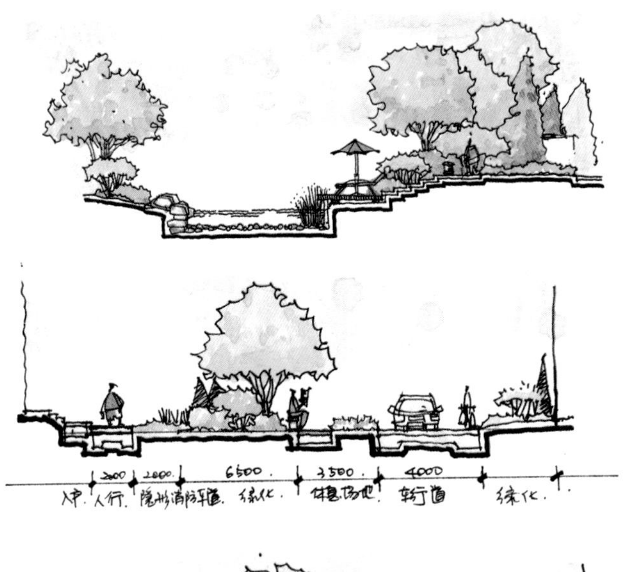


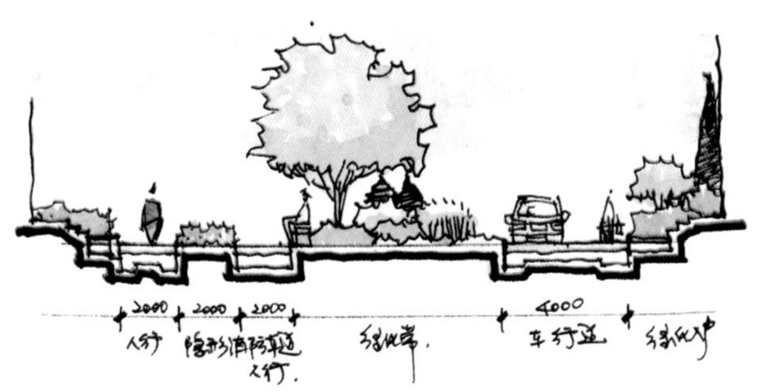


## 三、交通组织

各地块采用人车分流的环形交通系统，周边停车，中间是景观和步行系统。道路分为三个等级，各小区基地内部周边环形道路宽度为7米，组团道路宽度为4.5米，人行绿化区内步行道以1.5米为主。在出入口人流集中的地方，道路宽度适当放大，道路交汇处适当放大成为小型广场。社区中的步行道灵活处理，曲径通幽，连接小区内各个组团和中心绿地。

## 四、景观设计说明

公共景观分以下三个层次来设计：城市外部水系的借景；社区内部绿化体系的构建；空中花园的多维视角。

## 五、各地块建筑风格特点和主要街区建筑风格

各地块建筑风格迥异，首先开发的B地块以当地居民喜爱的建筑特点鲜明的地道的地中海风情建筑为主，A地块以几种不同特色的现代简约风格建筑搭配组合，C、D地块低层和多层建筑居多，则采用新中式风格。各地块小区入口商业和会所采用本区域的建筑特色。商业街采取现代简约风格。

各地块岸上建筑色彩分明，人文名胜参差而立，倒映河中，与河面交相辉映，显得恬静而默契，从而打造出一个绿脉、人脉、水脉、文脉紧密结合，并融功能、景观、文化于一体的宁静、祥和、幽雅的风情建筑和园林环境。

# 银川吉泰·润园

# JITAI RUNYUAN, YINCHUAN

**工程主持人** 刘晓钟 吴静 王鹏
**主要设计人员** 毕均健 姜琳 王晨 褚爽然 王晓东
**建设地点** 银川市金凤区清水湾
**项目类型** 住宅
**总用地面积** 120000m²
**总建筑面积** 201800m²
**建筑层数** 5～19层
**建筑总高度** 60m
**主要建筑结构形式** 剪力墙
**设计及竣工年份** 2008～2013

清水湾吉泰·润园项目位于银川市金凤区清水湾，处在城市新区的南北向绿化主轴的中部枢纽位置。清水湾居住区是由三家开发单位共同开发的中高档住宅区，总建筑规模近百万平方米。项目属于清水湾居住区的一部分。在银川市政府领导和规划管理部门的主持下，清水湾居住区的规划建设遵循了“统一规划、分区开发”的原则，并由北京市建筑设计院协调完善全区的交通路网、空间高点布局和建筑轮廓线、小区绿化水系和建筑风格等规划主题。

根据本工程基地东西向狭长的特点，结合总体的统一规划及内外交通环境，规划分为三个组团分期建设。

一、二期组团以花园洋房和普通多层住宅为主，兼有板式和点式小高层住宅，形成多层组团；组团内建筑与景观点交错布置，空间意趣盎然，将成为内向型的静谧居住空间。东侧沿河布置短板高层，错落有致，形成富有变化的城市天际线，与河景交相辉映；内部为多层住宅及高品质的花园洋房，塑造内部优质的居住景观。

三期配合沿河商业空间营造出舒适的休闲购物空间。组团依托优质的内部景观和外部丰富的生态资源，将成为工程开发时序的“浑厚有力的尾声”。

园林景观设计主题是住宅组团内部营造“精细尺度的微地形绿化和理水景观”，与滨水组团的瞰水景观互补。结合银川当地降水量少的气候特点，景观用水采用市政再生水结合自然水系的补充方式。

在充分考虑了市场需求和银川当地政策的情况下，决定全部采用一梯两户板式布局。

设计中强调采光和通风的重要性，每户主要房间（起居厅、主卧室等）都能得到南向的采光。起居厅和餐厅（北向采光带阳台）形成连贯空间。

设计中兼顾舒适性和经济性。压缩走道等交通面积，合理划分动静和洁污分区，巧妙安排储藏空间，提高套型建筑面积使用系数。

在毗邻水岸、核心景观地带，安排以二居室、三居室为主力中大套型。

建筑风格定位在“新城市主义风格”，融入新古典主义手法及银川本土特色等设计元素（体现在园林景观和围墙、栏杆等方面）；这与清水湾其他住宅子项目的建筑风格既取得统一，又通过精细化的设计手法使本工程的高端品质得到突出。

# 银川湖畔嘉苑

LAKESIDE JIA YUAN,YINCHUAN

项目经理　刘晓钟
工程主持人　吴静 高羚耀 程浩
主要设计人员　孟欣 张建荣 钟晓彤 陈晓悦 李端端 陈晶
戚军 周皓 孙文博 贾骏 王昊 惠勇
建设地点　宁夏银川市
项目类型　住宅
总用地面积　96.6hm$^2$
总建筑面积　137.5hm$^2$
建筑层数层　2～18
建筑总高度　53.7m
主要建筑结构形式　框架 剪力墙
设计及竣工年份　2005年～2012年

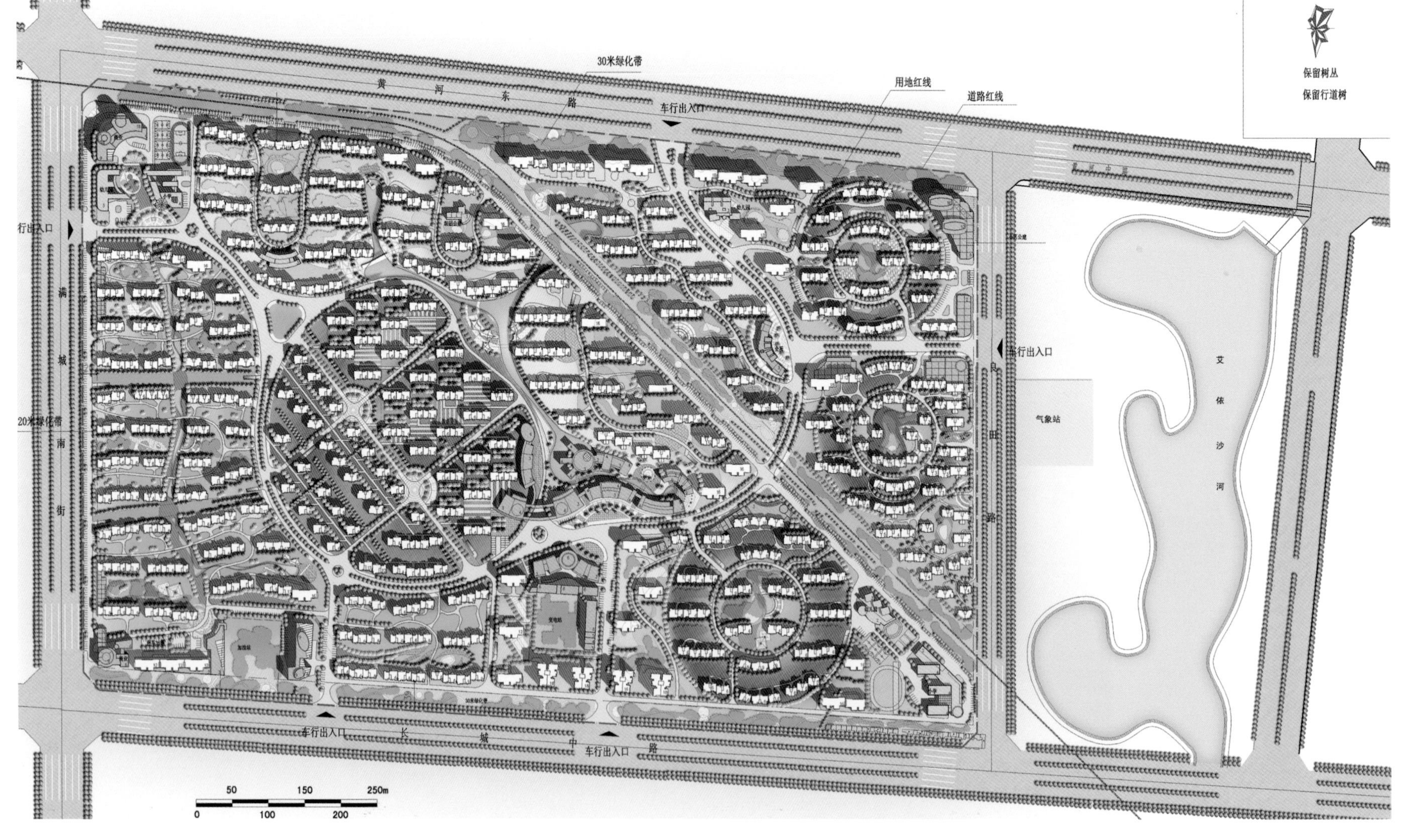

## 工程概况

银川市集中统建区直单位经济适用住房项目地块位于政府的西南侧，西邻满城南街，北临黄河东路，南至长城中路，东至良田路。总规划用地面积98.00万$m^2$（含代征绿化带和铁路用地）。

项目定位为纯板式多层和小高层住宅区，同时辅以商业、配套设施、地下车库。总建筑面积：环线方案：118.08万$m^2$、一线方案120.43万$m^2$。区内配套公建：环线方案5.41万$m^2$、一线方案5.61万$m^2$。非配套公建：环线方案18.33万$m^2$、一线方案18.33万$m^2$。设两所小学，其中一所为九年一贯制学校；设四所托幼。

用地三面为城市代征绿化带，其中退黄河东路30~50m，退长城中路30m，退满城南街20m，同时铁路两侧各退20m绿化带，以上退线距离为甲方要求。绿化带内设地上停车位。

## 户型设计

住宅采用一梯两户板式布局。户型设计强调采光和通风的重要性，每户主要房间（起居厅、主卧室等）都能得到南向的采光。起居厅和餐厅（北向采光带阳台）形成连贯空间，有利于通风，每户的卫生间至少有一个明间。

户型设计同时强调舒适性和经济性。在保障舒适度的前提下压缩走道交通面积，合理划分，动静分区、洁污分区，巧妙安排储藏空间，提高房型使用系数和得房率。细部设计推敲深入细致，结合立面开窗形式考虑空调机位的设置。户型充分考虑了市场需求，以二居室、三居室为主力户型，同时包含四居室、跃层复式、情景洋房等多种户型。单体平面考虑用户二次装修使用的灵

活性要求，采用剪力墙大开间布局．顶层结合市场和规划需要设计了部分跃层户型。在核心景观地带，毗邻绿地、水岸特别安排了四居室和端头三居室等大户型。

### 会所、商业建筑设计

会所建筑位于良田路入口道路与居住区主路交汇处，密切结合此处地界，巧妙组合在一起并结合带形的水景绿化，自然形成小区的入口空间。这一布局为小区商业文化设施实现更广服务提供了优越条件。

商业建筑呈曲线状，檐廊空间相互搭接形成了既围又透的过渡空间，并结合了中心水景，结合音乐喷泉和木质的临水平台，形成了富有滨水特色的休闲空间。商业建筑内在邻街面布置了小型超市，临水及二层设置了餐饮和茶座，小区内部道路一侧则布置了邮政、储蓄等服务设施。两

座建筑的材料和结构方式相同，都是以砖石和大片的玻璃幕墙结合形成虚实有致的空间，整个商业会所和水景一体设计将小区的核心景观同入口连缀起来，形成了步移景换的效果。

### 建筑风格与造型

建筑风格定位融入了现代主义手法、Art-deco 风格、银川本土特色等设计元素，传承了传统的内涵，并有一定的创新。

建筑设计采用现代主义手法，通过色彩、材料、细部等精细设计，创造一种温和、典雅的居住气氛，同时又不失现代、简洁、明快的风格。南向阳台统一封闭成阳光室，增加生活情趣，防止用户自行破坏立面。

# 公建

PUBLIC
BUILDING

# 青岛国际贸易中心

# INTERNATIONAL TRADE CENTRE, QINGDAO

**项目经理** 刘晓钟
**建筑工程主持人** 刘晓钟 王琦 胡育梅 尚曦沐 吴静
**主要设计人员** 崔伟 王亚峰 徐超 孙喆 张羽 金陵 张亚洲 杨凤燕 李端端
**合作设计方名称** 德国GMP设计公司、青岛北洋设计院
**建设地点** 青岛市香港中路与山东路交汇处
**项目类型** 城市综合体
**总用地面积** 59942m$^2$
**总建筑面积** 335325.8m$^2$
**建筑层数** 45～50层
**建筑总高度** 237.9m
**主要建筑结构形式** 框架核心筒
**设计及竣工年份** 2008～2012

青岛以其卓越的自然环境，特有的“山、海、城”景象，各具特色的历史文化风貌，近现代优秀建筑，优美的海滨轮廓线，形成独特的城市景观。市区南部滨海带，地形北高南低，风景优美，空气清新，气候宜人，是著名的游览区和旅游胜地。

项目位于香港中路与山东路的交汇处，地理位置十分优越，堪称“钻石地段”。项目包括高端写字办公楼、国际标准五星级酒店、高档住宅公寓及面向半岛城市群、国内外游客和青岛市中高档收入消费群体的商业、餐饮、休闲娱乐场所等。设计的指导思想是将青岛国际贸易中心设计成集零售、餐饮、休闲、办公、居住等诸多功能于一体的大规模、综合性、现代化、高品质、国际标准的“城市综合体”，体现现代商业文明，成为市南区香港路地区的标志性建筑和新的城市亮点。

各功能分配在3座相对修长的塔楼内；建筑在不同楼层上凹凸起伏，在空间上形成非常丰富的层次感。高层建筑各侧安装的竖板更强调了这种竖向的建筑外观，形成了建筑体量方面的高可塑度。北面两座高层的顶端采用错落的布局，形成高耸的尖顶，为整个建筑增添了毋庸置疑的个性。同时，由于青岛的高层建筑普遍采用此类尖顶，项目得以和城市的天际线建立了相应的关系。建筑内部的多种功能设施、整个建筑项目的规模及其建筑外形明确地确立了项目作为青岛CBD核心的显要地位。

项目实施了一个朝向道路交叉口开放的广场，并将广场延续到山东路的东侧。设计通过两座塔楼的布局，创造出一个具有高度标志性的空间，并为两座塔楼提供了宜人的城市环境和充分的车道空间。同时，双塔也被界定在了一个具有高度代表性的空间内——既能提供舒适的城市尺度，又能对整体的超高层建筑物形成足够的空间约束力。

项目中的建筑体现了极为尊贵的“现代城堡”风格，并通过独特和明确的建筑语汇实现了传统与未来的完美结合，同时项目的建筑尺度明确确立了青岛的城市轮廓线，尤其是从水上望去、以山脉为背景的城市轮廓线。

第三座塔楼设在建设基地南面，并通过一座裙房建筑与北面的两座高层建筑联系起来。通过高层建筑的布局，人们能从城市的主要广场（基地东南的五四纪念碑和基地西南的舞蹈广场）清晰地看到这些令人瞩目的建筑景观。

项目经理 刘晓钟
工程主持人 胡育梅 尚曦沐 胡育梅 王亚峰 张羽
主要设计人员 孙喆 王健 张亚洲 刘昀 郭辉 李秀侠 刘乐乐
金陵 任琳琳 朱祥 肖采薇 马健强
建设地点 廊坊市广阳区
项目类型 行政中心
总用地面积 235725.1m²
总建筑面积 160000m²
建筑层数 9层
建筑总高度 40m
主要建筑结构形式 框架 剪力墙
设计年份 2011

# 廊坊市民服务中心

## PUBLIC SERVICE CENTER, LANGFANG

廊坊处于京—津城市带上，连接京津两个直辖市，是一个充满生机和活力的新兴城市，有着“京津走廊明珠”和“联京津之廊、环渤海之坊”等美誉。为满足城市发展的需要，廊坊市规划提出“一轴一廊两环八中心”城市功能空间主框架，新的行政中心为其中的一个重要节点。

项目北临规划水系之一的六干渠，南靠建设中的丹凤公园，东西面为沿南北向规划路布置的办公商业业态。用地被规划中的艺术大道分为南北两块用地，北侧用地16.2hm$^2$为行政办公区，南侧用地7.34hm$^2$与公园衔接，计划建设会议中心和行政办事大厅。行政中心与城市公园所形成的南北向

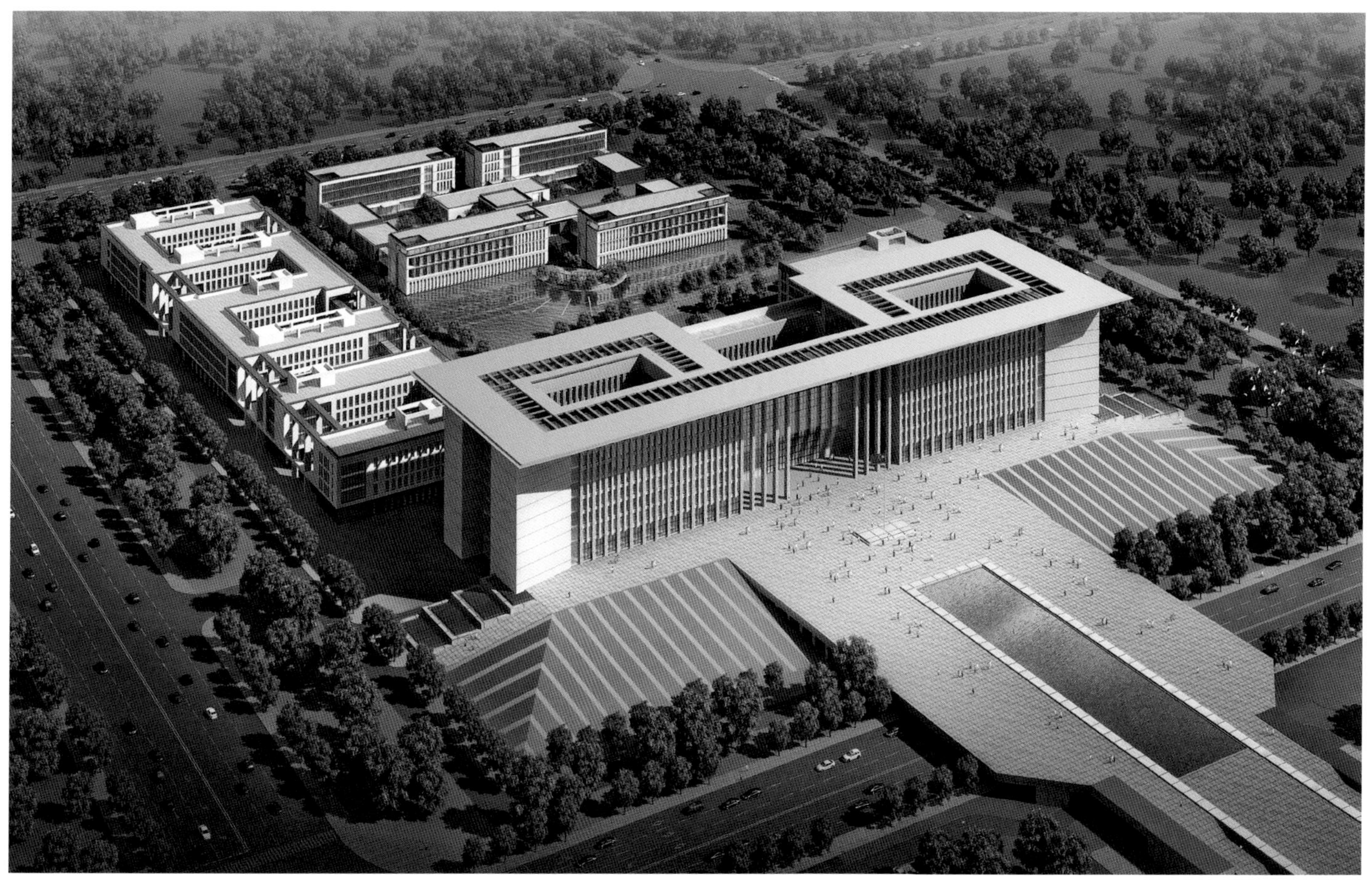

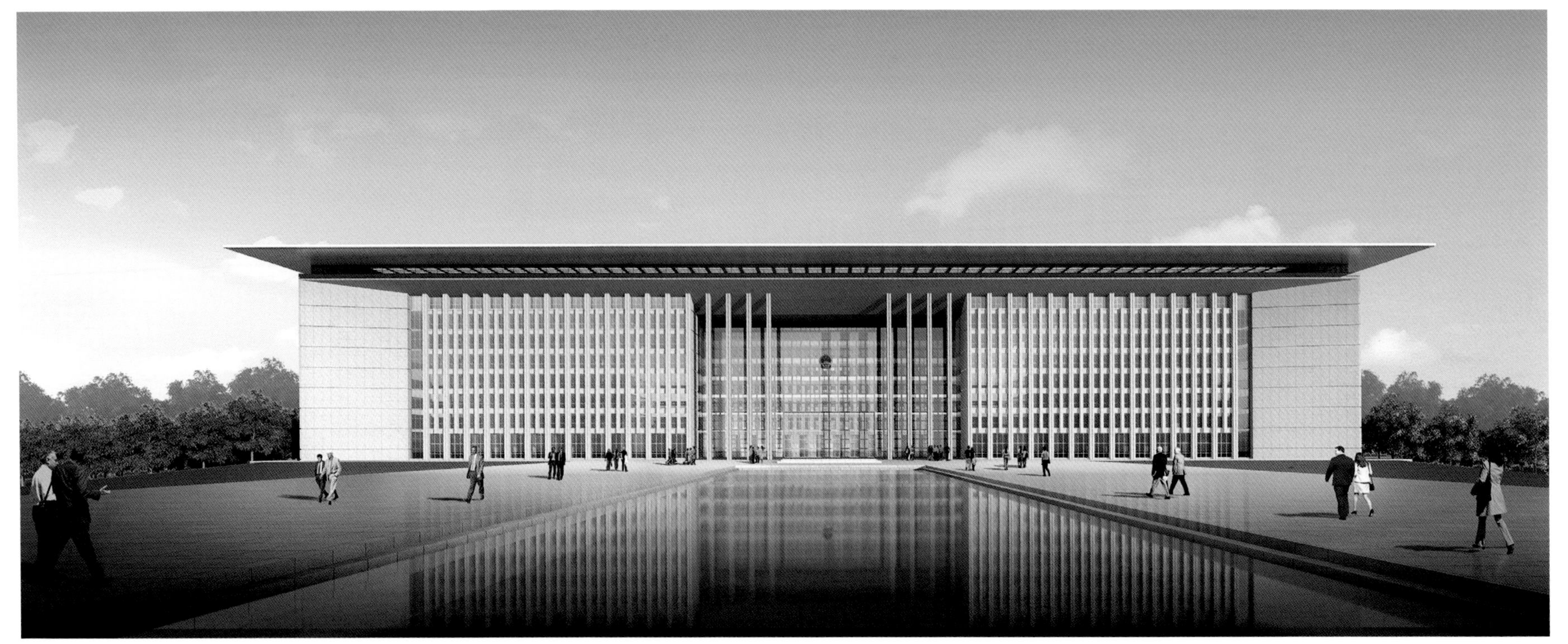

城市轴线与东西向公共服务设施轴形成十字形城市结构，市民服务中心位于十字顶端。

随着国家行政机关对自身职能认识的不断深化，政府工作更多显出一种和谐、服务型政府的趋势，行政中心的建筑形态更多地转化为政府的一种态度表述。如何使行政中心在具有行政权威性时表达出公正、亲民性特征成为了设计重点，设计师希望以“融合”的设计理念来表达二者之间的关系。在设计方向上通过园林式办公群落、分散与集中的园林景观、不同空间层次的休憩空间以及利用视觉的可达性心理体验来营造亲民性的行政服务中心。

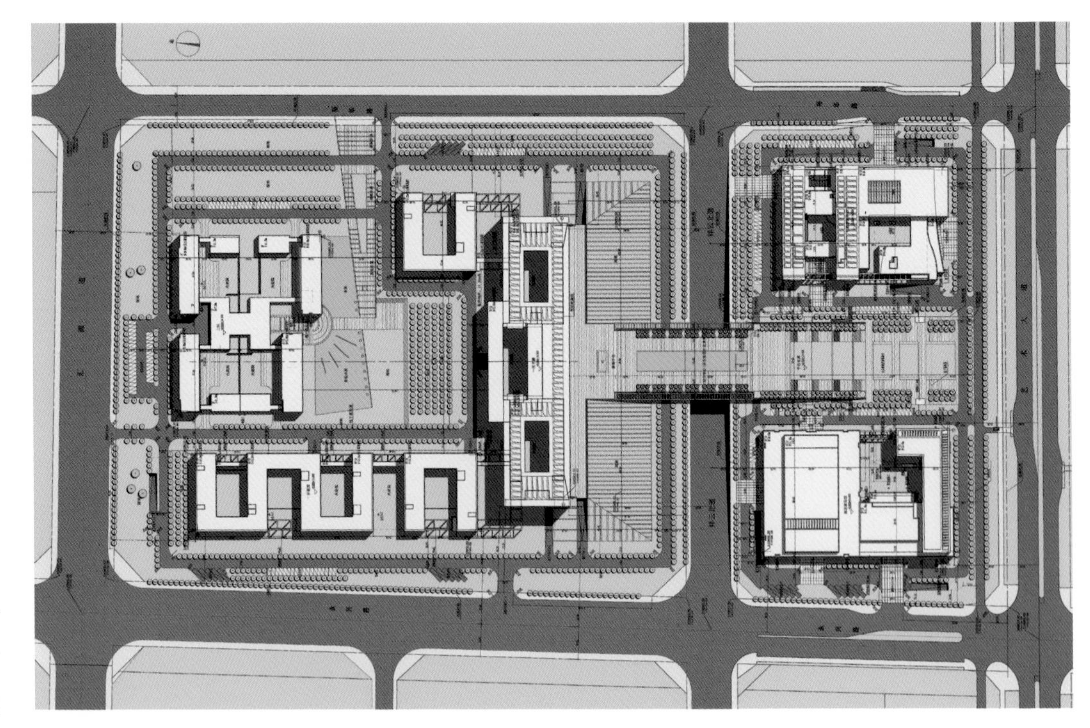

### 一、院 · 合苑的概念

廊坊名字来源于五代时期后晋兵部侍郎的一所大宅院——“侍郎房”，并逐渐从大院发展成村落再到城市。方案以城市起源为立意，引入中国传统的合院概念，将办公区设计成不同的院落，通过廊的连接及景观形成大的合苑，最终形成市民服务中心整体的“聚落”。每个院落之间对城市空间是开放性的，亦是对城市景观的吸纳和融合。

## 二、城市平台的引入

通过分析，设计充分利用南侧的景观资源，采用借景、融景的方式让景观尽可能地渗透进来，使市民服务中心尽可能地融于绿色环境中，利用城市平台将中心前的市民广场与公园联系起来，二者相辅相成，互为衬托。另外绿化平台与行政办公大楼二层主入口及绿化坡地的衔接，也为办公楼起了造势的作用。

## 三、空间序列的融入

基于前两点的运用，建筑群落从南向北形成开放性的城市广场与绿化空间、行政办公大楼的半开放型绿化坡地、办公区的内院型半私密空间、办公楼的私密性下沉和平台绿化空间等连续性的空间序列，各个空间以“绿”为题，借“绿”为轴，相互之间既独立又关联，通过景观绿化有机地交融在一起，形成个性含蓄而又独特的行政中心。

德州博物馆
DEZHOU MUSEUM

**项目经理** 刘晓钟
**工程主持人** 尚曦沐 胡育梅
**主要设计人员** 张羽 孙喆 郭辉 孙翌博 刘欣
**项目类型** 博览
**合作设计方名称** 德州市建筑规划勘察设计研究院
**建设地点** 德州市东方红路
**总用地面积** $56660m^2$
**总建筑面积** $20526.7m^2$
**建筑层数** 3–5层
**建筑总高度** 28.9m
**主要建筑结构形式** 钢筋混凝土框架剪力墙
**设计及竣工年份** 2009～2012

德州市博物馆是德州市的重点文化项目，集陈列、藏品、研究、教育、办公等功能于一体，总建筑面积20526m²。设计希望通过简洁的体型、洗练的手法形成一个“整体、庄重、大气”的建筑单体，以表达对山东地方文化的理解以及地方人民爽朗豪放的性格。

项目位于城市新区的文体中心，北邻长河并与大剧院呼应。设计通过与水系的结合，成为具有吸引力的新的城市场所；形体上强调建筑整体性，很好地回应文体中心整体规划要求。对于这样一个城市博物馆，展品多样性和灵活性是一个重要特点，因此设计重点关注各种功能的合理布局并具有一定的适应性。内部建筑空间通过庭院，将各个展厅进行了有机联系，并将参观路径融入其中，使访客在历史与现实、文化与艺术、建筑与庭院等不同氛围的空间游走中得到多样的体验。城市博物馆的立面设计，是对地方文化的最直接反映。方案以“印”为题，以“字”为法，采用了几何模数的错动几何体型，暗喻中国书法的钢劲骨架，并将整个建筑各部分功能富于逻辑性地组成一个整体，同时特殊强调几何体型上的变化所带来的震撼力。外立面细部的处理依然展现出典雅精妙的风格，入口处的 “德”字格栅和屋面印章式图案强调了历史传承，并与北侧水面相得益彰，不仅创造了建筑生动的表面肌理，也暗合古城与城市发展的关系；同时，外部的设计也影响着内部空间的塑造，最终建筑内部空间与外部形体将达到完美的统一。

得水·德城 朴实智慧、诚信尚德、大德载物、海纳百川

德州城市起源：因河而兴，因运而仓，因卫而城

文化要素提取：水（河）——文化起源

仓——文化特征

城——文化载体

源于“得水·德城”的设计构想主入口与内庭院的“德”字格，已成为该建筑独有的文化标记

# 德州市商务中心规划

DEZHOU CITY COMMERCIAL CENTER PLANNING

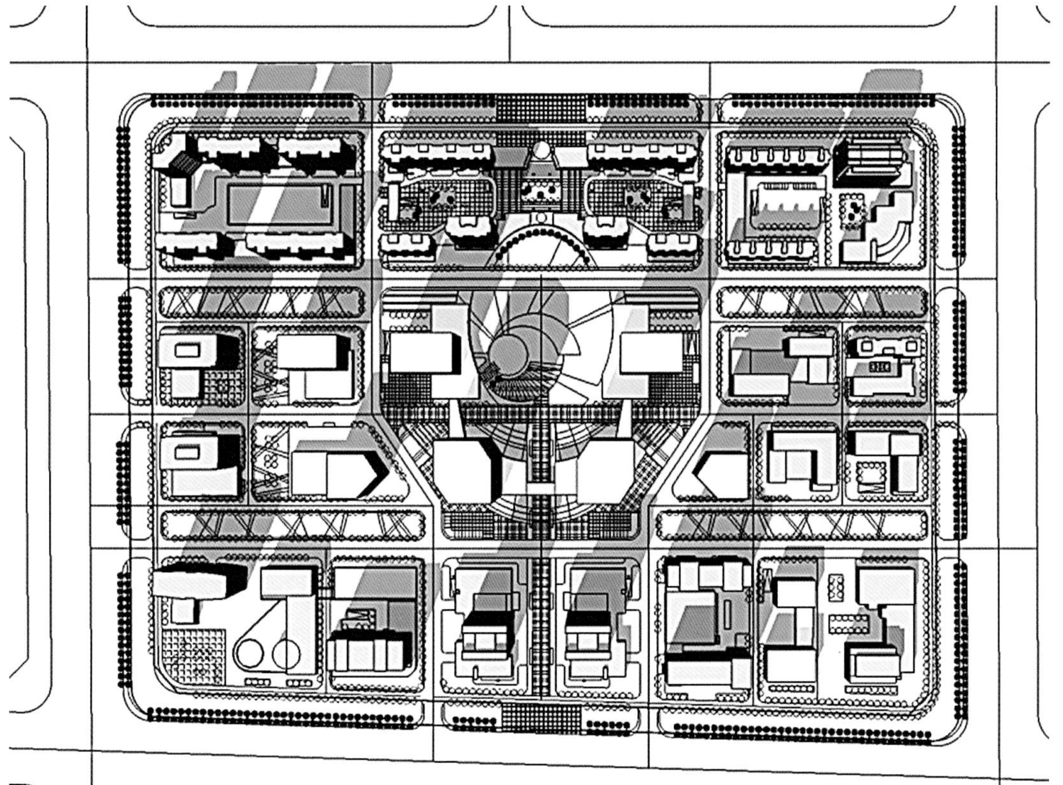

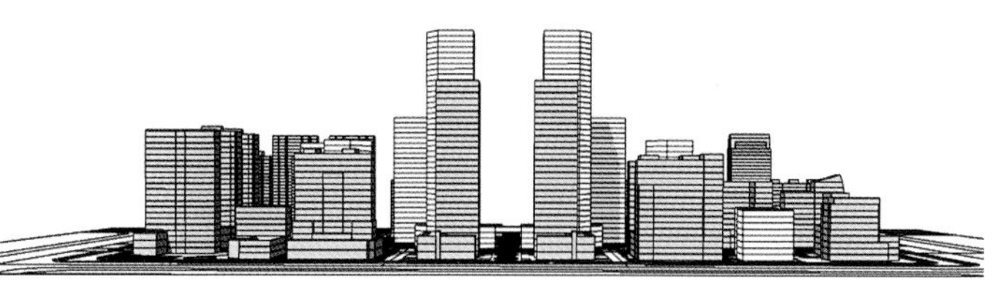

项目经理　刘晓钟
工程主持人　尚曦沐 胡育梅
主要设计人员　毕均健 孙喆 刘昀 刘乐乐
建设地点　山东省德州市河东新区天衢路新兴路
项目类型　商务中心
总用地面积　97067m$^2$
总建筑面积　300000m$^2$
建筑层数　40层
建筑总高度　200m
主要建筑结构形式　框架
设计年份　2011

德州市商务中心区的设计内容包括对其原城市规划的控规调整，并在此基础之上对内部10hm$^2$的区域进行城市设计和单体的概念性设计。工程地处城市新区文体中心以北的规划中CBD商务区内，处于CBD商务区—文体中心—行政中心的新城中轴线上，此区域同时还是德州老城区、德州新城区、德州远景规划新城区的中心节点。此区域最初的规划方案基本确定了整个地块网状道路、点线结合的宏观结构，并作为之后各调整方案的框架，在不断的方案演化调整中，强化南北主轴线，并将地块分为居住和商务两大部分，形成“中间高、两边低”的城市天际线，在原方案基础上增加内部环路，强化内部交通可达性。

## 一、交通系统顺畅化

合理的城市交通系统是城市功能持续发展的基本保证。方案通过细分地块，内部道路间距控制在100~200m，地块面积0.5~2.5hm$^2$，紧凑可持续开发来强化内外交通联系，增强可达性，提升土地价值。

## 二、功能复合化

混合加互动是CBD商务功能的特点。功能混合的思想使CBD成为一个24小时充满活力的商务中心区，避免夜晚空城的现象。设计针对区域特点提出了“内核”的概念，由于需要概念设计的区域深处商务区地块内部与城市联系较弱，需通过吸聚城市资源，提高地块价值。方案通过点式建筑的组合关系形成稳定的三角形态，增强建筑形体间的凝聚力，同时与周边板式建筑形成对比关系；加强内部城市空间的开放性，吸纳外部人气与资源。

## 三、城市空间人性化

提高土地的使用率，留出城市空间使核心区集中绿地最大化，通过地块退让城市绿地，改善城市公共环境，奖励提高容积率的办法，既提高城市用地的紧凑性，又增加城市公共空间，体现人文需求亦延续城市网状肌理，核心区东西向道路作为有限制车行的景观性道路，既保证内部人气的吸聚，又避免大量车流的穿越。

# 北京曹雪芹西山故里

CAO XUEQIN NATIVE PLACE, BEIJING

**项目经理** 刘晓钟
**工程主持人** 刘晓钟 吴静 徐浩 王亚峰
**主要设计人员** 任琳琳 杨迪 李媛 冯千卉 朱峰延 霍志红 褚爽然
**室内主要设计人员** 刘欣 吴建鑫 刘媛欣
**建设地点** 北京市植物园
**项目类型** 展览 办公
**总用地面积** 24127.24$m^2$
**总建筑面积** 5267.13$m^2$
**建筑层数** 2层
**建筑总高度** 9m
**主要建筑结构形式** 钢结构

曹雪芹西山故里改扩建项目坐落于北京市海淀区香山脚下植物园内，作为目前红学有据可查的曹雪芹故居，在曹雪芹和红楼梦的研究领域拥有极高的价值。项目依托原有曹雪芹故居的基础进行改扩建，既要保留原汁原味的历史文脉，又要适应新的时代要求，在此形成曹雪芹研究的基地，及扩展以曹雪芹为代表的中国古典文学与世界的交流中心。项目包含曹雪芹故居纪念馆和曹雪芹文学艺术馆两个部分。

项目设计理念主要体现在对历史的认同、对环境的尊重和对使用者多方位的需求上。基于比较敏感的历史地段和承载的文化内涵、特殊的周边环境，项目提出“设计六项基本原则”——环境因素、视线关系、轴线关系、边线与界定、功能空间、新建与保留建筑的关系，以此六个方面为设计的出发点，形成南北贯穿的线性建筑，实现小体量大空间的格局。功能方面满足多功能厅、展室、办公区、休闲区的需要。立面材质凸显对历史文脉的承继，文化石、虎皮墙与钢板结合，多重性元素的组合使线性形象不至于让人轻易感到视觉疲劳。

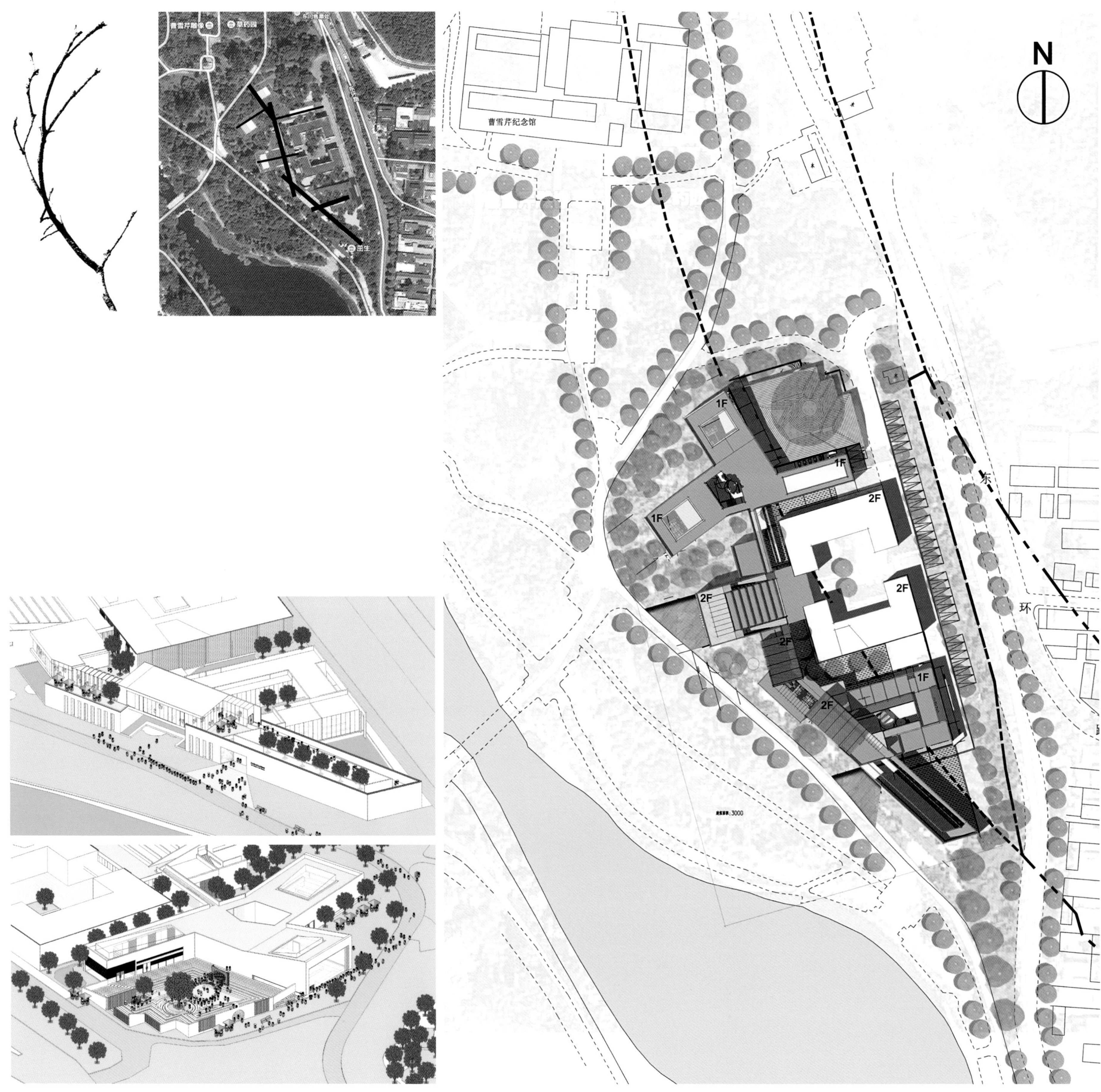
曹雪芹纪念馆
N
1F
1F
2F
1F
2F
2F
2F
1F
2F
东
环

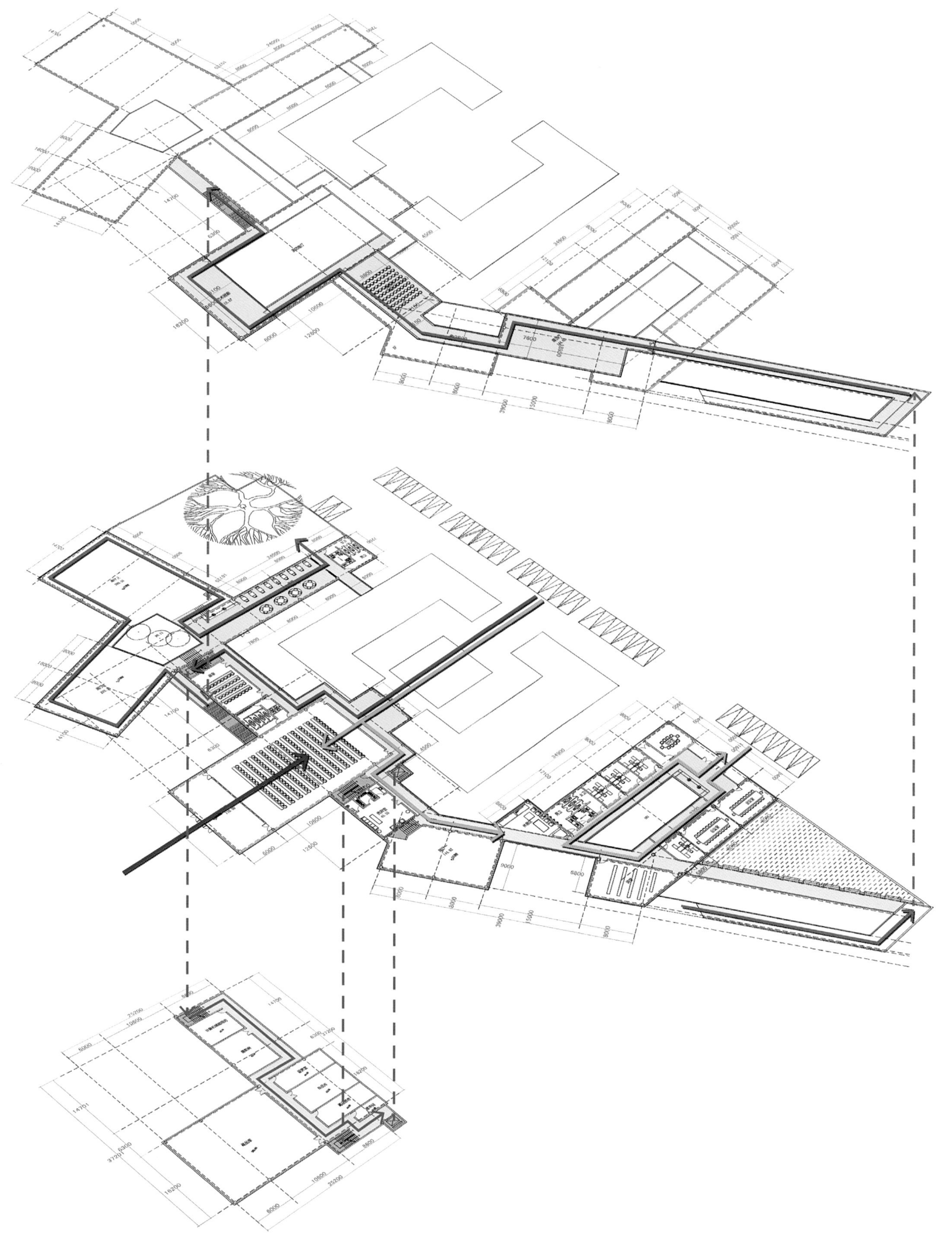

# 北京莱太·九都汇

LAITAI JIUDUHUI,BEIJING

**项目经理** 刘晓钟
**工程主持人** 吴静 张立军 王琦 高羚耀
**主要设计人员** 刘淼 姜琳 王健 刘淼 李丹 陈晓悦 戚军 孙喆 孙翌博
**建设地点** 北京市朝阳区东三环外
**项目类型** 酒店 公寓
**总用地面积** 18062m²
**总建筑面积** 108756m²
**建筑层数** 23层
**建筑总高度** 80m
**主要建筑结构形式** 框架剪力墙
**设计及竣工年份** 2008～2011

九都汇的定位是位于城市核心区的高端宜居型产品，落实到建筑中，首先表现为产品类别并非单一的住宅或公寓，而是酒店式公寓与特色公寓式酒店两者兼具，以满足更多市场需求，为业主们提供生活便利，并借用地块特点，在用地周边用建筑围合成为庭院式社区。值得一提的是，为了进一步提升舒适度和品质，项目还以星级标准打造了一个叠加式的中庭空间，隔而不断，在井心部分相互渗透，互为延续，以完全室外化的设计风格，形成室外院落之感。在使用功能上，它不仅具备豪华酒店的行政、等候、休息、交通等功能，还拥有共享亲切邻里关系的复合化功能。如此设计的一个初衷，就是在对抗城市钢筋水泥造成的人与人之间的生疏与冷漠之时，通过邻里关系的改善进一步提升项目“宜居”品质。

2号、3号公寓11-21层平面图

在建筑形式上，项目十分注重整体观感与效果，为保证最佳观景效果，建筑由4层、7层、11层、12层、23层不同高度的楼体围合，通过楼群高低错落的结合，倡导新型都市生活理念。三角形地块上的九都汇恰如一支优雅的华尔兹三步舞曲，节奏优美而流畅。

项目在建筑上的一大创新与特色，就是新颖独特的产品设计。层层退台式的建筑设计、三角形观景阳台、双层挑空的室内大堂、经典的roof terrace garden是其最大的建筑亮点，尤其是5号楼的penthouse叠景官邸产品，7层以上，每层都有退台，达到了“层层退台，步步观景”的视效。退台、阳台、一步台设计也较多见，在涉外公寓中还设计了双层挑高的室内公共大厅。另外，项目还有一些是城市核心区很难见到的类似于Townhouse的低密型产品。

在建筑风格上，为与使馆区区域特征及国际化人群的审美取向相匹配，采用了典型的北美现代大都市建筑风格。建筑外立面选材基本为石材和铝板，石材的粗糙质地、竖向线条与精致的暖灰色铝板及晶莹玻璃完美组合，彰显沉稳大气。

受场地的局限，园林绿化定位为城市核心区的精致精品园林——立体观赏式花园。园林设计主要突出三点：一是园区内以一条景观水轴贯穿，二是整个方案设计侧重于多层次立体花园的营造，三是建筑底层设计私家庭院。公共园林、私家庭院、空中花园、种植和水景墙等多样设计手法，令内外环境形成巨大反差，外部一片喧嚣，内部却优雅、静谧、闲适，闹中取静，舒适安全。

# 北京通州区宋庄镇小拖拉机厂改扩建项目

TRACTOR FACTORY ALTERATION,SONGZHUANG TOWN,TONGZHOU DISTRICT,BEIJING

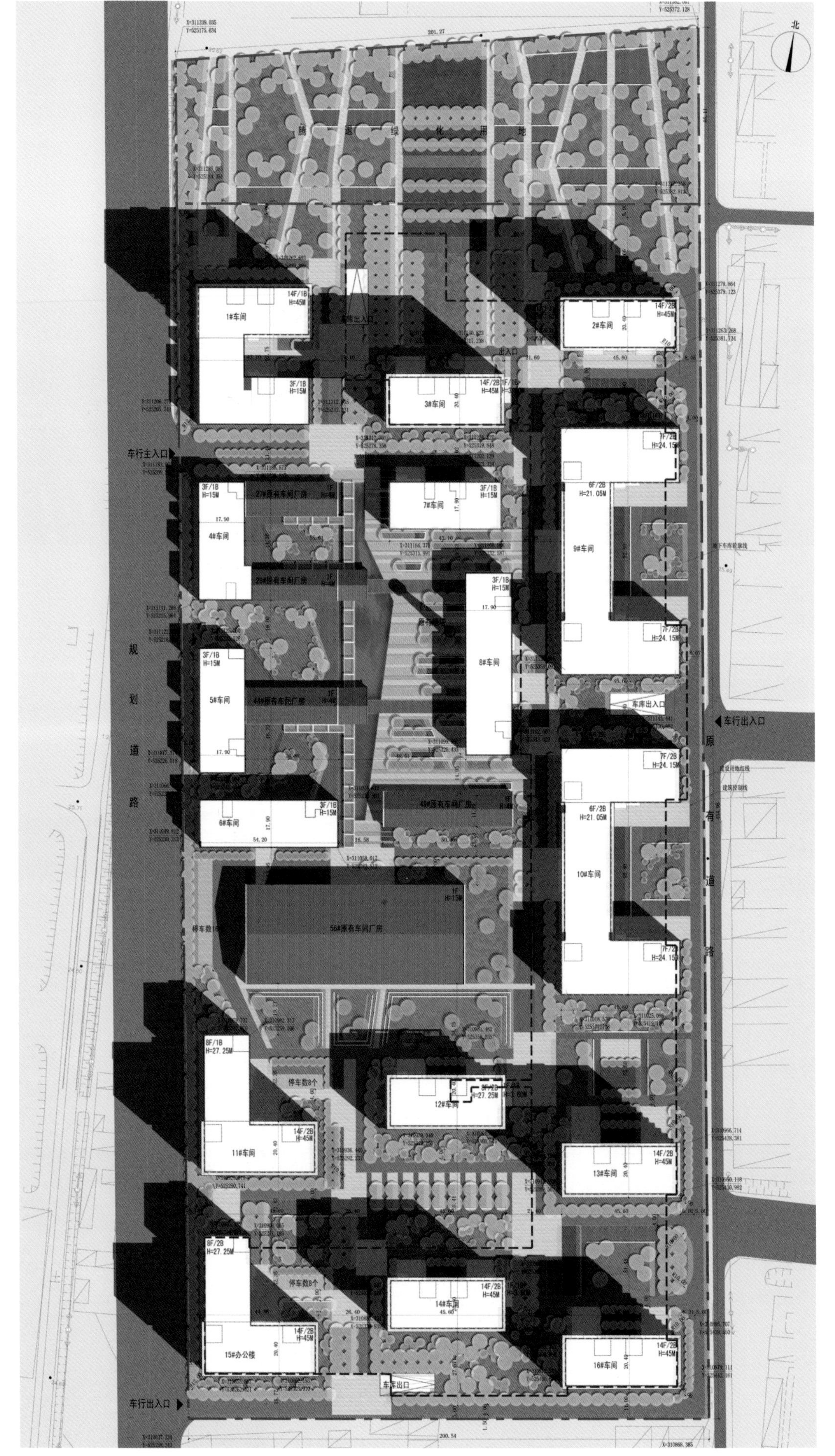

**项目经理** 刘晓钟
**工程主持人** 刘晓钟 徐浩 王亚峰
**主要设计人员** 郭辉 任琳琳 张崇 周硕 褚爽然 李媛 朱锋延 杨迪 杨忆妍 卜映升
**项目类型** 工业车间及办公楼
**总用地面积** 103346m$^2$
**总建筑面积** 248131m$^2$
**建筑层数** 7层
**建筑总高度** 24.15m
**主要建筑结构形式** 框架 剪力墙
**设计及竣工年份** 2014.12

## 一、构思原则

保留具有文物价值、技术价值或者文化价值的建筑或构筑物，以工业建筑厂房为原型，通过变形、延续、组合等设计营造趣味空间形态。

## 二、设计手法

原有建筑、道路将园区分成三部分，本方案沿用原有的方式，在其基础上演变和深化，采用逐步过渡的方式，从中心区密度高的组团空间过渡到外围密度低的点式高层，高低起伏。场地西侧沿规划道路建筑与原有车间厂房形成穿插关系，形态紧凑，地块西南中心区为本区的核心区域，空间开敞，造型丰富。

高层区域造型简洁，方形窗，隐约透露着北方建筑及街道的美感，透露着一种文化的气质。

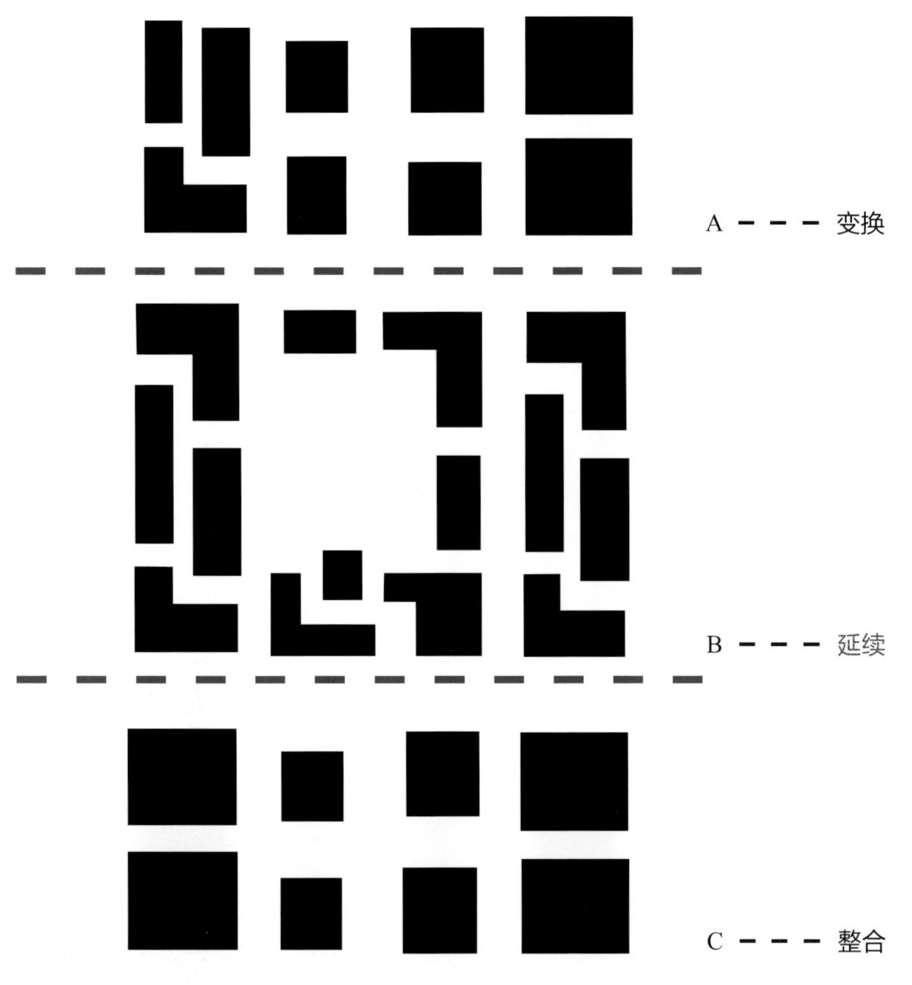


多层次的厂区规划：为了适应多种多样的客户群和艺术相关人士，延续厂区原有元素。

1. 第一层由类住宅产品组成。

2. 第二层由相互交织的功能空间组成，包括：工作室和展示空间

3. 第三层由厂区原有建筑和原有元素贯穿整个社区。

4. 原有景观的保留与新景观的相互覆盖，体现整体的组织原则。

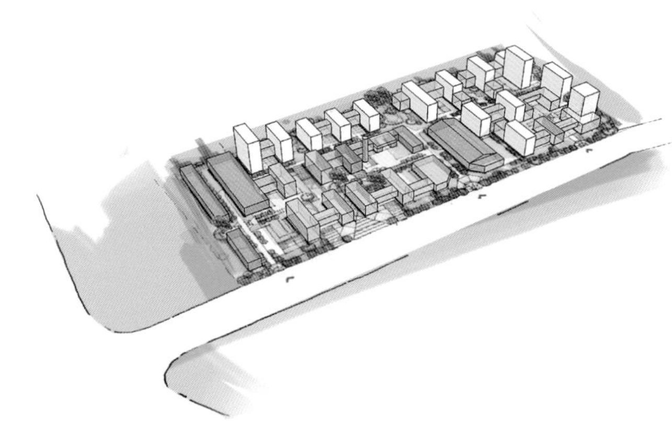

1. 在设计上保留原有道路的肌理

2. 尽可能的保留原有的绿化

3. 以点的方式唤起对原有建筑的回忆

4. 保留部分空间形态

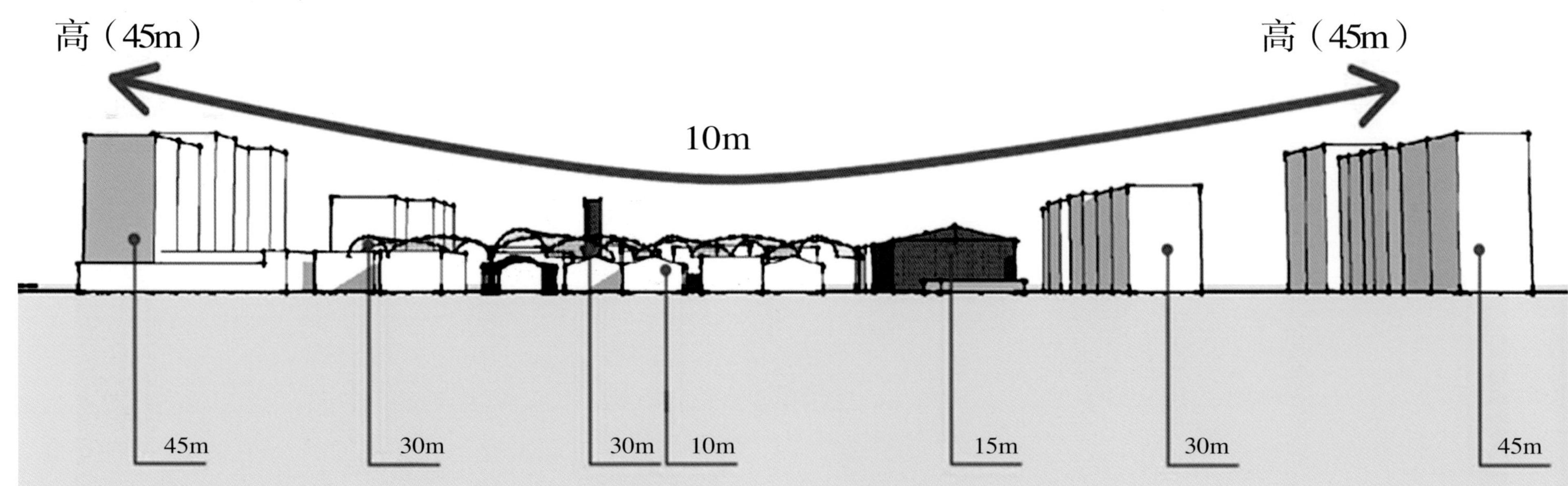

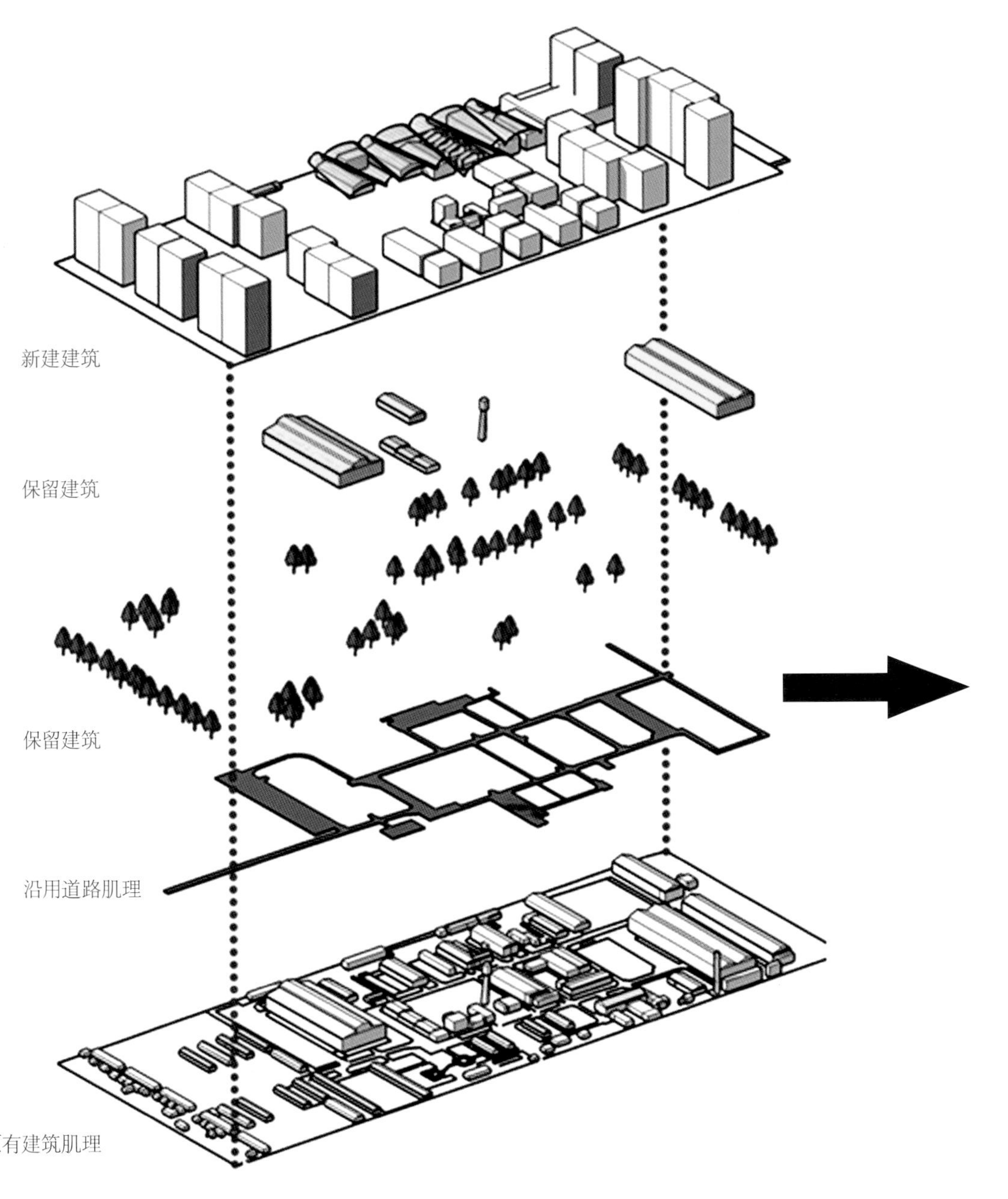
新建建筑
保留建筑
保留建筑
沿用道路肌理
原有建筑肌理

# 某信访接待场所建筑 · 景观设计 · 室内设计

PETITION RECEPTIONSPACE,ARCHITECTURE & LANDSCAPE & INTERIOR DESIGN

**工程主持人** 刘晓钟 吴静 曹亚瑄 尚曦沐
**建筑主要设计人员** 石景琨 孟欣 刘欣 刘乐乐
**景观主要设计人员** 尹迎
**室内主要设计人员** 刘欣
**建设地点** 北京市南二环永定门西街太平路原北京市印刷四厂
**项目类型** 办公 接待
**总用地面积** 14460m²
**总建筑面积** 12750m²
**建筑层数** 3层
**建筑总高度** 12.35m
**主要建筑结构形式** 框架
**室内面积** 12750m²
**设计及竣工年份** 2009.9～2011.6

工程为中央纪律检查委员会举报中心信访接待办工程，位于北京市南二环永定门西街太平路原北京市印刷四厂。该厂区建筑多为20世纪六七十年代建造，按照建造时的设计标准，设计时均未考虑抗震设防要求。由于该批建筑使用期间经历了1976年唐山大地震，到现在已经使用了40年左右，原结构构件已经受到了不同程度的损坏，由于原纸库、宿舍、及附属用房均无原设计图纸和相关资料，并且由于该批建筑大部分需要改变使用用途。我院经多次现场勘察实测及中冶建筑

研究总院有限公司对该厂区部分建筑进行了全面、细致的检测，对于大部分无原设计图纸和相关资料的房屋在现场测量了相应的构件信息和现状资料。进行结构鉴定及检测，根据检测结果及甲方使用要求，中纪委举报信访接待办工程方案总体布局分为四部分：信访接待中心、职工食堂、宿舍楼、大门及附属用房等。总建筑面积约12750m$^2$。用地面积约14460m$^2$。

原胶印车间位于基地北侧，改造后为信访接待中心，根据检测鉴定处理意见不满足现建筑抗震鉴定标准且原有结构形式不能满足新的使用用途要求，改造后一层为信访接待中心，局部二、三层为内部人员办公用房，改造后总建筑面积约5400m$^2$。

原办公区位于基地东侧，分若干次扩建各段并连接，原建筑结构体系混乱。根据检测鉴定处理意见不满足现建筑抗震鉴定标准，利用原1段改造后的功能为职工食堂、会议及健身。原地下室改造后为消防水池及消防泵房、厨房粗加工等。改造后总建筑面积为1618m$^2$（其中原地下室面积471m$^2$）。

原宿舍楼位于基地南侧，为两层砖墙结构，木楼板楼盖和木屋架屋盖，首层走廊顶板为预制混凝土板，该建筑最初为大开间办公用房，后改建为宿舍。该宿舍楼无原设计图纸和相关资料，现状判断应为解放初期建成的苏式建筑。根据检测鉴定处理意见不满足现建筑抗震鉴定标准。应采取加固抗震措施，改造后的功能为内部职工住宿。建筑面积为1921 $m^2$。

原基地中心纸库翻建改造后用于北京市宣武公安分局公安治安办公用房建筑面积约1698$m^2$；先农坛派出所在原纸库用房位置改建，位于基地中央，原纸库用房为单层混凝土框架结构，后在既有混凝土框架结构的基础上接建了部分轻钢结构。根据结构检测鉴定处理意见，原有框架库房混凝土强度极差，混凝土构件炭化严重，东南侧外墙为独立的砖墙结构，没有横向支撑，屋面板底面有较为明显的裂缝，存在安全隐患。综合考虑结构安全及使用功能要求，原纸库用房拆除重建，以满足使用功能的要求。入口大门及安检附属用房323$m^2$。

北京三元置业南法信办公楼
SANYUAN COMPANY OFFICE BUILDING,NANFAXIN,BEIJING

**项目经理** 刘晓钟
**工程主持人** 尚曦沐 胡育梅
**设计人员** 刘昀 张羽 王亚峰 孙喆 刘乐乐
**建设地点** 北京市顺义区南法信镇
**项目类型** 办公 商业
**用地面积** 24042.8m$^2$（含代征用地7404m$^2$）
**总建筑面积** 44100m$^2$
**建筑高度** 41m
**建筑层数** 9层
**主要建筑形式** 框架剪力墙
**设计及竣工年份** 2011～2012

## 现场环境

用地的西侧是现状的南法信镇政府，北侧为现状的建筑，规划为办公用地；南侧为正在建设的办公楼及配建的仓库。我们通过对建筑任务书及现场情况进行深入的研究，提出一个自身见解的概念性设计方案。该方案结合城市规划、建筑设计、景观设计三位一体的设计理念，并提出构想：创造充满人性化的公共与私密性办公空间的城市建筑，突出表现建筑的实用性、造型稳健性及逻辑性。

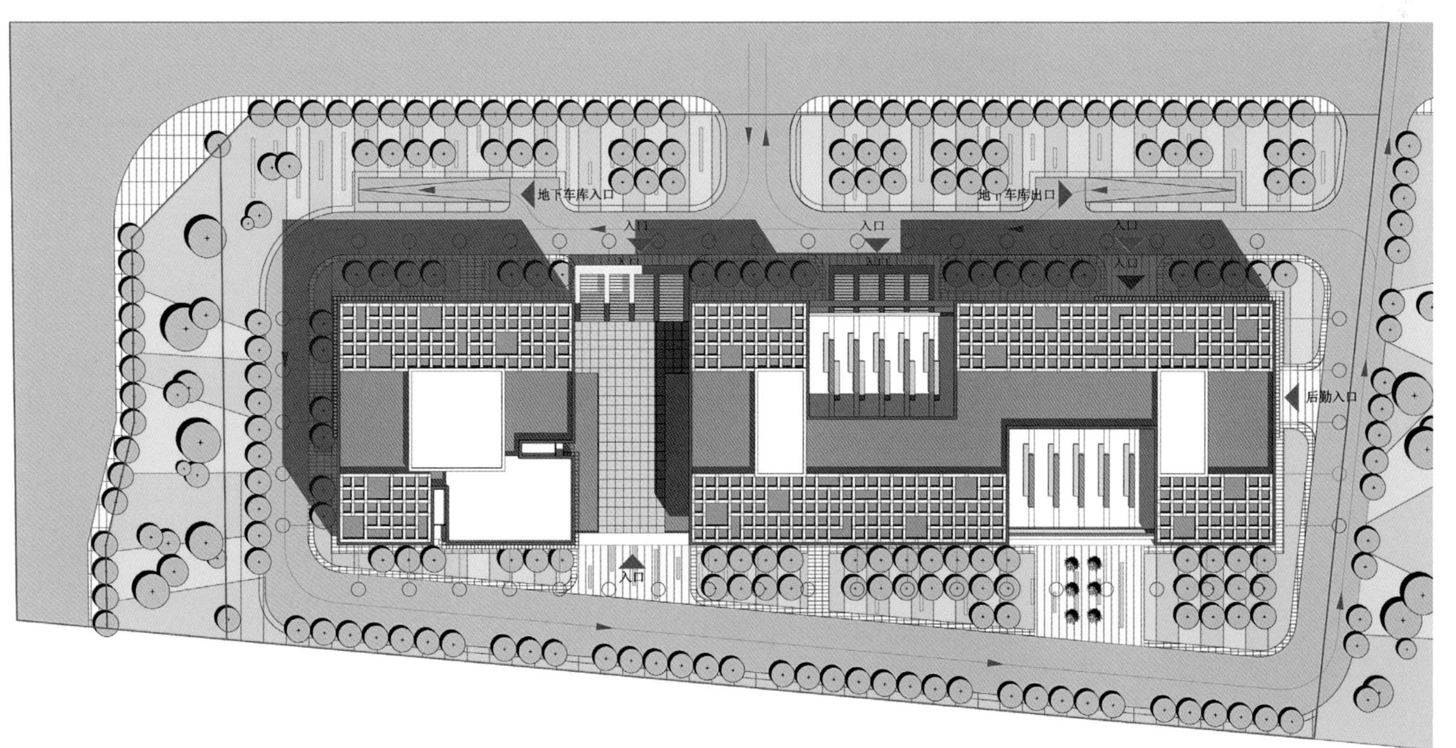

空间比较

**spatial comparison**

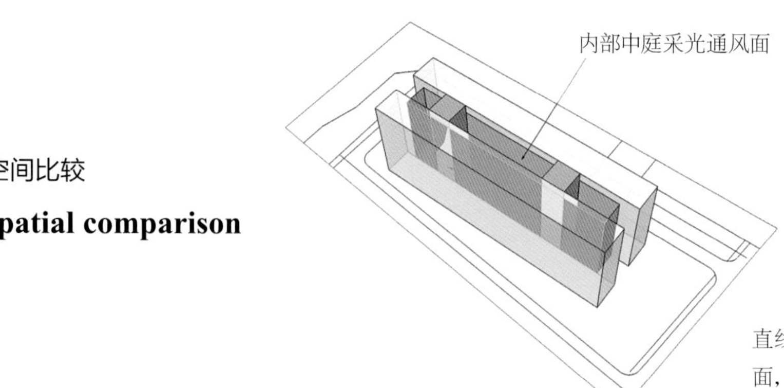


直线型的形体只能产生内部的间接采光通风面，只有顶部采光，对室内环境改善有限

由两个较大的核心筒相对而成的中庭空间，使内部办公室较多使用中庭的间接采光

空间比较

**spatial comparison**

概念生成

**Concept generated**

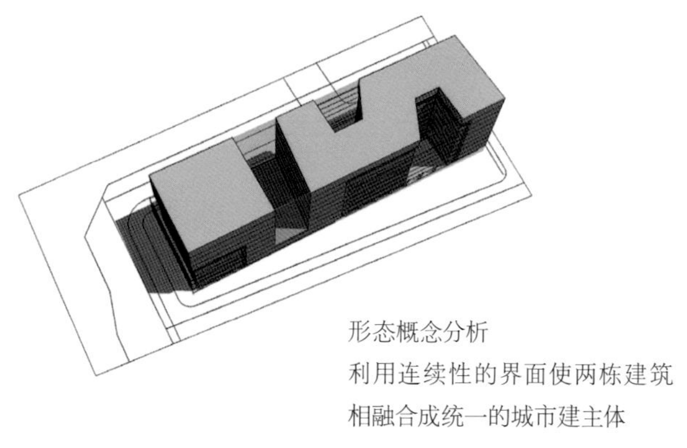

形态概念分析

利用连续性的界面使两栋建筑相融合成统一的城市建主体

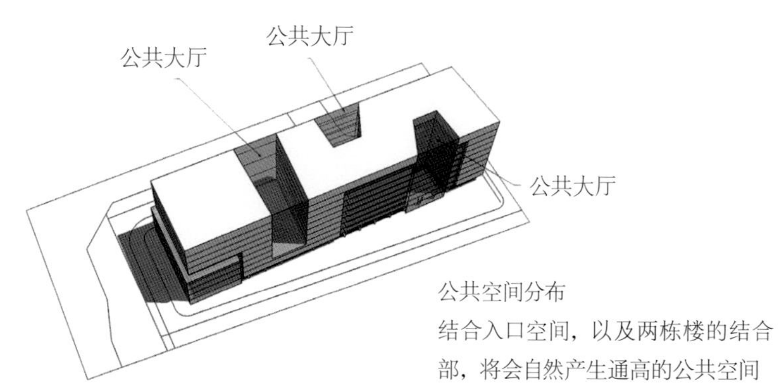


公共空间分布

结合入口空间，以及两栋楼的结合部，将会自然产生通高的公共空间

体块生成

**Block generated**

北侧演变过程

**Evolution of the north**

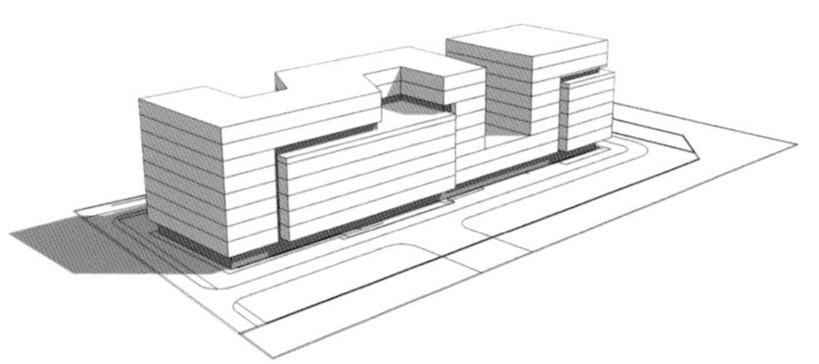

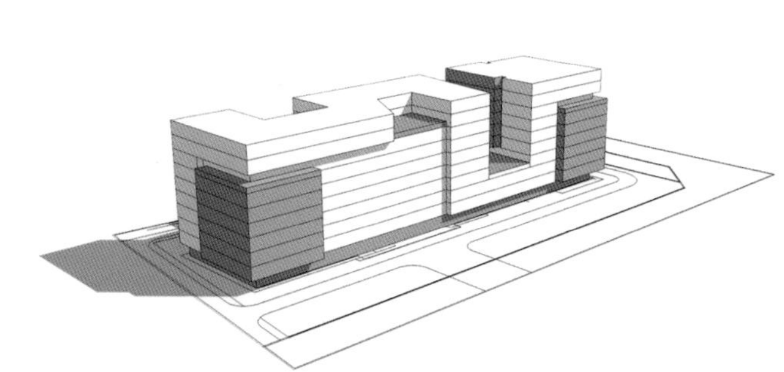

南侧演变过程

**Evolution of the south**

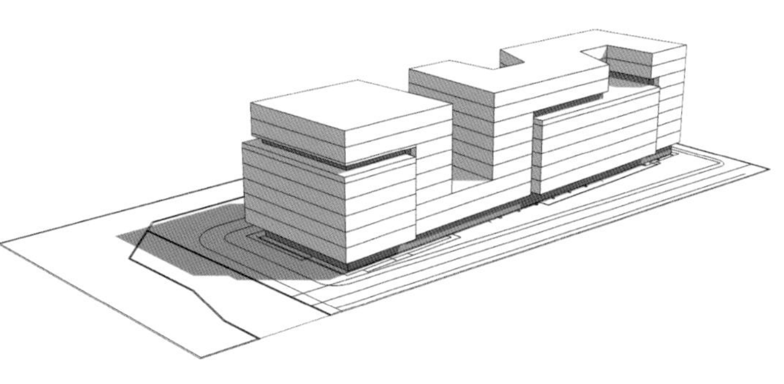

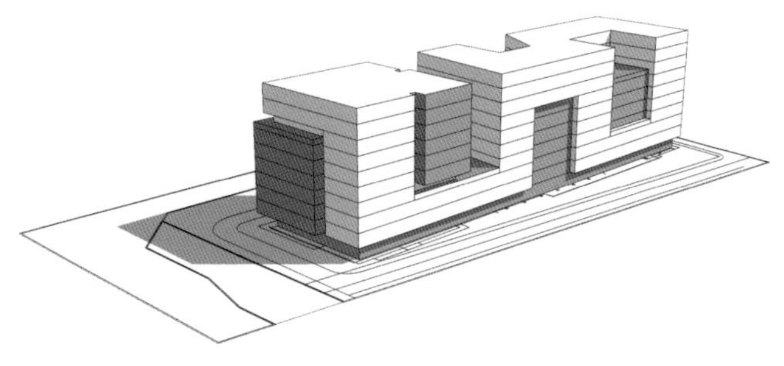

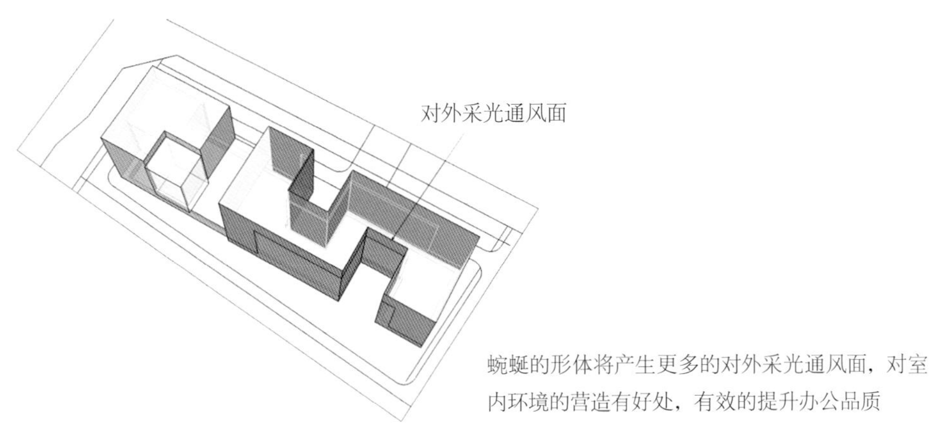


蜿蜒的形体将产生更多的对外采光通风面，对室内环境的营造有好处，有效的提升办公品质

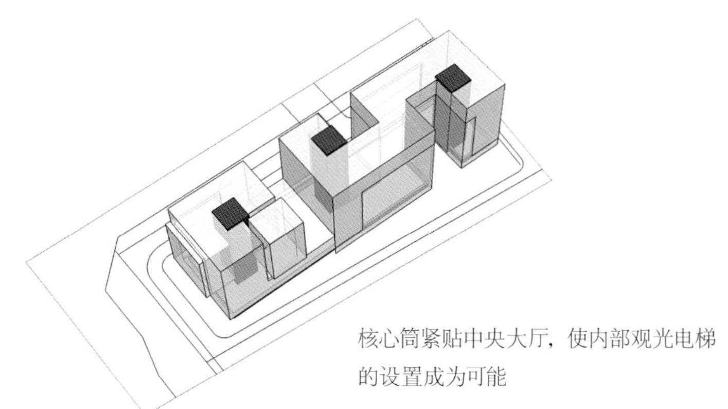

核心筒紧贴中央大厅，使内部观光电梯的设置成为可能

## 现场制约因素

用地西侧由于紧邻路口有城市代征绿地，用地南侧存在15m宽的规划道路，东侧仍有半幅7.5m宽规划路占用建设用地，用地相对紧张。我们的设计将针对现场所有制约因素的组合，寻找出现限定条件，提出一个目标性的解决方案，并使得用地的建设潜力达到最大限度的发挥。

用地的机动车出入口设置在北侧。建筑物的位置、规模等满足规划的要求

建筑的主体包括：一二层的公共商务空间，包括咖啡、轻餐饮、MINI超市、银行等功能；三层以上西侧的独栋塔式办公楼

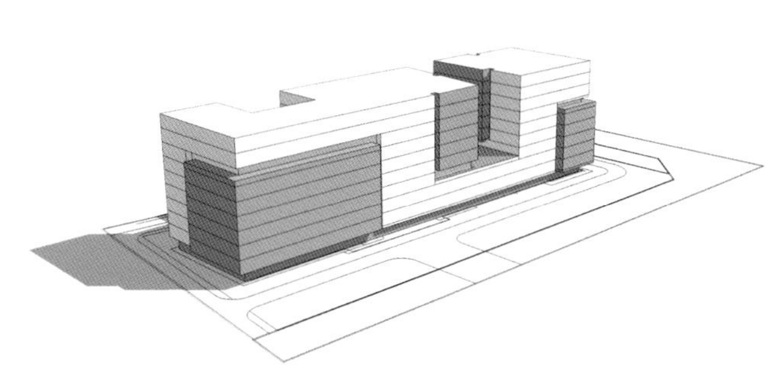

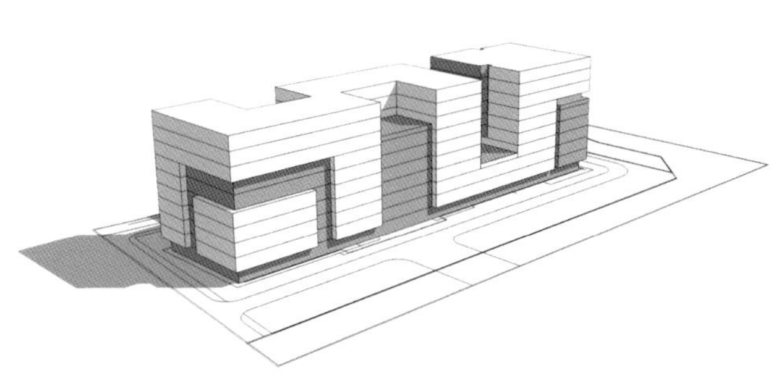

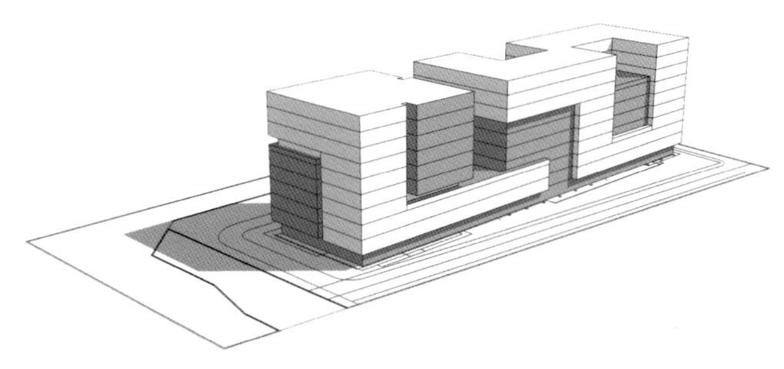

## 规划造型

方案采用板塔结合的造型，二者在首二层联系在一起，达到了既分又合的作用。东侧“S”型板楼的体型不但形成了两个开放式空间，同时也能使板楼的宽度与西侧塔楼相呼应并形成有效的整体。

立面设计基于平面关系、建筑虚实关系的结构逻辑，在整体性方面，采用连续性的实体与玻璃材质的体块穿插盘绕，塔楼与板楼结合设计，既分又合；设计采用8.4m×8.4m的柱网体系，立面门窗、玻璃幕墙的分割都基于此按照模数进行设计。

# 北京石景山区金隅燕山概念方案建筑设计

JINYU YANSHAN CONCEPTUAL SCHEME ARCHITECTURE DESIGN,SHIJINGSHAN,BEIJING

项目经理　刘晓钟

工程主持人　刘晓钟 吴静 徐浩

建筑主要设计人员　任琳琳 杜恺 杨迪 霍志红 杨秀锋 李媛 孟欣 朱峰延

建设地点　北京市石景山京原路68号

项目类型　办公

总用地面积　39164m$^2$

总建筑面积　200000m$^2$

建筑层数　14层

建筑总高度　80m

主要建筑结构形式　框架

设计年份　2013

项目位于石景山首钢区域南端。距离天安门广场20km，距离地铁古城站2.5km。项目紧邻永定河，且位于永定河生态走廊的中心位置，是永定河沿岸重要景观与文化节点。主要连通西面城区的主干道阜石路和莲石路，紧邻莲石路北侧。该地块紧邻北侧为20万㎡的限价房用地，东侧为30万㎡的经济适用房用地，项目主体产品包括综合办公、商业以及公寓三个部分。其中综合办公部分宜设置多个独立的出入口以及垂直交通，旨在为中小型公司的独立使用提供方便。公寓部分既服务于项目办公人群的暂居型需求，同时也独立参与市场净竞争，为年轻群体提供过渡型居住产品，单套面积区间50~100㎡。商业为分割销售型商业街，设置于办公底部。

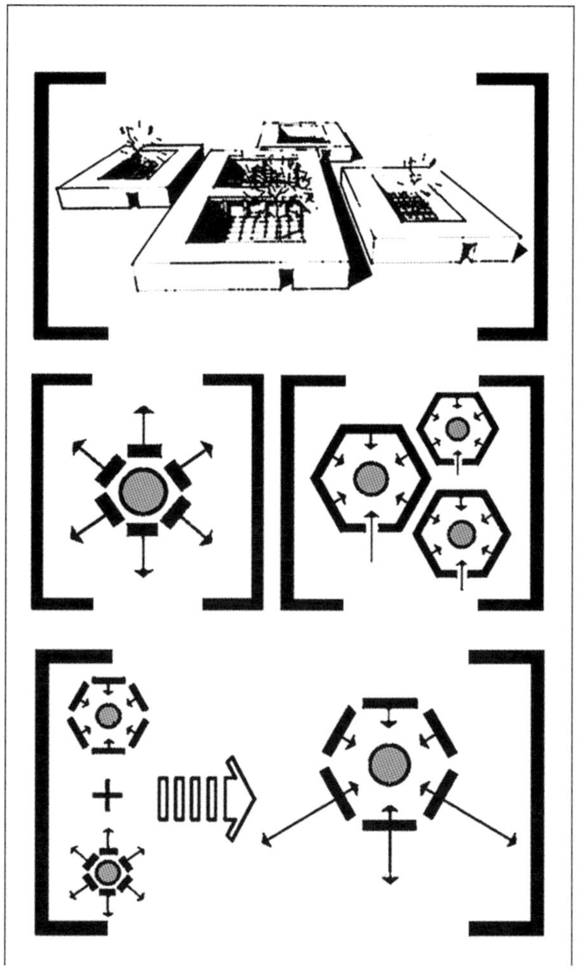

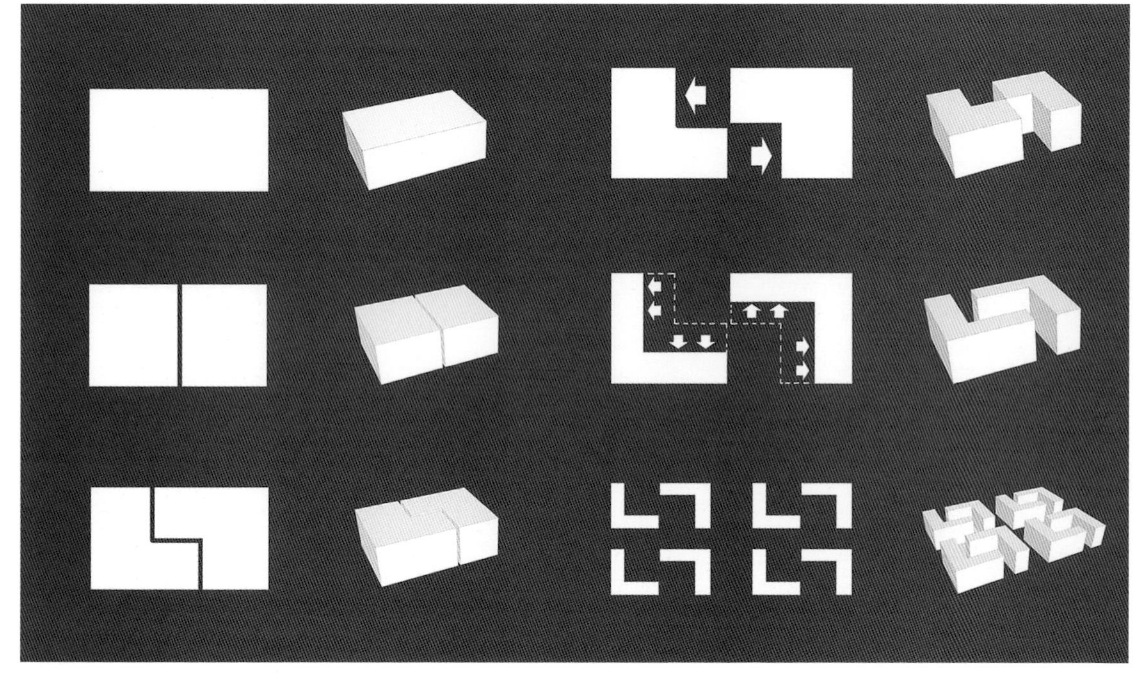

方案以北京城的城市肌理和北京传统民居的形态关系为出发点，旨在营造具有围合感、街巷氛围的现代办公区。“L”形环扣的形体关系既可以避免大体量的建筑单体给使用者带来的压迫，也可以为使用者提供更多的交流余地。围合出的空间可以形成各自独立的内环境和小氛围，给使用者更丰富的空间体验，且有利于底部商业气氛的营造以及交流平台的建立。对最基本的地块单元进行多次切分和分离，进而使其纤薄化，在满足功能需求的前提下减少形体的重量感，并从此形成一组围合关系，对此围合关系进行陈列，得出了整个片区规划形态的雏形。

西南方向鸟瞰图

青岛市委党校学员综合楼建筑·景观·室内设计
QINGDAO MUNICIPAL PARTY COMMITTEE PARTY SCHOOL, ARCHITECTURE &
LANDSCAPE & INTERIOR DESIGN

**项目经理** 刘晓钟
**工程主持人** 刘晓钟 王亚峰
**建筑主要设计人** 丁倩 李树靖 孟欣 马晓欧
**景观工程主持人** 刘子明
**景观主要设计人** 尹迎 李文静
**室内主要设计人** 刘欣
**建设地点** 山东青岛市崂山区宁德路18号
**项目类型** 公建
**总用地面积** 6400m$^2$
**总建筑面积** 13578.14m$^2$
**建筑层数** 5层
**建筑总高度** 21.3m
**主要建筑结构形式** 框架 剪力墙
**景观面积** 3866m$^2$
**室内面积** 13578.14m$^2$
**设计及竣工年份** 2009～2011

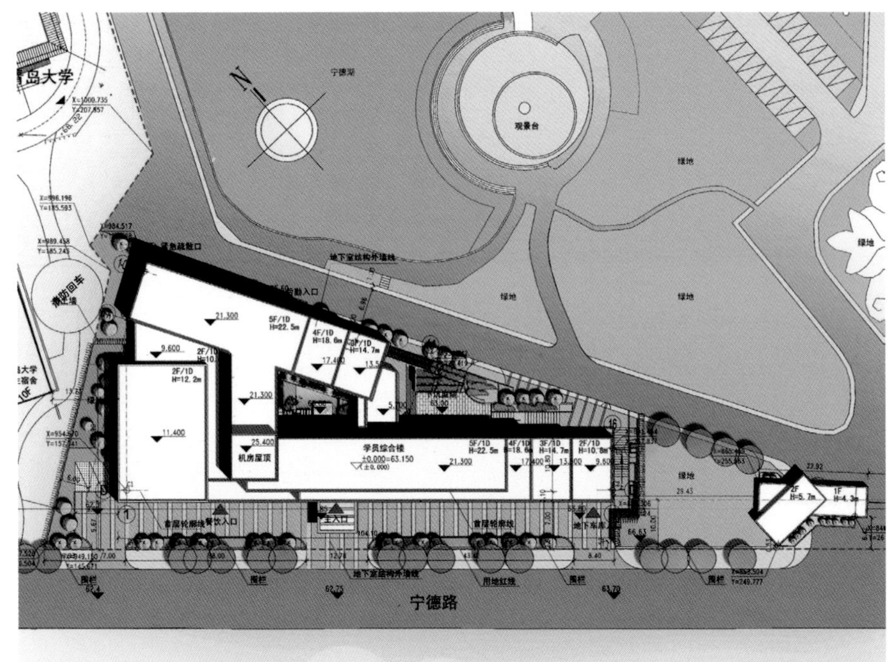


项目位于青岛市崂山区宁德路18号青岛市委党校内，总建筑面积约1.35万m²，主体部分5层，主要由学员餐厅、客房及相应附属功能组成。

项目建筑基地为校区内剩余的3块建设用地之一，建筑基地狭长，为东西长126～150m，南北长20～60m的楔形地块，基地南邻市政道路宁德路，北侧为校内道路，且校内道路与市政道路高差较大，高差约3m；基地周边景观条件较优，基地北侧为宁德湖面及浮山，西侧为青岛大学校区，南侧视线可穿过城区看到黄海海面。

总体布局上，建筑形体呈之字形线性展开，对北侧宁德湖、浮山，南侧海面及岛城景观，东侧校内景观资源的利用最大化。建筑形体重复使用退台跌落手法，一方面通过东侧退台减少对视线的遮挡，避免对校园内部与黄海海面的视线通廊的

下沉庭院示意图

沿宁德路立面效果图 B

阻断，同时建筑形体的跌落形态与校园原有建筑及地貌跌落形态相呼应。

平面布局上，客房区采用单廊布局，建筑空间处理上，在有限用地内，设计通过内部庭院整合，解决南北侧高差问题，同时起到增加空间趣味的作用。增设空中连廊增强前后两个单体的功能及空间上的连接，同时增加内部空间趣味。

外立面选用青岛地产石材干挂与深灰色明框玻璃幕墙组合，同时外部选材与建筑自身功能相适应。公共区采用玻璃幕墙维护体系，客房区及其他有私密性要求功能区才有石材幕墙维护体系。

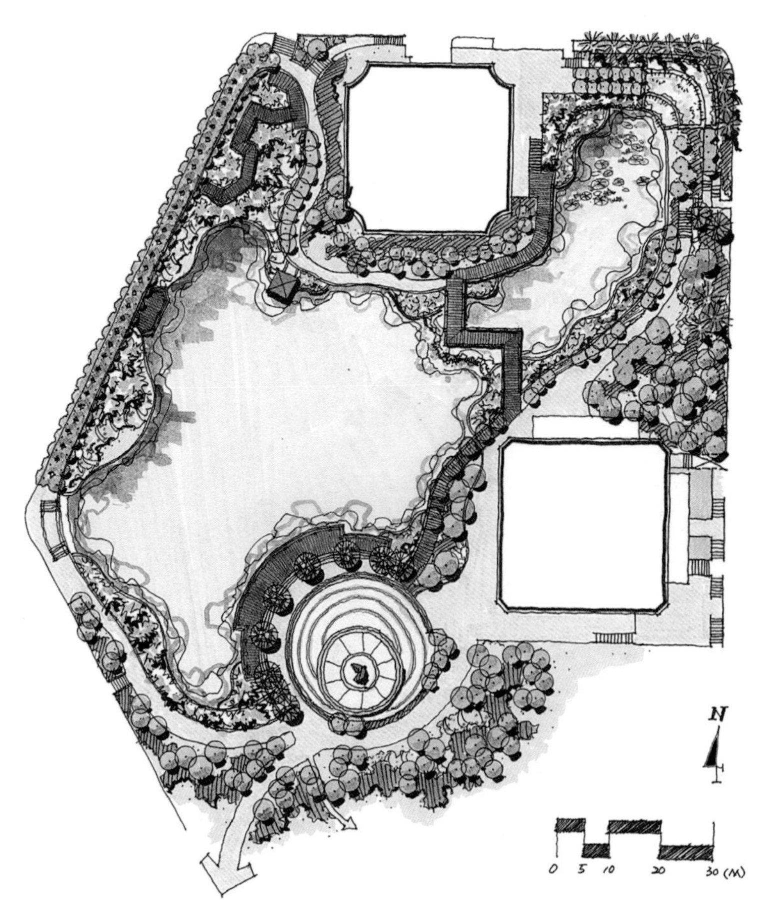


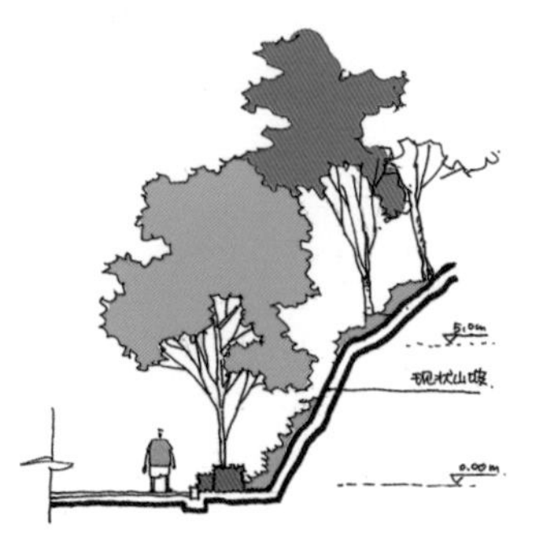

景观设计简洁、实用、美观，旨在在满足建筑使用功能的同时，与建筑相互映衬，并营造舒适的通过空间及有意境的停留空间。学员综合楼建筑设计中为消化大高差带来的中庭景观成为景观设计的亮点。

1. 景观设计细节

巧妙利用高差变化条件，营造出富有层次感的台地景观；由于当地盛产石材，也为了与周边校内景观协调，挡墙及种植池的材质选用了当地石材，整石砌筑的挡墙种植池与台阶使环境更具品质感。

2. 景观改造

宁德湖区改造：改造针对现状对将原湖面单一的景观效果作了丰富的设计，由于木栈道距离水面过高导致体验感不够舒适，故将部分水面提升1~1.5m，同时提升池底形成浅池，以此带来的水面高差形成了新的落水景观，与湖区东北角的季节性瀑布跌水面呼应，在雨季丰水期无须人工动力形成自然落水景观。针对西北边驳岸墙体遭受逐年生长的水杉林挤压而破坏，存在一定的安全隐患，故设计将驳岸向湖内做了一定延伸，增加岸边林间木栈道的湿地景观区，加固驳岸的同时增加景观内容与层次。原有圆形观景广场没有遮阴功能，硬质面积过大，改造增加庭荫树以及观景木平台，使其环境更加适宜停留。

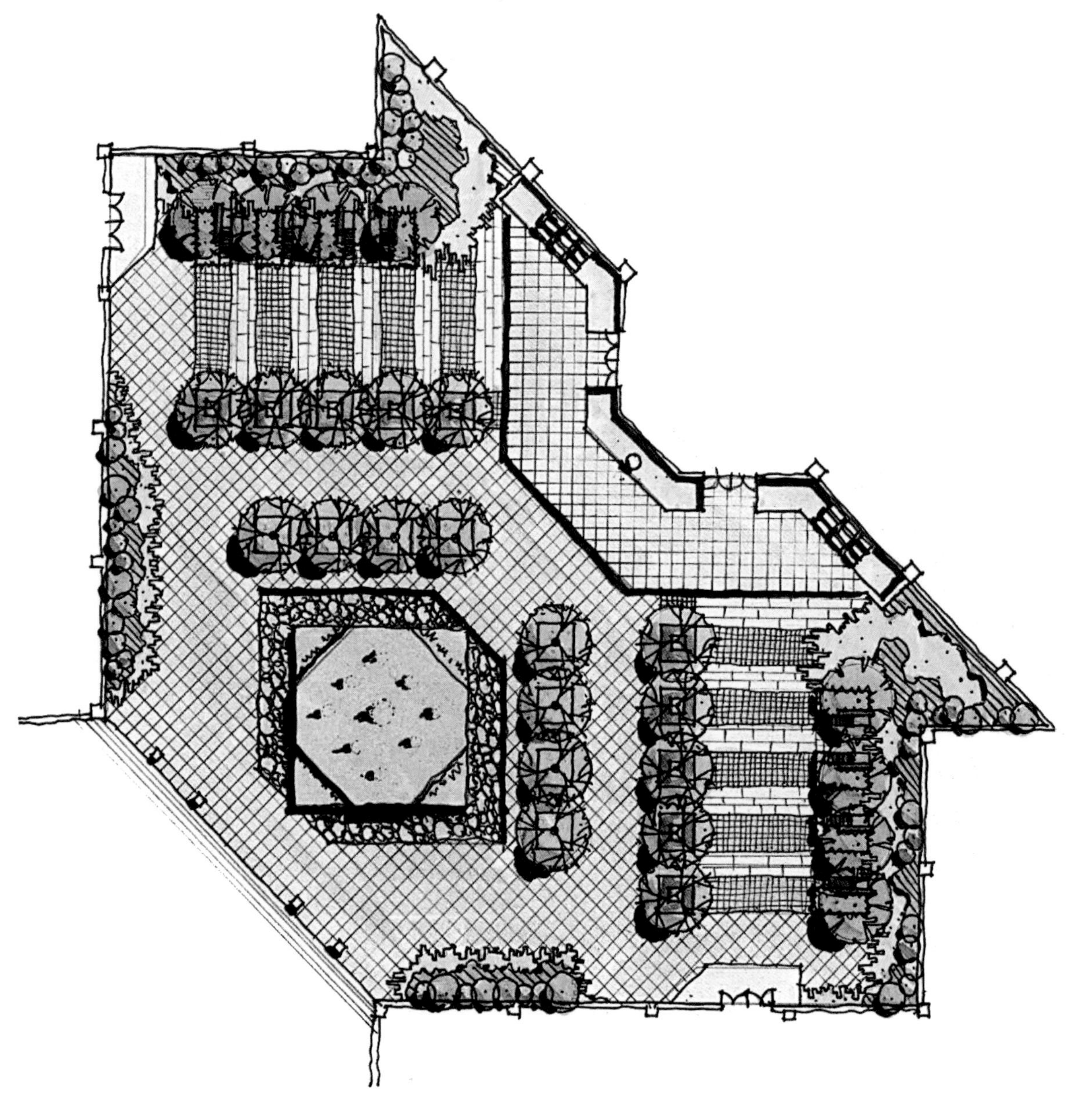

3. 山体改造

现状山体泥土裸露，经雨水冲刷泥土不断滑落，影响道路两侧景观效果，设计提出了两种改造方法。一是通过挡土墙逐层美化，丰富立面层次，但施工有一定难度，操作面较小，可能要破坏与部分现状山坡；二是采用“生态袋”固坡或喷播护坡的方式，该方案不用破坏太多现状山体实现较绿的效果，施工较简单，但冬季效果很难保证。山体植物改造的宗旨是，沿上山小路两侧对植物进行梳理，重点补种为原则，增加色叶树、开花小乔大灌木以及山杜鹃一类的花卉，适当栽植竹林形成绿色屏障，以期形成固定的视觉通廊。

青岛市委党校学员综合楼整体以沉稳雅致的现代中式风格为主调。

大堂以室内庭院为中心，正视大堂的入口处，因此室内设计采用顶面的木格栅及地面的木地板与中庭景观的木栈道为过渡，以散射状向室内指引，突出内庭院的空间感，使其景观自然地由室外引入室内，成为大堂入口具有特色迎宾的视觉亮点。

内庭景观，尚莲为主题，寓意清廉执政。正对大堂入口以高低间隔的人工水幕墙为主体，石材色彩厚重，其后种植绿竹，与水幕墙形成具有层次的自然影壁，体现党校沉稳大气的文化背景；内庭中心设置尚莲池，与人工水幕墙环绕为一体；四周则以草坪及层次多样的种植为点缀，丰富内庭的色彩变化与空间变化。

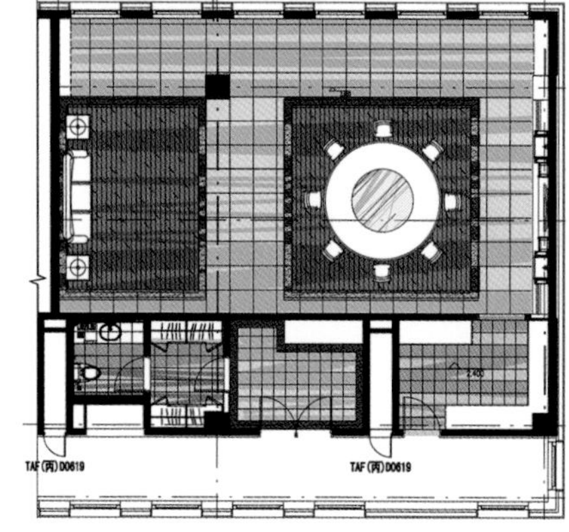

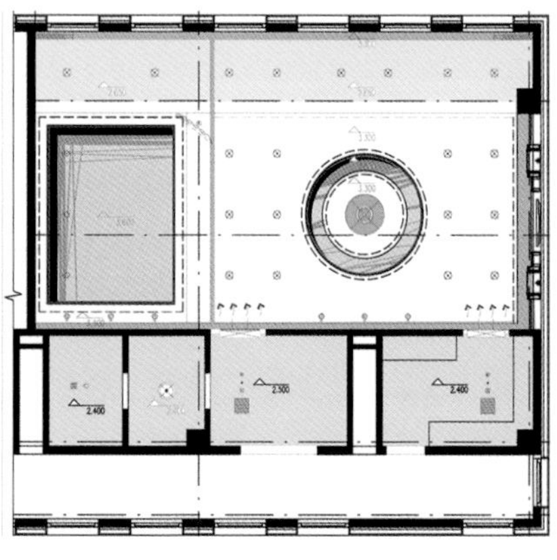

学员宿舍强调舒适经济与实用，具有学习、会客交流、休息为主的服务功能。风格延续大堂空间的中式风格。色彩以米色加白色的搭配为主色调，纯净的米色映衬出白色的清澈雅致，使空间立显明亮、整洁。既符合传统中式的色彩感情，又具有含蓄内敛的现代城市时尚简洁风格。

位于一二层的大餐厅与小餐厅，除就餐外，还考虑了宴会及会议等活动功能变化的灵活性需求。在餐厅中部设有一个或多个可折叠隐藏的隔断门，可根据就餐人数的变动与活动的需要改变空间的大小，方便使用。

首层的小餐厅因地形的特殊性，单侧高窗采光，为化解两侧墙壁的封闭感，做玻璃夹壁墙，装饰枯枝花卉，配合顶光模拟室外庭院光线变化，以求得自然放松的就餐感受。

# 昆明江东和谐广场

HARMONY SQUARE,JIANGDONG,KUNMING

项目经理　刘晓钟
工程主持人　吴静 尚曦沐 胡育梅
主要设计人员　张羽 王亚峰 曲惠萍 刘欣 高羚耀 李端端 李树靖 冯千卉
建设地点　云南昆明小康大道西侧
项目类型　商业 酒店式公寓 五星级酒店
总用地面积　16hm$^2$
总建筑面积　290000m$^2$
建筑层数　51层
建筑总高度　199m
主要建筑结构形式　框架 剪力墙
设计年份　2007

昆明和谐广场项目高199m，在2007年是当地最高的设计项目，是区域环境的重要构成要素。项目设计对超高层与城市的关系及对人的心理感受加以分析，力求避免超高层对城市街区产生过大的压力，并从多方面营造开放型、接纳型的空间体验。

昆明和谐广场项目是昆明和谐世纪项目的一个重要子项。和谐世纪项目总用地近16hm$^2$，形成独立的城市街区，其中分为和谐家园住宅区及和谐广场公建群两部分。整体规划中，住宅区与公建区共同营造了宜人的“S”形景观内环境。这个内环境结合环绕和谐广场超高层的城市街道空间，为城市提供一个充满活力的“客厅”。“客厅”作为一种概念，目的是营造场所感。

通过对云南和昆明自然及文化的分析提炼，和谐广场项目主体双子塔以“璞玉”为原形，虚实结合，整体随高度的增长产生有节奏的收分，犹如一块宝玉从层层剥开的顽石中逐渐显露。办公楼建筑通过虚实对比和简洁体形组合，体现内敛的性格。虽是配楼，仍具有自身的特点，较双子塔更加具有现代感。三栋塔楼组合在一起整体形态完整、稳重典雅。

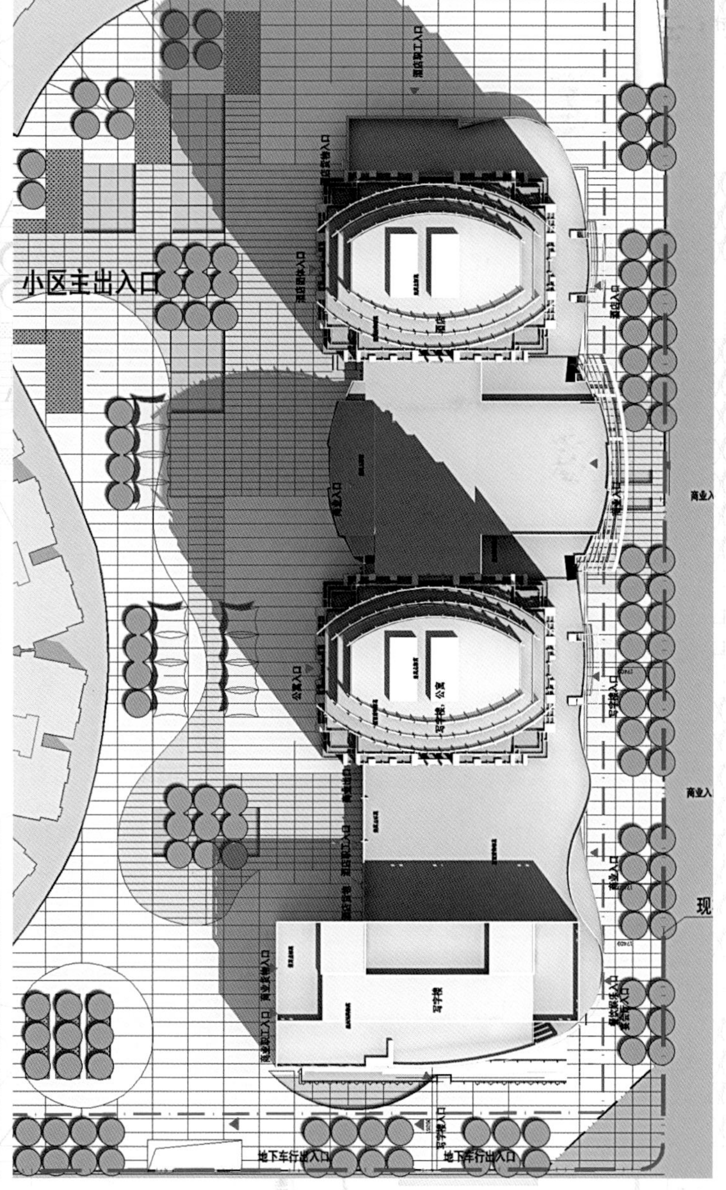

# 山西晋中山水湾水厂建筑·景观设计

JINZHONGSHANXI SHANSHUIWAN ECOLOGICAL WATER
PLANT, ARCHITECTURE &LANDSCAPE DESIGN,

项目经理　刘晓钟
建筑工程主持人　尚曦沐 胡育梅
建筑主要设计人员　张羽 马健强 邵建
景观主持人　刘子明
景观主要设计人　杨忆妍 卜映升
赵丽颖 王路路
建设地点　山西省晋中市长凝镇
项目类型　办公 生产 度假
总用地面积　10223.50m$^2$
总建筑面积　7000m$^2$
建筑层数　地上3层
建筑高度　18.7m
建筑主体高度　14.2m
主要建筑形式　钢筋混凝土结构
项目类型　生态工业景观
规划用地面积　37.3hm$^2$
一期景观面积　10.5hm$^2$
设计年份　2013

## 一、项目概况

山水湾矿泉水厂区景观项目位于山西省晋中市长凝镇涂河中上游支流所在的山谷中，水厂加工灌装的矿泉水来自此处地下水源，水质优良。

项目总占地面积37.3hm²，其中工业建设用地面积约1hm²，一期主要景观设计面积10.5 hm²。项目的综合开发建设将为当地及企业本身带来良性发展优势，已被列为晋中市重点项目。

## 二、场地条件

项目区域内山林环绕，地表河流常年不冻，自然条件优越，景观基础条件充分。

用地北侧有省道通过，东侧为乡镇公路，交通条件便利。

地形整体上分为谷地和山地，谷地较为平缓开阔，山地与周围山体连接延绵。场地内部南高北低，东西高，中部低，形成谷地，汇水成河流。中部主要建设区域大部分坡度小于5°，适于建设。场地内东北坡向最多，总体阴坡较多。

用地内主要为耕地，林地次之，林地包括经济林地和自然山林地。

### 三、设计理念

项目设计理念的核心为“绿色”、“灵动”及“体验”。

以绿色生态的理念为基础，规划设计及建设的全过程均遵循可持续发展的原则，尽可能减少对生态环境的破坏，开发建设的同时着力于整体环境的保护。

以灵动的形态进行规划设计，突出水的主题；抓住水的灵动特性，在形式上达到与设计本体的契合，使人能够直观地感受到项目的主题。

以体验为主要模式进行规划设计，创新工业园区的功能，实现生产与参观分行的先进模式，增加体验参与的内容，将项目意义提高到新的高度。

## 四、设计定位

集生产运输、销售展示、参观游览、休闲娱乐等多功能于一体的体验型生态工业园区。

## 五、规划设计

1．规划总体布局

“一核、两线、多点”的复合串联式布局结构，打造水线和游线两条线路，将核心区域和景观节点进行串联，并在竖向上结合地形进行设计，形成复合的结构。

2．功能分区

景观规划设计将场地分为中心游赏区、厂房区、服务区、休闲度假区、温泉区、河道观光区及生态山林区共七大功能区域，并进行相应的深化设计。

3．水系设计

水系设计是项目最为重要的部分。在平面上，水系设计为多点串联轴线型结构。整体规划主次两条水轴，由南部水源引入北部涂河；水轴串联多个水系节点，包括一个主要节点和多个次要节点，分别展示了不同类型的水体景观。在竖向上，水系设计为层级型结构。整体可大致分为六个层级，通过汇水坝和跌水坝等处理高差关系，贯通多层水体；同时，根据水体景观的层级大致可分为三个水系游览段。设计之后，原本较为单调的自然河流形成十分丰富的水体景观类型，包括湖泊、岛屿、水潭、跌水、湿地及溪流等。

4．交通体系

交通体系由车行运输道和步行游览道两大部分组成，在主入口区设置停车场，进行人车分行，并将参观游览功能与生产运输功能的交通需求分开处理。车行运输道主要为现状乡镇道路，联通省道与工厂区，主要承载生产运输功能，不进入游览区域。步行游览道由主要游览道和次要游览道组成，包括林中小径及亲水木栈道等多种形式，与景观场地共同形成环路，组织了参观游览的线路。

5．绿地设计空间类型

根据现状植被情况和规划设计的需求进行综合考虑，将项目区域内的植被大致规划为七类绿地，分别是道路防护绿地、滨水绿地、季节性湿地、疏林草地、生态山林、农田及重点景观绿地。其中重点景观绿地是结合核心区域进行的精细植物配植部分，其他绿地类型更多考虑现状植被情况和规划后场地需求而分别处理。

## 六、建筑设计

建筑处于当地水源地山水湾景区的核心位置，并通过引入体验性生态产业来提升景区价值。设计充分考虑水源地环境保护及资源循环利用要求，并利用架空处理满足山体泄洪需求。

结合场地道路交通和山地高差等因素，本项目将生产与参观游览有机结合，合理分区。生产车间临城市道路，便于物料进出和生产组织。参观游览区直接面向中心景观水面，与游览道路相连，便于游客出入，并着重于滨水平台处理。悬浮于水面之上的观景茶室不仅成为视觉焦点，也让建筑与水面更加融合。

# 西安1001厂综合体

XI'AN 1001 FACTORY COMPLEX

**工程主持人** 刘晓钟 吴静 王鹏 尚曦沐
**主要设计人员** 张羽 王亚峰 钟晓彤 范峥 张妮
**建设地点** 西安市雁塔区小寨西路
**项目类型** 办公 商业 住宅
**总用地面积** 36366.18m²
**总建筑面积** 313030m²
**建筑层数** 32层
**建筑总高度** 99.5m
**主要建筑结构形式** 框架剪力墙
**设计年份** 2006

陕西省西安市是世界著名的历史文化名城。以“城市复兴”为理念，西安市坚持复兴古城传统文化与发展现代城市并重的发展方向。

西安1001厂项目是一个集商业、娱乐、居住于一体的城市综合体。项目位于西安市雁塔区南二环外，地处西安传统的小寨商圈核心，邻近城市高新区，商业环境成熟。在传统文化积淀厚重的城市，建造一个高密度的城市综合体无疑是一种挑战。设计需要体现对城市固有文化的反馈，消解大型建筑群对于一个古城的影响。

传统城市中围合布局占有重要的地位，城市如此，每个街区也是如此。“围合”体现了一种内敛的性格和“内藏天地”的精神取向，这一点在西安显得更加突出。项目在总图布局中，综合考虑高层公寓、高层还建住宅、高层销售住宅以及商业裙房四个功能部分的相互关系，以及与城市之间的联系。通过围合布局的手法，很好地满足了各功能相对独立的使用需要，加强了建筑群体的整体性，在形成完整城市界面的同时营造了独立、安静的内部空间。

由于项目的高容积率，外部空间十分有限。设计着眼于建筑群体内部空间的塑造。针对西安每年有较长时间的室外活动期，方案在高层建筑围合的“U”形空间中，布置了两个屋顶花园，为公寓和还建住宅住户提供了优美的室外环境，漫步其中，让人忘却身处闹市。同时，两处屋顶绿化也为高层住户提供了可视景观。群体内部空间的立体化塑造，改善了居住环境，提升了整体品质。

城墙是“围合”空间的构成要素。城墙的体验给了建筑师以灵感。设计以“城墙印象”为概念，汲取神韵，感受古城墙带来的厚重与灵动的完美结合。

建筑群体造型处理关键是整体性。西安1001厂项目在形体塑造上采用了类似城墙主体的几何形体组合，简洁明快。建筑天际线错落有致，犹如垛口，富有韵律，体现了印象古城墙的形象和气魄。建筑色彩采用西安具有代表性的土黄色以及灰色的组合，是对城市整体性的回应。

建筑单体的立面处理，首先表达了对城墙墙面肌理的解读，错动的砌筑工艺形成了统一的大秩序，稳重且灵活。建筑师将这种元素运用不同手法进行表达。公寓的立面中以窗为“砖”、以墙为“缝”，商业立面中以墙为“砖”、以窗为“缝”，类似的处理在住宅中也有体现。夜晚时分，跳动的灯光使群体沿城市干道形成了“光之墙”，这是对“城墙印象”的经典诠释。为使设计概念更加完整、生动，设计更将对城墙的印象反映到细节处理之中。

西安城市的特殊性，促使建筑师去研究如何运用现代的建筑语言融入传统的城市文化之中，西安1001厂项目是一种尝试。在西安“城市复兴”的大环境中，建筑师有责任去创造既体现传统文化，又富有现代生活气息的建筑，使西安城继续保持其几百年来一贯的独特魅力。

# 内蒙古巨华德临美镇商业项目

## JUHUA DELINMEI COMMERCIAL PROJECT,INNER MONGOLIA

AIRLINES
BORBONES
Dior
LACOSTE
la prairie
FREEDOM
GIORGIO ARMANI

**项目经理** 刘晓钟 吴静
**工程主持人** 高羚耀 亢滨 张立军 张凤
**主要设计人员** 孟欣 庞鲁新 张庆立李俊志 马楠
赵泽宏 曹鹏 赵蕾 蔡兴玥 曲直
**建设地点** 呼和浩特市南二环路南侧
**项目类型** 城市综合体
**总用地面积** 27960m$^2$
**总建筑面积** 169500m$^2$
**建筑层数** 18层
**建筑总高度** 94.15m
**主要建筑结构形式** 框架 剪力墙
**设计及竣工年份** 2012年至今

项目位于呼和浩特赛罕区南二环南侧，北依大青山，南靠大黑河，是城市扩展的核心地段。“赛罕”蒙古语的意思是“美丽富饶”。

项目为综合楼设计，地下3层，地上18层。功能复合集中了车库、酒店、办公、超市、商场营业厅、院线、餐饮等多种业态，考虑了不同业态之间的交叉和联系。交通由于紧邻城市南二环快速交通环线，加上场地沿街面长，建筑功能多，流线复杂，设计上采取分区域水平、垂直流线管理方式，合理的组织了功能流线，系统的解决功能分区、消防疏散、结构转换、空间连续多功能复合交叉等流线问题。

立面设计上保持了一定原创性，结合当地的建筑风格特点，较好解决了超长商业的立面整体性，在兼顾功能的前提下，彰显出体验式综合商业的性格特征，区分出立面材料变化，照顾到夜景照明，内外院不同使用氛围的营造。在立面材料交接选择上注意不同材料的交界处理和细节变化。

# 内蒙古巨华市医院商业项目

JUHUA CITY HOSPITAL COMMERCIAL PROJECT,INNER MONGOLIA

Christian Dior
Zara
Zegna
DNKY
DNKY
Zara

**项目经理** 刘晓钟
**工程主持人** 刘晓钟 高羚耀 张凤 亢滨
**主要设计人员** 许涛 赵蕾 王伟
**建设地点** 呼和浩特市二环路以南
**项目类型** 商业
**总用地面积** 9731m²
**总建筑面积** 35937m²
**建筑层数** 17层
**建筑总高度** 60.1m
**主要建筑结构形式** 框架 剪力墙
**设计年份** 2013至今

内蒙古巨华呼和浩特市医院商业项目，坐落于呼和浩特市二环南路以南，辛辛板南路以西，东侧是呼和浩特市第一医院，该区域交通便利、环境优美，城市环境和城市地域空间和谐共生。呼市医院商业项目建筑用地9731.93m²，总建筑面积36937m²，其中地下6800m²，地上29137m²，容积率控制在3.0。在建筑的功能总体布局中，三层以上为酒店、Loft和酒店式公寓三种业态形式，三层以下包括三层为配套商业，地下一层为停车场。建筑体量采用塔楼和裙房相结合的设计方法，因裙房第三层的处理上通过对玻璃幕墙的使用，“虚”与“实”的处理，在视觉上整个建筑体量达到一种均衡、稳定的状态。建筑的界面是建筑体现时代感的重要塑造者，也为建筑本身及其所处的环境共同塑造出场所感。设计本身希望通过对细节的设计突出建筑师对品质的要求，通过对石材、玻璃幕墙和黑色装饰铝板的运用展现设计者对精致的商业场所的追求。建筑师希望通过对细节的追求提升建筑格调，展现时代的发展给城市建筑带来的变化。

在项目的设计中，充分考虑时代发展中人们对于建筑品质越来越高的需求。建筑设计要与时共进是建筑师面对这座商业建筑中的设计理念。

DNKY
Zegna
Armani Collezoni
Zara
Celine
BCBG
DNKY
MARISA
LOUIS VUITTON
Zara
Celine

# 中国建设银行内蒙古区分行营业楼

CHINA CONSTRUCTION BANK INNER MONGALA OFFICE BUILDING

**工程主持人** 刘晓钟 吴静 尚曦沐 冯冰凌

**主要设计人员** 孙喆 张羽 郭辉 马晓欧 孙翌博 刘欣

**建设地点** 内蒙古呼和浩特市新华东街北侧

**项目类型** 办公楼 营业厅

**总用地面积** 13320m$^2$

**总建筑面积** 77200m$^2$

**建筑层数** 22层

**建筑总高度** 100m

**主要建筑结构形式** 框架 剪力墙

**设计年份** 2008

中国建设银行内蒙古区分行营业楼位于内蒙古呼和浩特市新华东街北侧。新华东街是呼和浩特城市主干道，这里集中了几乎所有的城市重要建筑，地位与北京长安街相似。新建行注重城市整体性，在高度和城市天际线方面给予重点考虑。

方案设计旨在描绘出建筑在新华东街的卓越地位，创造出符合城市和中国建设银行理念的稳重、开放、节能的设计。

基于建设用地的特殊性，以及城市的独特肌理，设计选用了正方形作为总图布局原形。正方形是古钱币和建行Logo正中心“空”的部分。方形是大地的形状，是稳健、厚重的代表，也含有孕育万物、充满活力之意。在经过多方案比较之后，设采取 “九宫格”作为对方形布局进行解读的方式。“九宫格”是一种充满变化的布局，隐喻了立足根本、不断创新发展之意，是对建行理念“善建者行”的一种诠释。同时此种布局也巧妙地解决了新建行两大功能区（办公楼与营业厅）的有机组织。

营业楼主楼是方案的重点，体现了银行的整体形象。通过多方案的比较，以及对周边建筑和日照的分析，设计选用位于用地东南部的板式高层作为主体的方案，从体型上延续了城市界面，也具备足够力量显示其稳重和气势。在使用功能方面，板式办公建筑较塔式有更大的采光面，使用空间更为合理。

考虑到当地气候，冬季不适合室外活动的特点，项目设计多个不同尺度的共享中庭，给予办公空间和营业厅空间一个四季如春的优美环境。共享中庭通过四个前厅把室外环境引入室内，丰富室内的环境景观，提升建筑品质。按照植物的生态学特征，创造适宜的生长环境，将室外园林景观引入室内，以自然的种植、轻灵的水体软化建筑的直线条，改善室内的气候条件，形成浓郁的自然环境氛围。

为达到生态节能的目标，建筑重点考虑了四项策略：缓冲层策略（例如热缓冲中庭等）；利用自然能源策略（例如太阳能利用等）；无害化、健康化策略（例如自然通风、材料无害化处理等）；整体绿化策略（例如绿色照明、楼宇自控、绿色暖通方案等）。

# 马鞍山雨山湖二期项目

# MAANSHAN YUSHAN LAKE 2 ND PHASE

项目经理　刘晓钟
工程主持人　胡育梅 尚曦沐
主要设计人员　张羽 朱祥 马健强 肖采薇
建设地点　马鞍山市湖南路
项目类型　商业 办公 酒店
总用地面积　7192m$^2$
总建筑面积　105020m$^2$
建筑层数　54层
建筑总高度　220m
主要建筑结构形式　钢筋混凝土 框架剪力墙
设计年份　2013

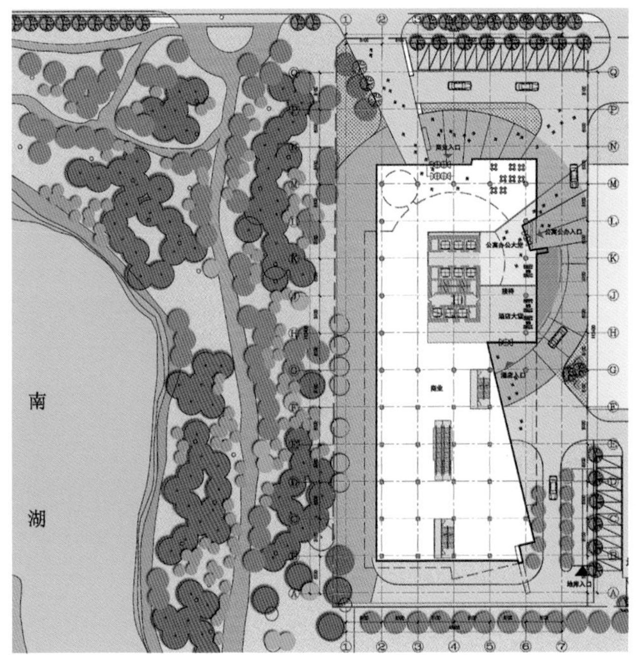


项目位于马鞍山市花山区，繁华的湖南路中段与艳阳路交叉口西南；北侧是马鞍山市区内最为重要的自然景观——雨山湖，西侧为南湖，东西远眺佳山和雨山，是城市中心商业带与自然景观带的交汇之处，拥有便利的城市生活与绝佳的自然景观资源。规划内容包括精品酒店、商务办公楼及配套商业，规划建筑总高度220m，总建筑面积约10万㎡。

## 一、设计构思

基于上述城市分析，设计方案以“湖畔之阁”“太白之樽”“墨白之色”的构思立意，在满足使用功能的基础上，通过“形”与“意”的不同角度体现对当代与当地文化的理解。

## 二、城市设计

城市空间及视线通廊——设计将项目超高层主体适当后退至与现状酒店裙房处，保证城市沿街界面的完整性，减少对城市道路的压迫感。从佳山、雨山的角度远眺，项目位置与金鹰超高层叠加，形成新的视觉中心，而已有景观通廊并无大的影响。

城市天际线——超高层建筑自身突出的竖向特征对城市天际线的作用尤为重要。因此基于此地段的环境关系，尤其是水岸边的城市轮廓线，项目与金鹰超高层项目相互呼应，有利于沿湖城市天际线的变化，同时在市政府以北区域形成高低起伏的城市轮廓线，而城市“两山一湖”的自然景观则成为其城市背景。

## 三、设计方案

设计核心——基于设计构思，建筑整体形象通过强烈的虚实对比和穿插，衬托出超高层的挺拔感。尤其是沿湖景观，其层间强烈的水平线条与中间的玻璃体相互映衬，在白天和夜晚均给人以不同的体验。

在近人尺度上，建筑裙房由北向南展开，通过架空与退台相结合的形体处理与公园环境融为一体，创造灵活、开放的场所空间，使其成为南湖公园的功能性补充，以及市民休闲聚会的“城市客厅”。

建筑整体为灰白色调，是对皖南徽派建筑风格的回应，并与青山绿水共同构成一幅美丽的画卷。

入口关系——设计充分考虑与现状建筑的关系，有效利用二者间的防火间距，在满足消防环路的基础上，注重建筑的底部空间的设计以及建筑人流、车流与城市的关系，利用扇形展开的平面动势，形成不同的功能入口关系。其中商务办公入口和酒店入口位于建筑北侧。配套商业入口面向湖南路，结合建筑退让形成城市广场，有利于行人车辆的分流和集散。

# 景观与室内

LANDSCAPE & INTERIOR

# 丰台日料店建筑改造·室内·景观设计

JANPANESE RESTAURANT ,FENGTAI,BEIJING RECONSTRUCTION &
INGTERIOR & LANDSCAPE DESIGN

项目经理　刘晓钟
建筑室内工程主持人　刘晓钟 刘欣
建筑室内主要设计人员　刘欣 吴建鑫 刘媛欣
景观主持人　刘子明
景观主要设计人员　王路路 莫定波 王钊
项目类型　餐饮
总用地面积　$1994m^2$
建筑及室内改造面积　$411m^2$
建筑层数　单层
建筑总高度　$5.76m^2$
建筑结构形式　钢结构
景观面积　$1583m^2$
设计及竣工年份　2013.7 ~ 2014.2

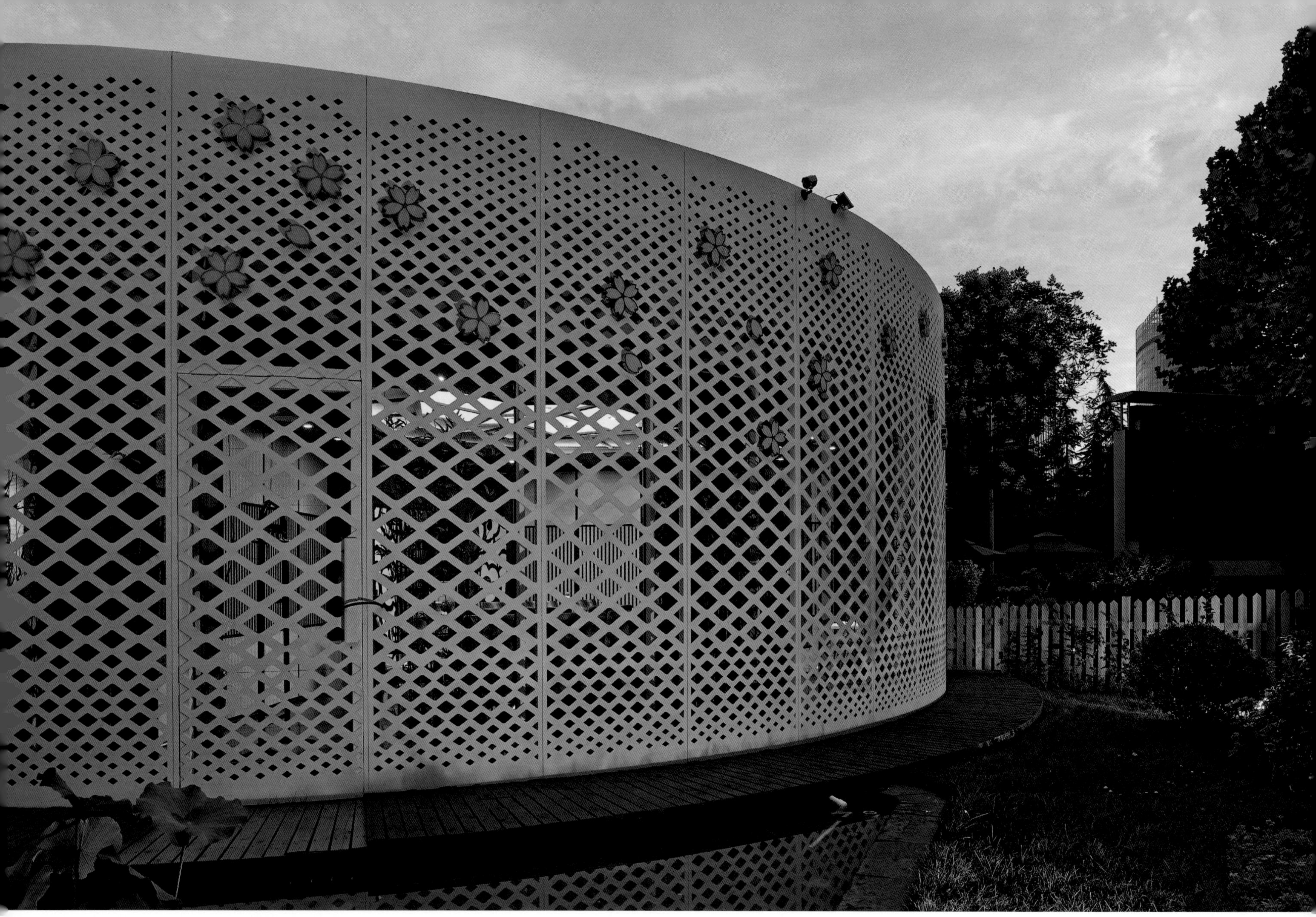

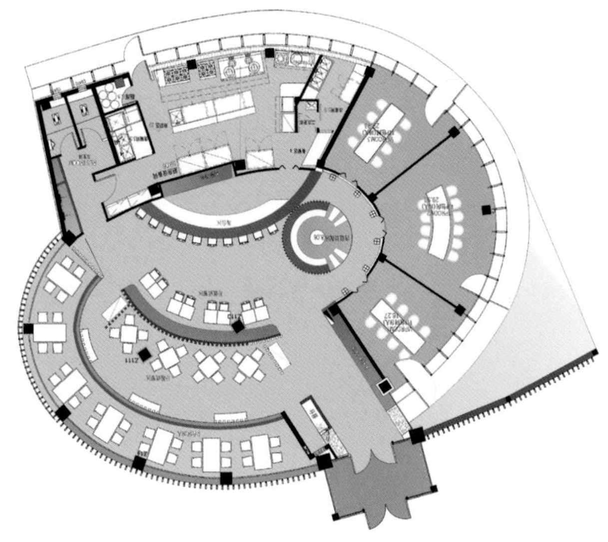

## 一、设计概念

小圆若种红樱树，闲绕花枝便当游。

## 二、设计说明

樱花树有着繁荣与丰收之意，也是日式风格中最具有代表性的符号，所以本案以樱花为主题，饕餮之余又将落樱飞雪尽收眼底。

餐厅经营餐品类别多元化，因此在室内设计时也融入了多元的设计手法。入口处日式窗格，透露些许日式禅风的静谧意象，配以窗外流水小景，适时展现空间中的对比与张力。室内木格栅的设计既是对空间的灰色分隔，也是日式风格的一种表现。本案设计充分体现了对自然光线的利用，为了防止室外光害，在照明方面，由包厢外的穿孔幕墙，营造出斑驳变换的光影效果，浓厚日式韵味的云纹门，营造出属于东方的时尚。

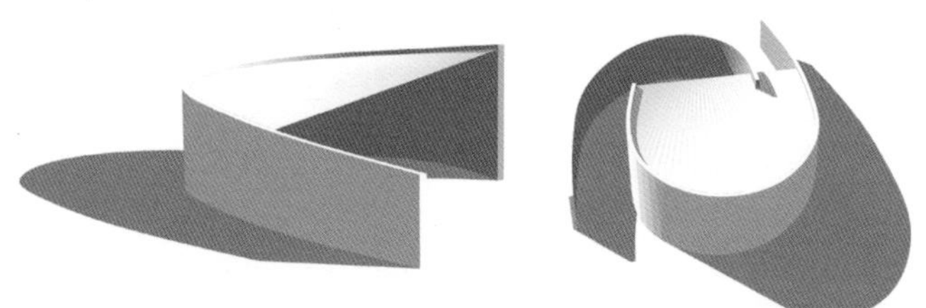

# 北京人大爱文国际学校景观设计

RDFZ AVIENUES INTERNATIONAL SCHOOL LANDSCAPE DESIGN, BEIJING

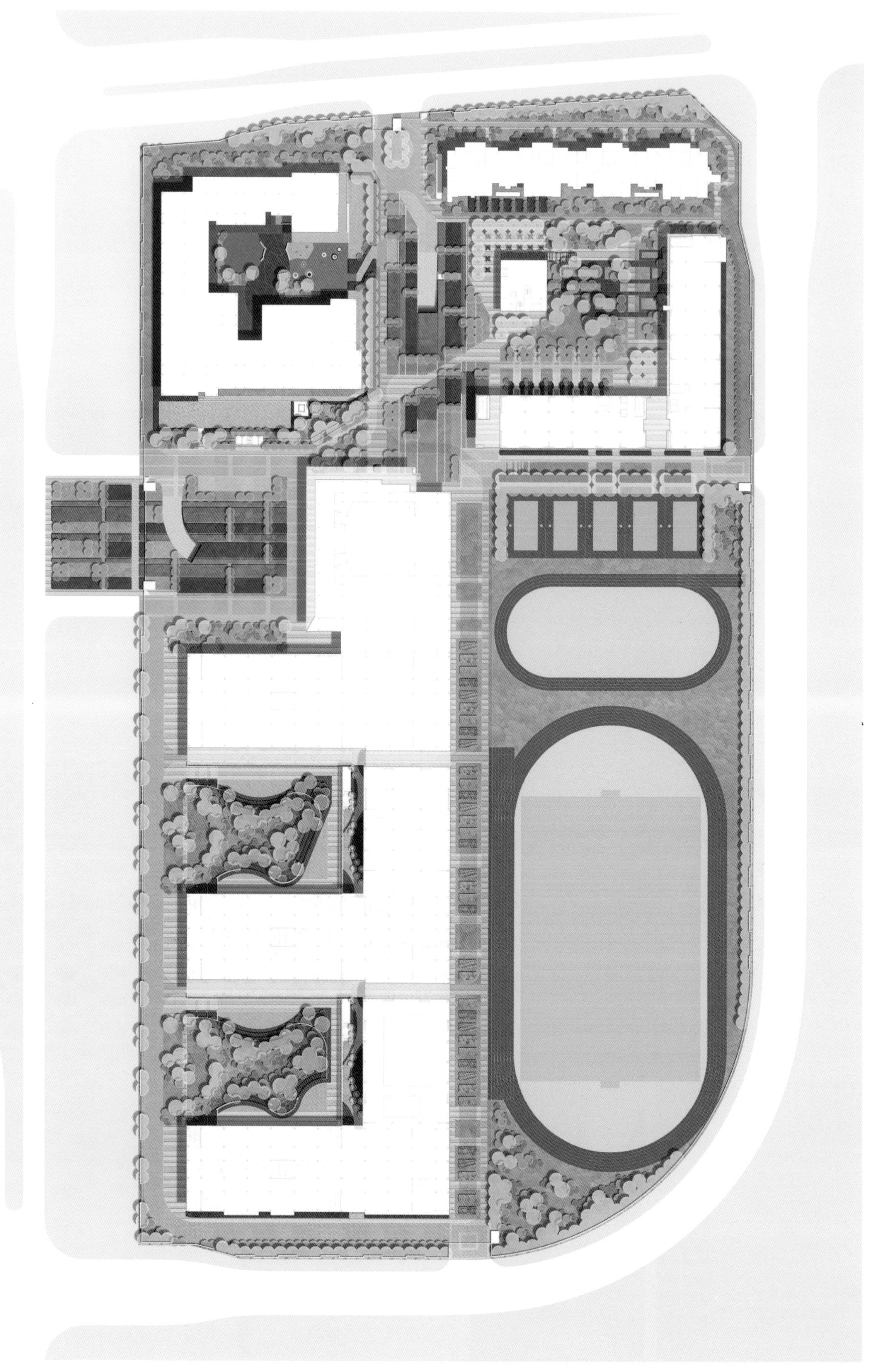

项目经理 刘晓钟
工程主持人 刘子明
主要设计人 尹迎 杨忆妍 李文静 郭姝 卜映升
莫定波 王路路 赵丽颖 王钊
建设地点 北京市海淀区
项目类型 校园景观
总用地面积 9.5万$m^2$
景观面积 5.37万$m^2$
设计年份 2014

## 一、项目概况

项目是一所新建的国际学校，由人大附中及美国爱文教育机构联合办学，计划在占地9.5万㎡的场地建设崭新的校园。该私立国际学校计划招收3200名3岁到18岁学生，还有多名教职员工。学校包括早教、小学、初中和高中。

业主在前期已聘请外资设计公司对校园进行了总体规划、建筑和景观的概念设计，我方在方案设计阶段中标，并将完成后续全部设计阶段。

## 二、场地条件

项目区域内多为原有村民宅基地和杨树林，地形较为平坦。规划城市道路将校园四周进行界定，交通条件便利。

校园建筑设计已完成并部分实施建设，校园内共有三组建筑及两个运动场，分为早教中心、住宿区和教学区；其中教学区包括三座教学楼和一座剧院，住宿区包括两座学生公寓和一座教工公寓。

校园内需要完成景观设计的区域较为分散，类型多样，包括楼间绿地、下沉庭院、主入口空间、儿童活动场地及道路绿化等。

## 三、设计理念

本案既是一所国际学校，又是一所在本地的国际学校，因此，景观设计理念重在通过十分巧妙的方式使学校既是国际化、现代化的，又是蕴含中国本土特色的。

## 四、规划设计

景观设计旨在给学生提供视觉上愉悦且健康的学习环境，在总体风格相对明确的情况下，校园景观大致分为五个区域。共八个专题进行设计，特别注意的是室内外环境的一体化设计，以及国际化和中国特色的巧妙融合。

1．教学区

教学区的室外环境主要为两个下沉庭院，通过庭院衔接一层与地下一层空间，并在建筑中存在一条贯通二层的室外连廊。景观设计首先解决一层地面与消防车道的关系，使绿地面积尽可能得以保证；其次，在下沉庭院中设计多个室外教室，并对其尺度进行研究，在满足业主所需的室外教学功能的同时，丰富空间及景观。

下沉庭院及纵贯线的种植设计，均根据场地光照及覆土等实际条件，尽可能地丰富植物种类及群落特色，形成多个植物组团，也为将来的实验性教学提供了好的基础。

2．早教区

早教区拥有一块较独立的且围合的场地，在其中设计塑胶活动场地、沙坑及游乐设施等，风格活泼，色彩鲜明，在材质和色彩上注意结合室内空间的延续。合理利用阳光和阴影，形成不同的活动空间。由于该区域是实土区，因此在植物的选择上可以有更大的余地。

3．住宿区

住宿区的设计采用直线设计元素，与建筑立面设计语汇相呼应。利用铺装和种植的设计将住宿生活区域与车行区域进行有效分隔，既保证安全，又丰富空间。

在车库入口等存在交通安全隐患的地方，微抬地形并进行绿篱等种植设计，保证其安全性。宿舍楼前设计较大面积的绿地，其中大部分设计为下凹绿地，并在其中设置多处休闲交流空间，类型丰富多样，可满足不同年龄和交流的需求。咖啡厅西北侧设计为树阵广场，并提供林下咖啡座，结合咖啡厅建筑设计廊架，形成有丰富光影变化的灰空间。

整个住宿区动静结合，空间丰富，以绿地为基础，铺装设计既满足多种交通需求，又考虑解决地面排水等功能，铺装形式也较为现代和国际化。

4．主入口区

主入口区的设计采用直线分隔的设计元素，与剧院建筑正立面相呼应，形成放大投影的效果。车库入口采用无顶盖设计，周围绿地进行微地形抬升，并结合绿篱和乔木的种植，有效地控制其不可进入性。车行区域的铺装同样通过分隔形式与建筑和绿地相互呼应和延续，并选择浅色石材铺装，形式较为现代和国际化。

5．轴线

校园中存在两条景观轴线，连接主要的出入口和建筑，形成贯通的景观序列。

东西轴线的设计着重于景观韵律与节奏，自东向西结合建筑出入口的交通需求，形成段落式的绿地设计，并在西侧进行收头设计，设置点景和对景。轴线整体视线通透，满足交通与绿地双重需求，充满空间变化及细节处理。

南北轴线的设计首先考虑满足消防需求，在此基础上充分利用场地，合理设计交通需求混杂的区域及建筑与运动场之间的过渡区域。轴线中段结合建筑主入口进行点景设计；南段结合建筑出入口及运动场设计双向通道，形成一定的下凹绿地。

# 北京远洋万和公馆景观设计

OCEAN CROWN LANDSCAPE DESIGN, BEIJING

项目经理 刘晓钟
工程主持人 刘子明
主要设计人 王路路 尹迎 郭姝 卜映升 王钊
建设地点 北京市朝阳区望京
项目类型 居住区景观
总用地面积 8600m$^2$
景观面积 6500m$^2$
设计年份 2014

## 一、项目概况

项目位于北京市朝阳区崔各庄乡大望京村，东至新望京干道，南至望京中环路，西至慧谷阳光小区，北至北小河。项目规划指导思想是以大望京国际商务区北京第二CBD的核心区域为依托，充分利用其区域价值优势打造远洋地产在大望京的领袖级豪宅。在“大望京CBD”如火如荼的区域发展前景推动下，众多地产名企旗舰品牌的入驻，更推动了这里形成一个高端国际居住氛围与商业气息浓郁的新局面，并将大望京商务区绿色、生态的环境理念演绎到极致。

二、设计理念

1. 以人为本：本着“以人为本”的原则充分考虑使用者的体验感受。在道路的规划中考虑住户的安全性和最短到达的需求，设置很多的休憩和娱乐设施，诸如凉亭、花架、林间座椅、健身步道等，兼顾功能与美观。

2. 生态原则：通过对已建区域的地形梳理而达成统一，设计丰富的地形空间，动静结合。丰富了绿化的层次和观赏者的角度，在避免高差骤变的同时，合理的竖向布局也避免了积水的问题，通过不同的地形条件，对场地进行动静区分，实现人与自然、景观与地域环境的和谐共生。

## 三、景观设计

以简欧风情为主体风格，并融入现代元素，摒弃繁复的线脚与细部塑造，省略部分过于宏大庄严的轴线、雕塑与水景，在尺度上更显亲切与人性化，在色调上更趋于明快、自然。自然起伏的草坡、高大的乔木、浓郁的植物群落，处处洋溢着一种世外桃源般田园生活的欧陆风情。

# 北京北小营商务综合楼景观方案设计

COMMERCIAL BUILDIND LANDSCAPE DESIGN, BEIXIAOYING,BEIJING

项目经理 刘晓钟 程浩
工程主持人 刘子明
主要设计人 杨忆妍 卜映升
建设地点 北京市朝阳区
项目类型 商业景观
总用地面积 11388m²
景观面积 8100m²
设计年份 2015

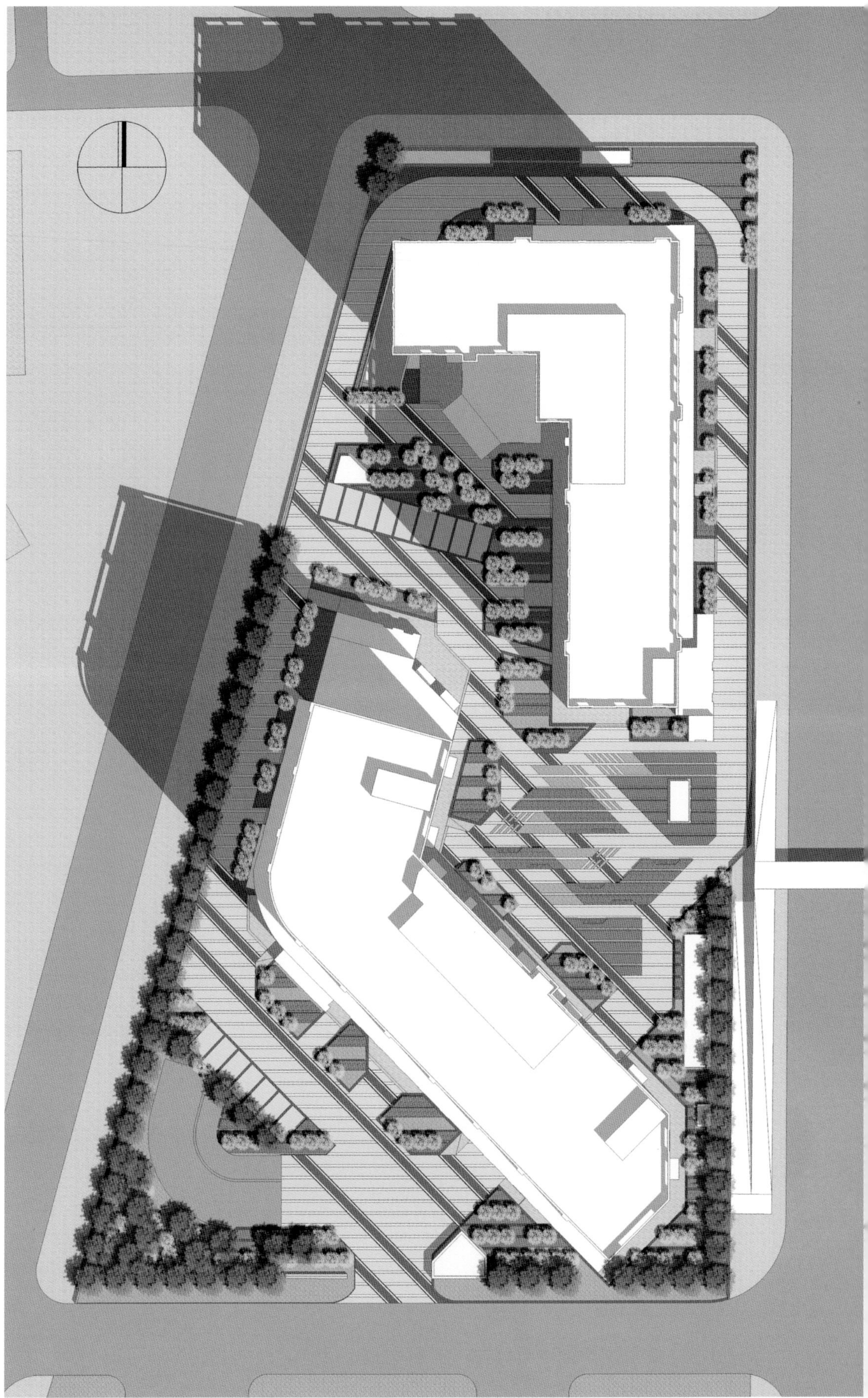

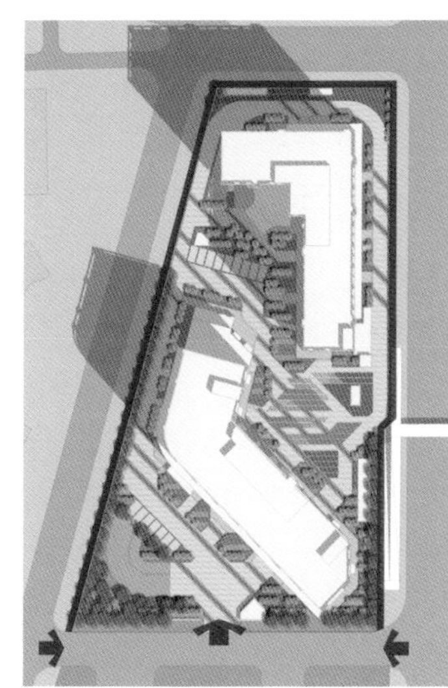

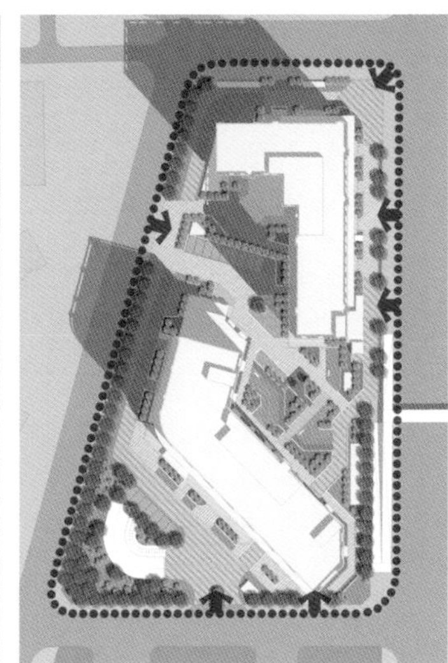

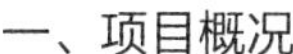

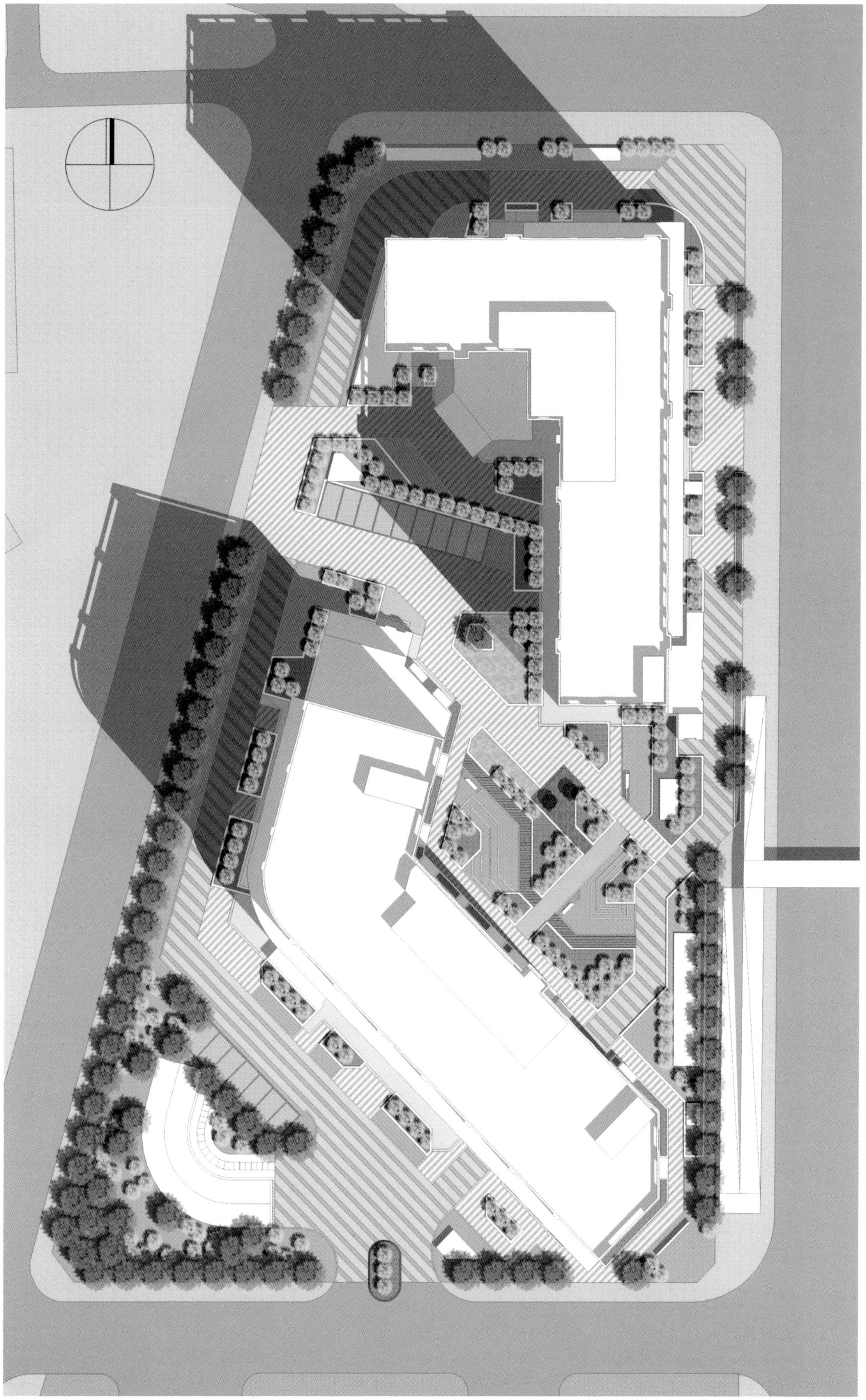

## 一、项目概况

项目位于北京市北四环中路北侧，北苑路西侧，地铁五号线惠新西街北口站和大屯路东站之间，交通条件便利。用地东侧有人行过街天桥和公交车站，可达性较强。基地周边设施成熟，周围有大量居住区和一定数量的商务楼、商业、酒店等。

项目中有两座已建成的商业建筑，形成明确的空间分布，为景观设计提供了较为有利的基础条件，但同时也由于建筑已经建成，景观设计范围内的覆土条件较差，尤其对种植设计的影响较大。此外，用地东侧城市主干道上的人行过街天桥对场地影响较大，尤其对人流交通流线组织和景观视觉效果有较大影响。

## 二、景观设计

景观设计的方案从场地与外围交通关系的不同考虑为出发点，完成A、B两个方案。

A方案保留现有围墙基础，仅有一个出入口与市政道路连接，形成视线开放但交通闭合的整体空间。B方案进行完全开敞式的设计，与外侧人行道无缝对接，形成多处出入口场地。

景观设计首先整合室内外交通流线，使人行与车行空间流线清晰，并且合理分布建筑出入口的台阶及坡道，巧妙解决室内外高差，同时设计有高度变化的种植池，尽可能增加绿化面积。通过竖向设计和细节设计解决场地排水问题以及场地与外围道路的高差关系。

景观设计整体风格现代、简洁、大方，在覆土条件有限的区域设计休闲的开敞空间，将铺装、草坪、绿篱、灯带及座椅等景观元素有规律地穿插排布，形成特色肌理；在主要出入口空间利用铺装及灯带等进行导向和提示，整体景观氛围轻松宜人。

针对覆土条件的不同进行种植设计，种植形式以规则式为主。同时，利用绿化将室外出地面构筑物进行有效遮挡，避免出地面构筑物对景观环境的视觉影响。

# 北京东坝首开限价房项目景观方案设计

THE LIMIT PRICE HOUSING OF BCDC LANDSCAPE DESIGN, DONGBA, BEIJING

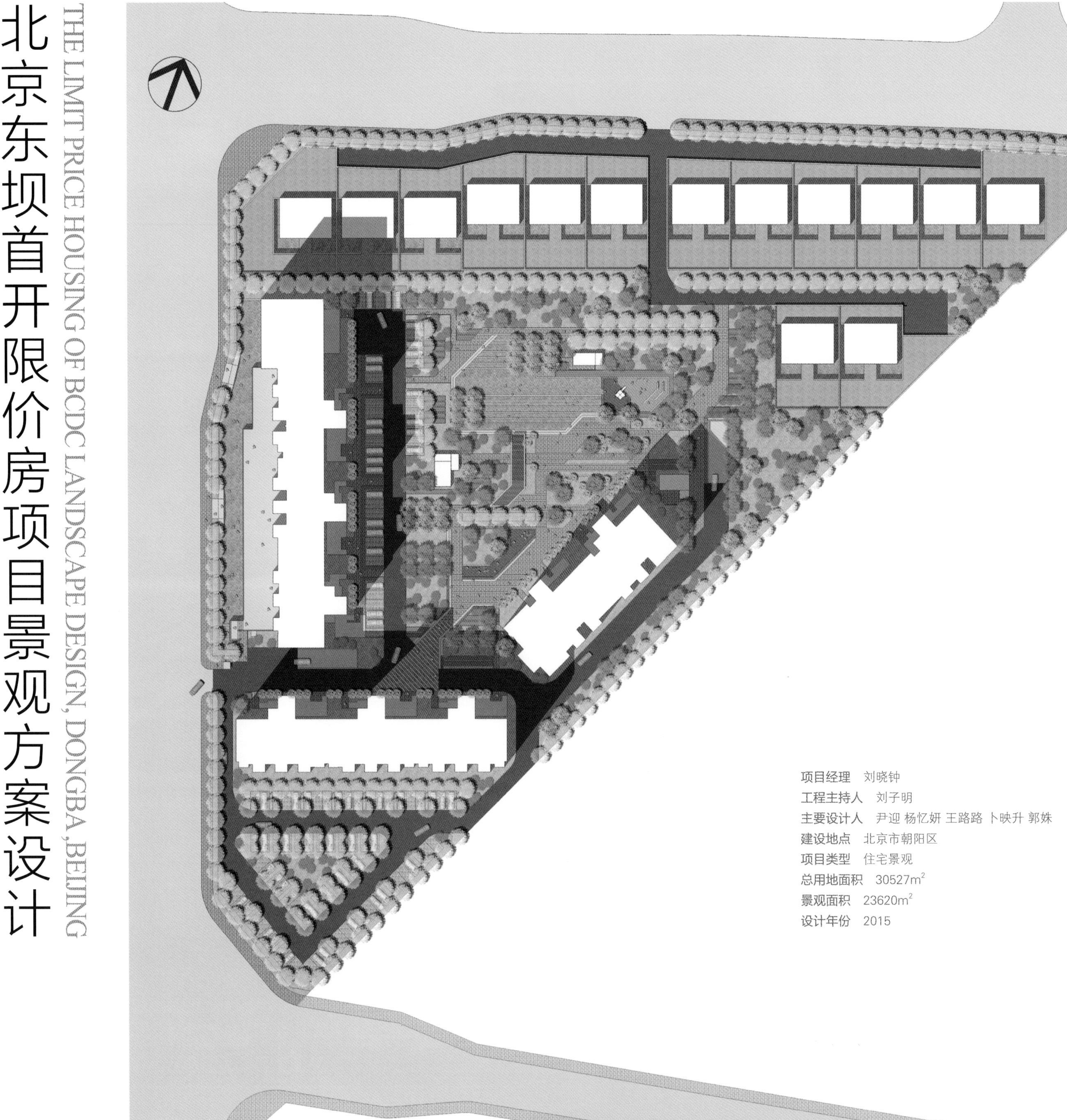

**项目经理** 刘晓钟
**工程主持人** 刘子明
**主要设计人** 尹迎 杨忆妍 王路路 卜映升 郭姝
**建设地点** 北京市朝阳区
**项目类型** 住宅景观
**总用地面积** 30527m²
**景观面积** 23620m²
**设计年份** 2015

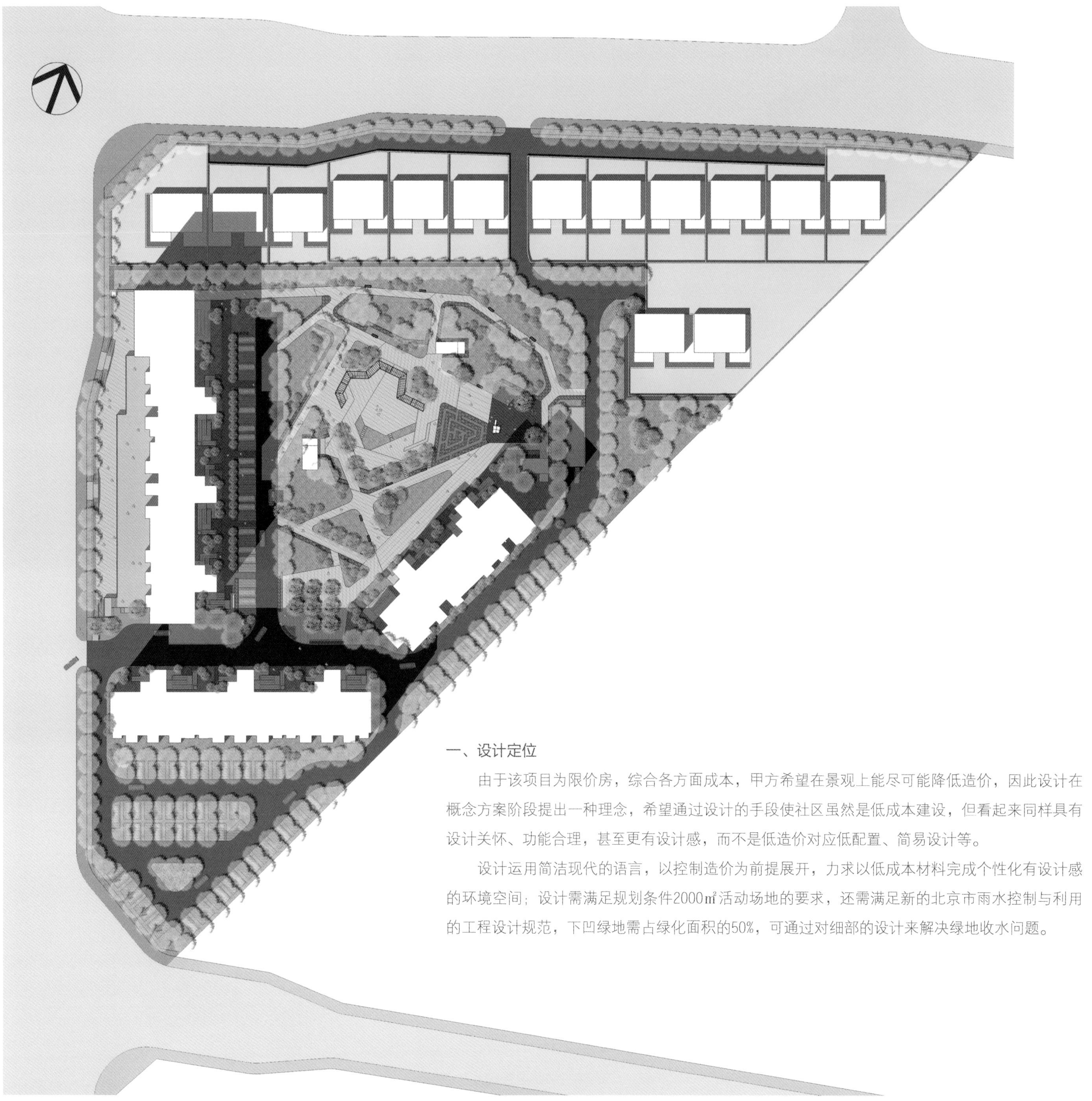

## 一、设计定位

由于该项目为限价房，综合各方面成本，甲方希望在景观上能尽可能降低造价，因此设计在概念方案阶段提出一种理念，希望通过设计的手段使社区虽然是低成本建设，但看起来同样具有设计关怀、功能合理，甚至更有设计感，而不是低造价对应低配置、简易设计等。

设计运用简洁现代的语言，以控制造价为前提展开，力求以低成本材料完成个性化有设计感的环境空间；设计需满足规划条件2000㎡活动场地的要求，还需满足新的北京市雨水控制与利用的工程设计规范，下凹绿地需占绿化面积的50%，可通过对细部的设计来解决绿地收水问题。

## 二、景观设计

概念方案阶段设计提供两版方案供甲方比选，景观设计均以满足使用者需求为出发点，协调功能、成本及美观等多方面因素，力求创造一个和谐的人居环境。在景观设计中首先梳理小区的交通流线，使车行和人行路线合理分布，并满足消防规范的要求，同时排布符合规划要求的停车位数量。

方案一在三座住宅楼中心区域设计集中绿地，以直线为主要设计元素，将绿地与铺装广场及道路等穿插布置，同时结合竖向的变化和构筑物的设计，以及种植的疏密设计，形成开合有致的丰富景观空间，在有限的范围内营造多样的活动与休憩场所，为居民提供优质的户外环境。

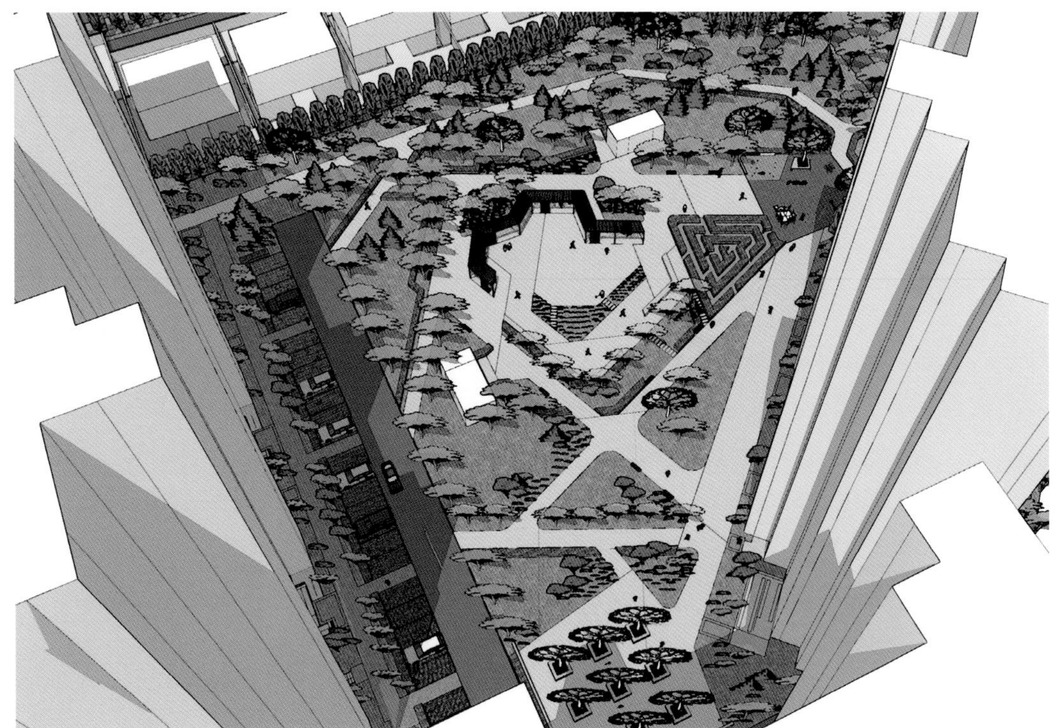

方案二以直线条的分割，呈现简洁现代设计风格，绿地包裹场地营造舒适的休闲活动空间。以低成本铺装材料为主，但通过设计的巧妙手法使其更具设计感。

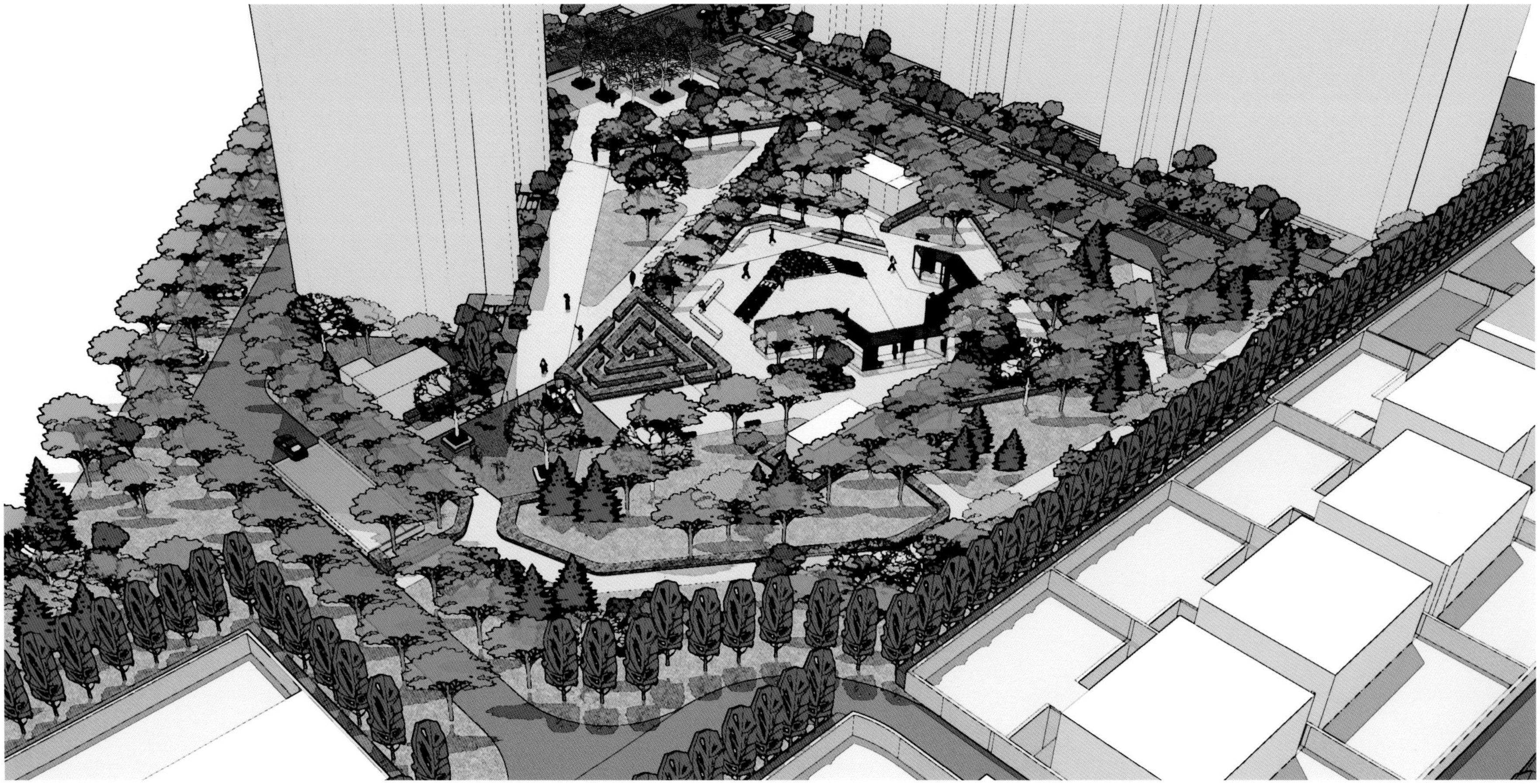

社区中唯一一处景观构筑物——折线廊架，采用方钢或工字钢与竹相结合的低成本材料设计而成，外观简洁，拥有遮阴纳凉功能的同时还能投射出独特的光影效果，增加了设计感及趣味性。将成人健身与儿童活动塑胶场地整合，既方便成人照看儿童，也增加场地的利用率。设计增加了一处绿篱迷宫供儿童玩耍，它既是一处独特的景观也是儿童玩耍的好去处。

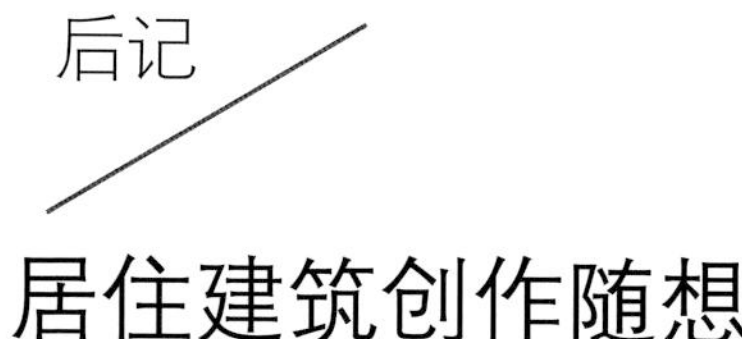

# 居住建筑创作随想

刘晓钟　吴静

二十余载的建筑创作时光，可谓弹指一挥间，多少个春去秋来，在忙忙碌碌中不经意度过。这期间，有幸接受委托，做了较多北京乃至国内诸多城市的居住区规划与建筑设计工作，积累了一定的经验。每当想到接手项目时的那种职业兴奋、面对技术问题时的冥思苦想、发现创新点时的跃跃欲试、找到解决预案时的踌躇满……就会平生许多感慨。在注重项目品质感的建筑实践过程中，长久以来一直潜心探究的建筑逻辑观、建筑创作方法论，也日渐清晰、成熟起来。以此为指导，既能更有效地发掘建设项目、建筑设计创作的本质，又能使设计者对于作品的感悟、把控度更为精到。“应无所住而生其心”，繁忙而紧张的工作之余，思考一下这些年的建筑设计产品，品味一下这些年的建筑创作之路，考量一下建筑对社会的贡献，能使我们更好地适应这个时代、服务这个时代。在此，谨把工作室致力于创作过程中的点滴体会、感受以及较为关注的一些方面，介绍、呈现给大家，与同仁共勉。

氛围

居住建筑与百姓的生活息息相关，作为最贵的商品之一，除了满足“居者有其屋”的基本生活保障外，近年来，它又成为了不少投资者热衷的产品。随着楼市的时而火爆、时而低迷，政策导引、市场分析、未来预测等话题，会经常成为媒体、众人所关注的热点。而这些，对于处于产业链相对前沿的设计团队来说，在设计过程中，除建筑师自身所需要的全面素养外，还会面临市场等各种因素的不断挑战。同时，产品的特色、增值性、品质感也日益成为备受关注的重要方面。

伴随着城市化的发展进程、人民生活水平的不断提高，应和着快捷的生活节奏，居住建筑领域也一度进入了一个相对高速发展的时期。曾几何时，开发商蜂拥而入、争相拿地，产品良莠不齐：追求品质的同时，也伴随着虚夸浮躁，追求效益最大化的同时又伴随着压价减料……在这一过程中，作为建筑师，则会面临较短工期与产品质量、“类批量”生产与坚守原创等的多重压力，他们的职业道德和操守在经受着时间因素的不断考验。

时代

在早期住宅市场千篇一律、鲜有突破的年代，恩济里小区面世时，创新格局引爆的那种参观者络绎不绝、比肩接踵的景象，已经多少年再没见到过了。

在前三门、方庄、望京、亚运村等社区轰轰烈烈地进行大规模建设的时期里，百姓因居住条件得到极大改善而产生的那种欢天喜地搬新房的感觉，已经伴随着岁月的流逝，永久地珍藏在历史的记忆中了。

时过境迁，社会在飞速地发展。随着我国国力的日渐增强、人们眼界的日益开阔，居住建筑领域也逐渐迎来了欣欣向荣、百花齐放、博采众长的新时代；设计单位如雨后春笋般涌现，大城市的建筑师数量急剧增加，他们不断投身市场，进行智力与体力的博弈。那么，在设计水平普遍有所提高、设计难度亦有所增加的今天，怎样才能留得一份从容、守住一份淡定，如何才能把控好项目的本质，使设计的产品做到独树一帜、赢得市场的口碑呢？

理念

刘晓钟工作室自成立以来，就秉承着原创的设计理念。无论是在洋设计师充斥住宅设计市场的年代，还是楼书上喜欢虚伪地冠以一些国外公司名号的时期，都在不懈地努力。作为本土的设计师，较为了解国人的生活方式和喜好，而通过不断地学习、积极地收集资料、认真地调研，这个团队又有着对国内外相关领域较为宽泛的认知。

坚持着，我们有了众多项目的设计经验，并率先研究出了大盘设计的创作手法、组织系统，增强了对项目设计的把控度而较为游刃有余；秉承着，我们逐渐寻求到了一种逻辑思维的分析方式，一种为兼具艺术性与实用性的建筑产品提供良好解决预案的方法，从而具备了一定程度上的职业自信；追求着，我们的作品在和市场紧密结合的过程中，赢得了一定的美誉度，而相关课题研究及政策性的技术支持等工作，也使我们逐渐在行业内拥有了一些话语权。

创新

在独特的思维创作方式、行之有效的创作方法指引下，工作室的产品往往还较为注重设计上的创新。创新是生命力，创新无极限，但它不是凭空臆造、不是简单的跟风，而是依靠建立在成熟设计经验之上的、对市场较为准确的把握度、对项目较为敏锐的判断力，去尝试寻找更有效的解决方案，创新涵盖的方面比较宽泛，甚至于日照软件的创造性应用，也能带来与众不同的设计效果：华远九都汇项目就是在用地条件极为苛刻的情况下，首次通过日照软件反算技术，在推测出可能存在的建筑形体的基础上进行后续深化设计的；秦皇岛金梦海湾项目，则是通过对观海视线的分析来进行总体布局的推演，其独特的波浪形立面构想方式，也使得这一度假式海景公寓产品，即将成为海边一道亮丽、清新而浪漫的风景线。

还有这样几个实例：

在京城高容积率的时代，许多项目都以近1000$m^2$ / 标准层的大型塔式住宅为主的情况下，我们在远洋山水项目中，率先采用了板式住宅为主、局部600$m^2$/标准层小塔为辅的布局方式，实现3.49容积率强度的同时，较大程度地提高了居住质量，引领了板式住宅的新格局；厨房排油烟及通风系统方面也进行了创新：在油烟外排技术方式的基础上，通过借鉴国外相关经验、研究相关规范规定，经多方论证，用窗上安装可操控通风器的形式，取代传统的换气道，从而彻底解放了厨房空间，最大限度地提高了使用效率，带来了厨房设计方面的“质”的飞跃……

项目普遍追求均好性的时期，我们在宁波鄞州银亿上上城、沈阳深航翡翠城、山东龙口龙泽华府小区、北京华贸城等项目中，经过深入研究，提出差异化的创新思路，在实现容积率要求的情况下，将原本全部为高层的均质化产品，转化成住区外围高层布局为主，内部为花园洋房、叠拼、联排等高档设计产品的方式，在市场上赢得较好的效果，居住空间环境也得到了改善。

在工程大都在比拼板式住宅数量是否足够多、进深尺度是否足够小的时段，我们在远洋公馆项目上，打破了以往的户型布局方式，利用住栋自身体积上的优势，创新性地赋予塔楼空中花园的理念，不仅为每户提供了三面通风观景的良好条件，还设置了空中休憩交往的合院空间。塔楼这次华丽的转身，既契合了公馆类产品的气质、赋予了一定的文化内涵，又获得了良好的市场反响，成为“远洋系”的标志性产品之一。

当项目往往把重点放在产品户型、立面上的时候，我们在远洋万和城工程中，创造性地研究出架空平台的设计方式，它所带来的住区丰富的景观空间层次变化、住栋本身呈现出的高高在上的视觉效果、车库拥有的良好自然采光通风条件，无一不凸显出高品质楼盘的气势，一经面世，便得到社会上较好的评价，业主们以拥有万和城的物业为荣，以它为代表的“万和城系列模式”，也被陆续推广到国内其他城市。

除这些之外，工作室的项目在大开间灵活划分、产品精细化设计、生态绿色节能及相关建筑技术应用等创新研究方面，也都曾经或正在进行着不懈的努力。因为总是站在市场的前沿、不断接受市场的考验，所以无论哪个项目的回馈都是一种财富、一种积累。在住宅市场日益趋于成熟的当下，如果每个项目都能提高一小步，就整体上在前进，永远不落后；“止于至善”是一种境界，也是一种标准；我们相信，没有最好，只有更好，只要我们认真努力。

品质

近年来，工作室接受的居住类项目，多为具有一定设计难度、综合性要求较高的项目，涵盖的范围也较为广范：从保障性住房、普通商品住宅、中高档物业到豪宅类商品，从几百平方米一栋的居住单体到上百万平方米规模的社区大盘，从北京、上海到国内许多热点城市区域较为重要的产品，从一至二层的别墅类型、中高层市场主力商品到近二百米高的超高层公寓，从政策房、售价几千元/平方米的经济适用房到千万甚至亿元级别的豪宅类型……很多工程都已建成交付、售罄，或正在入市、设计之中。对于上述不同类型的产品，工作室会从其本身所应具有的特质出发，根据前期判断、地域分析、开发商要求、政策解读、客户反馈等方面，进行与之契合的考量、关键点把控，并通过相关技术平台的搭建，使品质的创造与提升得以适时呈现；这之中的许多项目，已经在不同程度上受到了市场、业内的关注，也获得了不少重要的奖项。

大家常说，一个好项目的产生，需要好的开发商和好的设计团队，两者缺一不可。在一线城市，房价较为攀高的区域，一些大品牌的房企，不惜成本，力图打造高端居住类标杆式的产品，这就为精品楼盘的产生创造了有利条件。纵览这些项目，它们往往对产品的综合性品质有很高的要求，会有“类公建”设计的倾向，也具有相当的挑战性；在此类项目之中，我们接受委托的，有华远九都汇、远洋公馆、远洋万和城、中海九号公馆等。在设计过程中，我们的创作团队结合景观、室内、公建、前期策划、销售支持等技术力量，与国内外高端的相关咨询机构密切配合，通过高附加值的设计服务，提高产品综合品质，最终得以有效地实现。在精益求精、力求完善的进程中，团队克服了许许多多的困难，经受了方方面面的考验，而思路的开拓、见识的增长、高端物业相关设计经验的积累，对工作室其他类型的项目，也具有一定的借鉴和指导意义。

对于量大面广的普通中高档商品住宅，设计的实用性、经济性与产品特色便成为需要注重的方面。我们通过一系列措施对相关环节进行梳理，对成熟的技术进行合理运用，取得了较好的效果。如济南银丰山庄项目对坡地组团空间的完善布局，突出了小区的整体特质；住宅单体所采用的大开间剪力墙结构，也给予住户与当地住宅不一样的内部空间感受，结构用钢量的有效控制也使项目具有了较好的经济性。又如首开常青藤项目，设计之初，我们在现场踏勘时发现其地上与地下部分存留、堆积有将近8米高的生活垃圾和建筑垃圾；我们提出与生态部门结合，对垃圾进行有效的分析、分类，并通过对地下高程的测绘，因势利导地研究出车库布局与地下空间结合、生态峡谷与总图竖向空间相得益彰的总体方案，从而大大减少了填土量，节约了资源，降低了造价。该项目也成为绿色生态式社区的范例。

对于保障性住房项目，我们受北京市住房和城乡建设委员会、北京市规划委员会等部门委托，配合进行了《北京市保障性住房规划建筑设计指导性图集》的研究工作，较大地提高了此种类型项目的品质，改善了社区面貌，对加快建设速度也起到了一定的促进作用。

曾几何时，业内有这样一种现象：开发商不敢住自己开发的社区，设计师不会买自己或同事做的楼盘。但我们发现，在我们设计的诸多住宅区中，不乏开发者、销售者、设计者、业内人士、追随者的身影，他们置身其中，感受着生活带给他们的幸福与惬意……

团队

工作室的成员，从成立之初的几位建筑师，发展到目前，逐步具有了一定的规模，其中，设计力量中，教授级高级建筑师3人、主任建筑师12人、高级建筑师及建筑师25人，一级注册建筑师10人，主创建筑师6人……大家凝聚在一起，同心同德，勤于学习、潜心钻研，用智慧描绘着画卷，用才干创造着价值，用辛劳铸就着业绩，在不断的创新、分享、进步中，逐渐具备了一定的市场影响力；从公共建筑、城市设计、景观、室内、科研课题研究到策划、销售支持层面的陆续延展，我们的人才队伍日渐丰富，工作室的产品线日益宽泛，全过程的设计增值服务、品质感也更好地得到体现；在秉承“全能创新”、践行“住宅建筑服务于生活”理念的过程中，可以说，“团队精神”比以往任何一个建设时期都显得更为重要。在工作室，无论是创新意识较强的年轻人还是有丰富经验的设计骨干，大家都具有较强的全局意识，群策群力，同心共赢；虽然工作很辛苦，时常会加班加点，但是“贵之、敬之、誉之”的良好人性化环境，使得大家在努力中寻找着本质，在关注中增添着自信，在平淡中体味着快乐，在感悟中追寻着真谛。乔布斯曾经说过，“成就一番伟业的唯一途径，就是热爱自己的事业”，而能以平实自然、贴近生活的创作方式去回馈社会，为居者提供更加物超所值的选择，为“大庇天下寒士俱欢颜”作一些贡献、提供一些技术支持，则更会令热爱自己的事业、才华横溢的团队成员感受到作为社会人的价值责任……

值此衷心感谢，多年来曾经关心、帮助过我们，或者正给予我们支持与信任的人们！

真诚感谢，曾经在工作室工作、实习、学习过的同仁，对工作室所作出的贡献！

2015.05 建威大厦

2015.7 建威大厦

2005.12 马克西姆

2006.01 香山

2006.04 香山

2006.07 拉斐特

2006.09 平谷

2006.10 后海

2007.01 香港

2007.01 香港

2007.01 香港

2007.01 香港

2007.01 香港

2007.01 香港

2007.01 香港

2007.01 与院领导合影

2007.03 跳绳

2007.07 红酒庄园

2007. 香山

2007.10 安徽

2007.12 圣诞聚餐

2008.09 合影

2008.09 建威

2008.11 桂林

2008.11 桂林

2008.11 桂林

2009.01 年会

2009.11 香山

2010.01 年终会

2011.01 爱斐堡

2011.01 爱斐堡

2011.01 爱斐堡

2011.07 六所年中总结会

2011.10 雾灵山庄

2012.01 年会

2012.12 圣诞会

2013.07 阿尔山

图书在版编目（CIP）数据

创作与实践　刘晓钟工作室作品集 / 刘晓钟，吴静主编. 北京：中国建筑工业出版社，2013.10
ISBN 978-7-112-15823-2

Ⅰ. ①创… Ⅱ. ① 刘… ② 吴… Ⅲ. ①建筑设计—作品集—中国-现代 Ⅳ. ①TU206

中国版本图书馆CIP数据核字（2013）第210539号

责任编辑：张幼平　杜一鸣
特约编辑：刘　欣　刘媛欣
书籍设计：美光设计
责任校对：姜小莲　赵　颖

**创作与实践**
刘晓钟工作室作品集
刘晓钟　吴静　主编
*
中国建筑工业出版社出版、发行（北京西郊百万庄）
各地新华书店、建筑书店经销
北京美光设计制版有限公司制版
北京顺诚彩色印刷有限公司印刷
*
开本：880×1230毫米　1/12　印张：34　字数：600千字
2015年6月第一版　2015年6月第一次印刷
定价：298.00元
ISBN 978-7-112-15823-2
(24588)